中国兽类图鉴

第3版 ——— 上卷

HANDBOOK
OF
THE
MAMMALS
OF
CHINA

刘少英　吴毅　李晟 / 主编

海峡出版发行集团
海峡书局

图书在版编目（CIP）数据

中国兽类图鉴 / 刘少英，吴毅，李晟主编 . — 3 版
. — 福州：海峡书局，2022.9
ISBN 978-7-5567-0930-4

Ⅰ．①中… Ⅱ．①刘… ②吴… ③李… Ⅲ．①哺乳动
物纲－中国－图集 Ⅳ．① Q959.808-64

中国版本图书馆 CIP 数据核字（2021）第 278849 号

出 版 人：林 彬
策　　 划：曲利明　李长青
主　　 编：刘少英　吴 毅　李 晟
责任编辑：廖飞琴　黄杰阳　陈 尽　俞晓佳　陈 婧　魏 芳　陈洁蕾　邓凌艳
装帧设计：董玲芝　黄舒埕　林晓莉　李 晔
封面设计：黄舒埕
责任校对：卢佳颖

ZHŌNGGUÓ SHÒULÈI TÚJIÀN

中国兽类图鉴 第3版

出版发行：海峡书局
地　　址：福州市台江区白马中路 15 号
邮　　编：350001
印　　刷：深圳市泰和精品印刷有限公司
开　　本：889mm × 1194mm　　　1/16
印　　张：43.5
图　　文：696 码
版　　次：2022 年 9 月第 3 版
印　　次：2022 年 9 月第 1 次印刷
书　　号：ISBN 978-7-5567-0930-4
定　　价：680.00 元

编委会

李 成　李 波　李 晟　李 锋　李 斌　李一凡　李大国　李玉春　李东明　李学友

李国富　李迪强　李彦男　李建强　李振宇　李彬彬　李维东　李锦昌　李溪洪　李德益

杨 川　杨 光　杨 华　杨新业　肖诗白　吴 岚　吴志华　吴秀山　吴诗宝　吴哲浩

吴 毅　何 兵　何 超　何 锴　何 鑫　余文华　邹 滔　沈志君　宋 晖　宋大昭

初雯雯　张 也　张 永　张 明　张 岩　张 晖　张 铭　张 琦　张 琛　张 裕

张 瑜　张冬茜　张程皓　张礼标　张武元　张国强　张真源　张晓凯　张巍巍　陈 忠

陈久桐　陈广磊　陈文杰　陈尽虫　陈凯文　陈顺德　陈俭海　陈奕欣　陈炳耀　陈嘉霖

武亦乾　武家敏　武耀祥　青 娇　林军燕　林剑声　欧阳德才　果洛·周杰　罗 燕

罗春平　罗冬玮　和 平　周开亚　周华明　周佳俊　周政翰　周哲峰　郑山河　孟姗姗

赵 凯　赵 超　赵江波　赵家新　胡万新　胡党生　姜 盟　姚永芳　班鼎盈　敖咏梅

袁 屏　徐永春　徐信荣　徐晴川　高云江　高向宇　郭 亮　郭玉民　郭东革　唐万玲

唐明坤　黄 秦　黄 徐　黄 悦　黄正澜懿　黄亚慧　黄耀华　梁晓玲　曹光宏　曹枝清

阎旭光　彭大周　彭波涌　彭建生　谢慧娴　董 磊　董文晓　董邵华　蒋 卫　蒋志刚

蒋学龙　韩雪松　惠 营　程 萍　程 斌　普昌哲　普缨婷　曾祥乐　雷进宇　鲍永清

裴俊峰　廖 锐　廖小青

供图单位 /（排名不分先后，按笔画排列）

广西弄岗国家级自然保护区管理局　　　　　　　云南西双版纳森林生态系统国家野外科学观测站

中国科学院西双版纳热带植物园动物行为与环境变化研究组　　　　北京山水自然保护中心

北京师范大学　　　　国家林草局东北虎豹监测与研究中心　　　　安徽大学张保卫研究组

荒野新疆　　猫盟 CFCA　　喀纳斯国家级自然保护区　　新疆阿尔泰山两河源自然保护区

支持单位 /

中国野生动物保护协会　　　　　中国科学院动物研究所　　　　　飞羽视界文化传媒

西南山地工作室（swild.cn）

本书使用说明

本书基于《中国哺乳动物名录》蒋志刚等（2015），对我国兽类进行系统的整理，部分物种（或类群）根据近年的研究成果，进行了调整和补充。

每种物种文字介绍包括中文名、拉丁学名、英文名、分类地位（目、科）、形态特征、地理分布、物种评述及保护级别（如为国家重点保护物种），另配一到多幅精彩图片。

本书目录按分类系统排序，索引按笔画或字母排序，读者可以通过目录或索引查找到每种物种的页码，进而查阅相应内文。

常用中文名　　拉丁学名

北松鼠
Sciurus vulgaris Linnaeus, 1758
Eurasian Red Squirrel — 常用英文名

啮齿目 / Rodentia > 松鼠科 / Sciuridae — 分类地位

形态特征：典型树栖类松鼠，体型大小中等。尾长而蓬松，大约是体长的2/3。耳端部簇毛显著，冬季尤为发达，夏季则稀少或无。个体毛色在不同季节差异较大，冬季一般以灰色为主，夏季毛色较深，背部一般以黑、黑褐色或红棕色为主，腹部中央部分从喉、颈、胸、腹部至鼠蹊和四肢内侧均为纯白色。冬季毛软而绒，夏季毛短而粗。

地理分布：国内分布于东北三省、内蒙古、河北、河南、陕西、山西及新疆等地。国外分布于日本、朝鲜半岛、蒙古，经俄罗斯至欧洲。

物种评述：松鼠属中仅有北松鼠一种分布于我国境内，但种下的地理变异较大。主要生活于温带及亚寒带针叶林或针阔混交林中，在大树上筑巢，善于跳跃。主要以松树等树木的种子为食，也吃蘑菇、嫩芽、野果及昆虫等，是北方林区的常见类群。

北京 / 张瑜

北京 / 张瑜 — 图片注释 拍摄地点 / 拍摄者

新疆天山 / 张真源　　　北京 / 张瑜

形态特征　地理分布　物种评述

476

从系统进化角度看，兽类（又称哺乳动物）是动物界进化最高等的一个类群，同时也是最成功的适应者。从数千米的深海到海拔 5000 米以上的高山流石滩，从南北两极的高寒地带到热带雨林，从自然生态系统到各种人工环境都有它们的身影。它们种类繁多，分布范围广泛，据 Wilson & Reeder（2005）统计，全世界有哺乳动物 5416 种，十多年过去了，随着科学技术的进步和分类工作的深入，兽类新种不断被发现，现在应该远远突破了这一数量。

兽类是生态系统中不可或缺的重要成员，由它们参与的捕食与被捕食关系构成了系统中复杂的食物链和食物网，维系着各种生态系统的健康与稳定。其中很多兽类物种是生态系统是否健康的指示种，如作为顶级捕食者的雪豹，它的存在，表明整个系统是健康而稳定的。大熊猫也一样，它们只栖息于相对原始、人类干扰少、群落结构较复杂的森林里，有大熊猫存在，就表明生态环境良好。另外一些种则是生态系统关键种，控制着系统演化的方向和进程。如青藏高原的高原鼠兔就是青藏高原草原生态系统的关键性组分，对草原生态系统的演化起着决定性作用。很多食虫类则是腐食食物链（或称碎屑食物链）的重要成员，对维系其系统稳定和平衡，保证系统正常的能量流动和物质循环有重要作用。因此，兽类是一个非常重要的生物类群。

我国地域辽阔，气候类型多样，地质地理异常复杂，由此演化出了极其复杂的植被类型和生境多样性。复杂的植被和生境条件孕育了复杂多样的兽类物种。它们共同组成了适应不同气候类型和不同景观的复杂区系和动物群。从大的自然区来看，我国分为季风区、蒙新高原区和青藏高原区，兽类构成了与其相适应的三大生态地理群：耐湿动物群、耐旱动物群、耐寒动物群。不同动物群适应不同的气候和植被条件，向不同的方向演化，形成了纷繁复杂、形态各异、生活习性千差万别的兽类，其中很多是特有物种，对不同类型的生态系统的演化有重要的推动作用。

我国哺乳动物的研究起步较晚，绝大多数物种都是国外科学家命名的，我国动物分类学家命名并最终得到承认的哺乳动物物种不多，总计不到 40 种。尽管如此，我国动物学家还是做了许多基础性的研究工作，我国哺乳动物种类经历了郑作新的 382 种（1952）、寿振黄的 404 种（1963）、张荣祖的 510 种（1997），到王应祥的 607 种（2003），最新统计已经达到 673 种（蒋志刚等，2015），为全球兽类物种多样性最丰富的国家之一。其中特有种 146 种，珍稀、濒危和国家重点保护野生哺乳动物更多，如大熊猫、金丝猴、牛羚、雪豹、东北虎、藏羚羊、野牦牛等物种是世界范围备受关注的重点保护动物，它们不仅是世界的遗产、人类的财富，也是国人的骄傲！但公众对我国哺乳动物的认识非常有限，了解十分贫乏。哺乳动物是生态系统的关键类群、哺乳动物保护是生态文明建设的重要内容等"生态文化"没有在公众心中扎根。其主要原因之一是仅有的一些兽类科学专著，只适用于科学家在从事科学研究时参考，兽类相关的读物太少，科普性大众性读物几乎是空白。

《中国兽类图鉴》是一本从科普角度撰写的著作，图片均来至国内外顶级生物摄影家数十年的实地拍摄，真实而富有美感，在此基础上，由国内各领域的知名学者配以文字说明，阐明识别特征。对于公众而言，该书既可欣赏我国兽类之美，又可学习动物分类学知识，还可受到生态文明的熏陶和教育。尽管该书种类不很齐全，尤其是不少小型兽类种类还没有收集到本书中，但该书无疑是目前我国兽类图片最为丰富、种类最为齐全、值得大家期待的好书。

本书主编刘少英和吴毅二位先生，数十年坚守传统的哺乳动物分类学领域，其中刘少英研究员在非飞行小型兽类的分类厘定（发表新种 14 个）、吴毅教授在蝙蝠的系统分类（发表新种 3 个）等方面做了长期而艰苦的努力，理清了食虫类、鼠兔属、绒鼠属、田鼠类和菊头蝠属等诸多分类疑难问题，为我国哺乳动物特别是小型兽类的分类上做出了突出的贡献。由他们主持并把关本书的编写，极具科学性。

在《中国兽类图鉴》即将付梓之际，浏览着精美的照片，品味着简单而准确的描述，欣慰之情油然而生，以致欣然作序，特此祝贺！

中国科学院院士、发展中国家科学院院士

中国动物学会副理事长、兽类学分会理事长

魏辅文

第 3 版前言

《中国兽类图鉴（第2版）》出版后继续得到广大读者的青睐，不到一年第2版就告售罄。为满足国内外广大读者的需求，出版社决定补充图片并修订再版《中国兽类图鉴》。

在编撰《中国兽类图鉴（第3版）》之际，中国兽类学界一件重要的工作完成，那就是魏辅文院士组织我国所有一线兽类学工作者，对我国兽类名录进行了全面梳理，确认我国有野生兽类（不包括引进种）共计12目59科254属686种（见《兽类学报》2021年第5期），魏辅文院士主编的更详细的《中国兽类名录与分布》也即将在科学出版社出版。这是中国兽类学研究的又一里程碑，是迄今我国兽类最准确最权威的信息。本次第3版就是根据这个名录进行编撰，并对一些类群的物种名录进行了调整。

为了更好服务于读者，海峡书局从国外购买了很多精美的图片，涉及我国哺乳动物各个类群，尤其增加了很多鲸目种类。加上一年多以来海峡书局征集的国内自然摄影家的作品，本次再版增加我国兽类共计59种，包括食虫类3种，翼手类12种，灵长类2种，食肉类5种，鲸类12种，偶蹄类4种，啮齿类19种，兔形目2种。由于物种名录变更，第2版中的兔形目减少2种，这样，第3版总计描记中国兽类533种，超过我国有分布兽类的77%，这是一个了不起的成绩。

《中国兽类图鉴（第3版）》的顺利出版，要感谢对本次再版做出贡献的所有人，尤其要感谢魏辅文院士带领全国兽类学工作者厘定了《中国兽类名录（2021版）》，使我们的第3版更具科学性。要感谢蒋志刚教授为第3版提供了很多基础资料；感谢为第3版提供精美图片的自然摄影家和科学家；感谢编委会的各位专家；感谢海峡书局的运筹帷幄。特别要感谢杨光教授，第3版鲸类种类增加很多，杨光教授在百忙中进行图片鉴定核实、文字修改完善，所做的贡献很大；最后还要感谢中国科学院昆明动物所的蒋学龙教授的大力支持。

第3版除增加了第2版没有的59个物种外，还增加或替换了一些物种更高质量的照片，希望读者朋友们喜欢。当然，由于作者水平有限，修订时间紧迫，全书一定还有一些瑕疵，恳请同行和爱好者批评指正。

刘少英 吴毅 李晟

2022 年 5 月

第 2 版前言

《中国兽类图鉴》于 2019 年初出版发行。该书出版后得到业界和广大读者的肯定，一些专家也提出了建议。

《中国兽类图鉴（第 2 版）》的出版主要基于四个方面的原因：一是第 1 版出版后，一些类群又有新的研究进展，我国兽类一些新种、新纪录被发现；一些物种的分类地位被重新修订；《Handbook of the Mammals of the World》系列丛书（1-9 卷）全部出版，该书中很多物种地位发生了变化。第二个原因是在第 1 版出版后，很多自然摄影家和科学家继续努力，又拍摄到了很多在第 1 版中没有的物种的生态照片，把这些新拍摄的物种添加到第 2 版中是非常必要的。第三个原因是该书出版后很快销售殆尽，一些读者呼吁再版以满足相关专家和爱好者的需求。第四是《中国兽类图鉴》（第 1 版）出版后，有些专家指出了一些瑕疵，为了给大众传递我国哺乳动物更准确的信息，修订再版也是势在必行。

通过此次修订和增加，《中国兽类图鉴（第 2 版）》在第 1 版基础上，增加哺乳动物 73 种，总计描记中国哺乳动物 476 种。其中食虫目增加了 6 种；翼手目增加了 25 种；灵长目增加了 1 种；食肉目增加了 3 种；海牛目增加了 1 种；偶蹄目增加了 2 种，鲸目增加了 11 种；啮齿目增加了 22 种；兔形目增加了 2 种。

食虫类、灵长目、海牛目、鲸目、偶蹄目增加是分类系统不变的情况下　顺率沿有拍摄到的物种获得了野外清晰照片。

翼手目数量的变动源于我国一些新种被描述、新纪录被发现，一些亚种被提升为种。近年来随着分子生物学手段在系统分类学中的运用，国际上翼手目分类体系变动较大，除新种发表外，如菊头蝠属（Rhinolophus）、长耳蝠属（Plecotus）、宽耳蝠属（Barbastella）和扁颅蝠属（Tylonycteris）等均存在种名变动、亚种提升等分类学变化，大大丰富了蝙蝠的物种多样性，考虑到保持本书前后版本种名一致性及新变更的国内种类有效性有待确认等因素，第 2 版暂未对学名进行大的改动，但对相应种类进行了必要的说明。第 2 版中翼手类部分内容修订增加了锦矗管鼻蝠（Murina jinchui）、姬管鼻蝠（Murina gracilis）等新种；台湾菊头蝠（Rhinolophus formosae）等台湾特有种；环颈蝠（Thainycteris aureocollaris）等中国新记录种，共 25 种。使翼手目种类由原来的 73 种增加到 98 种。

啮齿类增加除了一些物种获得了野外生态照片外，一些物种的分类地位进行了调整。鼹形鼠科（Spalacidae）的分类系统作了较大调整，原来属于中华鼢鼠的高原亚种（Eospalax *fontanierii baileyi*）被提升为独立种，称为高原鼢鼠（*Eospalax baileyi*），原来被作为中华鼢鼠的甘肃亚种（*Eospalax fontanierii cansus*）也被提升为独立种，称为甘肃鼢鼠（*Eospalax cansus*）；原在第 1 版中，银色高山䶄（*Alticola argentatus*）使用的照片来自新疆的塔斯库尔干，经分子系统学研究，发现不是银色高山䶄，而是一种中国兽类新记录：白尾高山䶄（*Alticola albicauda*）（刘少英等，2020）；白腹鼠属（*Niviventer*）近年来的研究很多（Lu et al., 2015; Zhang et al., 2016; Ge et al., 2018, 2020），分类系统变化很大，如模式产地为福建挂墩的 *Niviventer huang*，以前一直被认为是针毛鼠（*Niviventer fulvescens*）的同物异名，分子系统学研究证实是独立种，被称为拟刺毛鼠（*Niviventer huang*），因此，第 1 版中，"针毛鼠"使用拍摄于福建的照片就不合适了，真正的针毛鼠分布于西藏、云南、四川等省（自治区），在第 2 版中进行了更正。

兔形目增加 2 种，一是 Wang et al.（2020）基于外显子组对鼠兔属开展了深入研究，确认原灰鼠兔中国亚种（*Ochotona roylii chinensis*）是独立种；《Handbook of the Mammals of the World》第六卷仍然将宁夏鼠兔（*Ochotona argentata*）作为独立种，虽然依据不充分，但该书在全世界影响力较大，我们暂时依照该分类系统将宁夏鼠兔补充到图鉴中。

《中国兽类图鉴（第 2 版）》能够在很短的时间内顺利出版，要感谢所有贡献精美图片的摄影家和科学家们。尽管一些摄影家的图片由于版面原因没有在第 2 版中使用，但积极投稿本身就是对《中国兽类图鉴》的巨大支持，也是对编委会的极大信任。尤其第 2 版得到来自台湾同行的大力支持，贡献了很多精美图片，丰富了《中国兽类图鉴》的物种，在此我们对台湾的学者和摄影家们表示衷心的感谢！还要感谢编委会的各位专家，在很短的时间内撰写了新增加的物种，并对第 1 版中的不足之处进行了修正。另外，必须感谢海峡书局参与第 2 版工作的所有领导和工作人员，是他们夜以继日的不懈努力，才使得本书得以高质量的品质与读者见面。最后要感谢读者朋友们对本书的关注、关心，希望本书继续为读者带来更多知识和美好的阅读体验。

刘少英 吴毅 李晟

2020 年 11 月

第1版前言

《中国兽类图鉴》终于与大家见面了，回顾这两年多的艰苦历程，感触良多。首先是海峡书局搭建了一个很好的平台，有一个对丰富的生物多样性感兴趣并以传播生物多样性知识为己任的集体；还有一帮对生物摄像着迷、以捕捉到物种在野外生存的精彩瞬间为精神食粮的生物摄影家；更有一群无私奉献，想把自己对生物的认知毫无保留地传播给公众的科学家。因此，本书是出版社、自然摄影家和科学家联袂合作的经典之作。作为本书主编，我们感到非常荣幸、无比喜悦，并由衷地感谢为此付出努力的所有人！

生态照片是动物图鉴的灵魂。中国已知有野生哺乳动物673种，是全世界野生哺乳动物物种最丰富、生态类型最多样的国家，也是生态摄影起步最晚、难度最大的国家之一。在短短两年时间内，大家为本书奉献了403个物种1000余张精美图片。这些图片，既有长期在野外风餐露宿的摄影家们实地抓拍的经典之作，也有科学家们毫无保留奉献出的、数十年科学研究的结晶和成果，还有野外红外相机拍摄到的、不少独一无二的精彩瞬间。

本书在编排上，以野外兽类的生态（或特写）影像为基础，采用的照片精选自国内外征集的数千张照片，基本未使用室内制作标本（或绘制）图片。兽类名录主要参考蒋志刚等（2015），部分物种（或类群）根据近年的研究成果，进行了调整和补充。

文字介绍的编写，集中了目前正活跃在我国野生兽类研究领域的中青年优秀科学家，用他们自己的研究专长，对各自负责门类的物种做了简短、凝练、准确的描述。具体组织或负责撰写分工如下：中国科学院昆明动物研究所何锴博士负责劳亚食虫目。广州大学吴毅教授负责翼手目。四川农业大学徐怀亮教授负责灵长目。华南师大吴诗宝教授负责鳞甲目。南京师范大学杨光教授负责鲸目及食肉目的海兽类。北京大学李晟研究员负责奇蹄目、偶蹄类、食肉目的撰写、修改和校稿，其中西南山地工作室巫嘉伟先生负责了偶蹄目原麝、獐、豚鹿、东北马鹿、麋鹿、驯鹿、鹅喉羚等7种；荒野新疆邢睿先生负责食肉目紫貂、沙狐、狼、雪豹、赤狐、石貂等6种；刘少英撰写了大熊猫。中国科学院昆明动物研究所李松博士（副研究员）负责啮齿目松鼠科。松鼠科以外的啮齿类、兔形目、长鼻目（李晟校）和树鼩目（何锴校），由四川省林业科学研究院刘少英研究员负责。同时，还邀请广东省生物资源应用研究所张礼标研究员撰写蝙蝠11种，东北师范大学江廷磊教授撰写蝙蝠 6 种，广州大学余文华副教授撰写蝙蝠 5 种（兼校翼手目），中南林业科技大学向左甫教授撰写灵长类 1 种，中山大学马驰博士撰写灵长类 2 种。

本书能够顺利出版，首先要感谢出版社的艰苦努力和辛勤劳动，以及所有摄影家的辛勤付出和各位科学家的无私奉献。虽然各类群物种的文字作者和图片作者在书中均有介绍或标注，但作为主要召集人，还要感谢给予本书大力支持的以下各位：中国科学院动物研究所蒋志刚先生、西藏自治区林业调查规划研究院刘务林先生、新疆维吾尔自治区疾病预防控制中心蒋卫先生、新疆维吾尔自治区环境科学研究院李维东先生、绵阳师范学院石红艳女士、西南山地工作室董磊先生、云山保护赵超先生、中国猫科动物保护联盟宋大昭先生、IBE 影像生物调查所郭亮先生、荒野新疆生态网黄亚慧女士等。由于提供照片的诸位科学家和自然摄影人士众多，在此难以一一列举，感谢各位专家无私地奉献了珍藏多年的、科学研究中积累的精美图片，许多兽类的影像资料是首次刊出，难能可贵。

最后，要特别感谢魏辅文院士在百忙中为本书作序，对本书给予充分的肯定和高度的评价！

由于时间较短，写作匆忙，以及作者水平和能力所限，书中难免有错误及疏漏之处。希望广大哺乳动物研究领域的前辈、同行及读者批评指正！

刘少英　吴毅

2018 年 11 月

目录

002 | **劳亚食虫目** / Lipotyphla > 猬科 / Erinaceidae

002 | 海南新毛猬 / *Neohylomys hainanensis* Shaw & Wong, 1959

003 | 鼩猬 / *Neotetracus sinensis* Trouessart, 1909

004 | 东北刺猬 / *Erinaceus amurensis* (Schrenk, 1859)

005 | 大耳猬 / *Hemiechinus auritus* (Gmelin, 1770)

006 | 达乌尔猬 / *Mesechinus dauuricus* (Sundevall, 1842)

007 | 林猬 / *Mesechinus hughi* (Thomas, 1908)

008 | 高黎贡林猬 / *Mesechinus wangi* He *et al.*, 2018

009 | **劳亚食虫目** / Lipotyphla > 鼹科 / Talpidae

009 | 长吻鼩鼹 / *Uropsilus gracilis* (Thomas, 1911)

010 | 贡山鼩鼹 / *Uropsilus investigator* (Thomas, 1922)

011 | 针尾鼹 / *Scaptonyx fusicaudus* Milne-Edwards, 1872

012 | 甘肃鼹 / *Scapanulus oweni* Thomas, 1912

013 | 巨鼹 / *Euroscaptor grandis* Miller, 1940

014 | 长吻鼹 / *Euroscaptor longirostris* (Milne-Edwards, 1870)

015 | 库氏长吻鼹 / *Euroscaptor kuznetsovi* Zemlemerova *et al.*, 2017

016 | 海南缺齿鼹 / *Mogera hainana* Thomas, 1910

017 | 台湾缺齿鼹 / *Mogera insularis* (Swinhoe, 1863)

018 | 鹿野氏缺齿鼹 / *Mogera kanoana* Kawada *et al.*, 2007

019 | 华南缺齿鼹 / *Mogera latouchei* Thomas, 1907

020 | 白尾鼹 / *Parascaptor leucura* (Blyth, 1850)

021 | 麝鼹 / *Scaptochirus moschatus* Milne-Edwards, 1867

022 | **劳亚食虫目** / Lipotyphla > 鼩鼱科 / Soricidae

022 | 小纹背鼩鼱 / *Sorex bedfordiae* Thomas, 1911

022 | 细鼩鼱 / *Sorex gracillimus* Thomas, 1907

023 | 小鼩鼱 / *Sorex minutus* Linnaeus, 1766

023 | 大鼩鼱 / *Sorex mirabilis* Ognev, 1937

024 | 藏鼩鼱 / *Sorex thibetanus* Kastschenko, 1905

025 | 川鼩 / *Blarinella quadraticauda* (Milne-Edwards, 1872)

026 | 大爪长尾鼩 / *Soriculus nigrescens* (Gray, 1942)

027 | 台湾长尾鼩 / *Episoriculus fumidus* (Thomas, 1913)

028 | 云南长尾鼩鼱 / *Episoriculus umbrinus* (Allen, 1923)

029 | 大长尾鼩鼱 / *Episoriculus leucops* (Horsfield, 1855)

029 | 灰腹长尾鼩 / *Episoriculus sacratus* (Thomas, 1911)

030 | 褐腹长尾鼩鼱 / *Episoriculus macrurus* (Blanford, 1888)

031 | 霍氏缺齿鼩 / *Chodsigoa hoffmanni* Chen *et al.*, 2017

032 | 川西缺齿鼩 / *Chodsigoa hypsibia* (de Winton, 1899)

033 | 斯氏缺齿鼩 / *Chodsigoa smithii* (Thomas, 1911)

034 | 微尾鼩 / *Anourosorex squamipes* Milne-Edwards, 1872

035 | 水鼩鼱 / *Neomys fodiens* Pennant, 1771

036 | 喜马拉雅水鼩 / *Chimarrogale himalayica* (Gray, 1842)

036 | 利安德水鼩 / *Chimarrogale leander* Thomas, 1902

038 | 斯氏水鼩 / *Chimarrogale styani* (De Winton, 1899)

038 | 蹼足鼩 / *Nectogale elegans* Milne-Edwards, 1870

039 | 臭鼩 / *Suncus murinus* (Linnaeus, 1766)

040 | 小臭鼩 / *Suncus etruscus* Savi, 1822

040 | 灰麝鼩 / *Crocidura attenuata* Milne-Edwards, 1872

041 | 印支小麝鼩 / *Crocidura indochinensis* Robinson & Kloss, 1922

042 | 山东小麝鼩 / *Crocidura shantungensis* Miller, 1901

042 | 台湾灰麝鼩 / *Crocidura tanakae* Kuroda, 1938

043 | 白尾梢麝鼩 / *Crocidura dracula* Thomas, 1912

044 | 小麝鼩 / *Crocidura suaveolens* (Pallas, 1811)

046 | **树鼩目** / Scandentia > 树鼩科 / Tupaiidae

046 | 北树鼩 / *Tupaia belangeri* (Wagner, 1841)

050 | **翼手目** / Chiroptera > 狐蝠科 / Pteropodidae

050 | 棕果蝠 / *Rousettus leschenaultii* (Desmarest, 1820)

051 | 琉球狐蝠 / *Pteropus dasymallus* Gould, 1873

052 | 犬蝠 / *Cynopterus sphinx* (Vahl, 1797)

052 ┃ 短耳犬蝠 / *Cynopterus brachyotis* (Müller, 1838)

053 ┃ 球果蝠 / *Sphaerias blanfordi* (Thomas, 1891)

053 ┃ 长舌果蝠 / *Eonycteris spelaea* Dobson, 1871

054 ┃ 安氏长舌果蝠 / *Macroglossus sobrinus* K.Andersen, 1911

054 ┃ **翼手目** / Chiroptera ﹥ 鞘尾蝠科 / Emballonuridae

054 ┃ 黑髯墓蝠 / *Taphozous melanopogon* Temminck, 1841

055 ┃ 大墓蝠 / *Taphozous theobaldi* Dobson, 1872

056 ┃ **翼手目** / Chiroptera ﹥ 假吸血蝠科 / Megadermatidae

056 ┃ 印度假吸血蝠 / *Megaderma lyra* E. Geoffroy, 1810

056 ┃ 马来假吸血蝠 / *Megaderma spasma* Linnaeus, 1758

057 ┃ **翼手目** / Chiroptera ﹥ 菊头蝠科 / Rhinolophidae

057 ┃ 中菊头蝠 / *Rhinolophus affinis* Horsfield, 1823

058 ┃ 马铁菊头蝠 / *Rhinolophus ferrumequinum* (Schreber, 1774)

059 ┃ 台湾菊头蝠 / *Rhinolophus formosae* Sanborn, 1939

059 ┃ 清迈菊头蝠 / *Rhinolophus siamensis* Gyldenstolpe, 1917

060 ┃ 大菊头蝠 / *Rhinolophus luctus* Temminck, 1835

061 ┃ 大耳菊头蝠 / *Rhinolophus macrotis* Blyth, 1844

062 ┃ 马氏菊头蝠 / *Rhinolophus marshalli* (Thonglongya, 1973)

062 ┃ 单角菊头蝠 / *Rhinolophus monoceros* Andersen, 1905

063 ┃ 皮氏菊头蝠 / *Rhinolophus pearsonii* Horsfield, 1851

064 ┃ 小菊头蝠 / *Rhinolophus pusillus* Temminck, 1834

065 ┃ 贵州菊头蝠 / *Rhinolophus rex* Allen, 1923

065 ┃ 施氏菊头蝠 / *Rhinolophus schnitzleri* Wu & Thong, 2011

066 ┃ 中华菊头蝠 / *Rhinolophus sinicus* K. Andersen, 1905

067 ┃ 小褐菊头蝠 / *Rhinolophus stheno* K. Andersen, 1905

067 ┃ 云南菊头蝠 / *Rhinolophus yunanensis* Dobson, 1872

068 ┃ **翼手目** / Chiroptera ﹥ 蹄蝠科 / Hipposideridae

068 ┃ 大蹄蝠 / *Hipposideros armiger* (Hodgson, 1835)

069 ┃ 灰小蹄蝠 / *Hipposideros cineraceus* Blyth, 1853

070 | 大耳小蹄蝠 / *Hipposideros fulvus* Gray, 1838

070 | 中蹄蝠 / *Hipposideros larvatus* (Horsfield, 1823)

072 | 小蹄蝠 / *Hipposideros pomona* Andersen, 1918

073 | 普氏蹄蝠 / *Hipposideros pratti* Thomas, 1891

074 | 三叶蹄蝠 / *Aselliscus stoliczkanus* (Dobson, 1871)

075 | 无尾蹄蝠 / *Coelops frithii* Blyth, 1848

076 | **翼手目** / Chiroptera > **犬吻蝠科** / Molossidae

076 | 宽耳犬吻蝠 / *Tadarida insignis* Blyth, 1862

077 | 小犬吻蝠 / *Chaerephon plicata* (Buchanan, 1800)

077 | **翼手目** / Chiroptera > **蝙蝠科** / Vespertilionidae

077 | 西南鼠耳蝠 / *Myotis altarium* Thomas, 1911

078 | 栗鼠耳蝠 / *Myotis badius* Tiunov, 2011

078 | 狭耳鼠耳蝠 / *Myotis blythii* Tomes, 1857

079 | 布氏鼠耳蝠 / *Myotis brandtii* Eversmann, 1845

079 | 中华鼠耳蝠 / *Myotis chinensis* (Tomes, 1857)

080 | 沼泽鼠耳蝠 / *Myotis dasycneme* Boie, 1825

081 | 毛腿鼠耳蝠 / *Myotis fimbriatus* (Peter, 1871)

082 | 金黄鼠耳蝠 / *Myotis formosus* (Hodgson, 1835)

083 | 长尾鼠耳蝠 / *Myotis frater* G. Allen, 1923

083 | 小巨足鼠耳蝠 / *Myotis hasseltii* (Temminck, 1840)

084 | 郝氏鼠耳蝠 / *Myotis horsfieldii* (Temminck, 1840)

085 | 中印鼠耳蝠 / *Myotis indochinensis* Son, 2013

086 | 华南水鼠耳蝠 / *Myotis laniger* (Peters, 1871)

087 | 长指鼠耳蝠 / *Myotis longipes* (Dobson, 1873)

087 | 大趾鼠耳蝠 / *Myotis macrodactylus* Temminck, 1840

088 | 喜山鼠耳蝠 / *Myotis muricola* (Gray, 1846)

089 | 尼泊尔鼠耳蝠 / *Myotis nipalensis* Dobson, 1871

090 | 东亚水鼠耳蝠 / *Myotis petax* Hollister, 1912

090 | 大足鼠耳蝠 / *Myotis pilosus* (Peters, 1869)

092 | 渡濑氏鼠耳蝠 / *Myotis rufoniger* Tomes, 1858

092 | 高颅鼠耳蝠 / *Myotis siligorensis* (Horsfield, 1855)

093 | 宽吻鼠耳蝠 / *Submyotodon latirostris* Kishida, 1932

094 ｜ 东亚伏翼 / *Pipistrellus abramus* (Temminck, 1840)

095 ｜ 印度伏翼 / *Pipistrellus coromandra* (Gray, 1838)

095 ｜ 爪哇伏翼 / *Pipistrellus javanicus* (Gray, 1838)

096 ｜ 普通伏翼 / *Pipistrellus pipistrellus* (Schreber, 1774)

096 ｜ 小伏翼 / *Pipistrellus tenuis* (Temminck, 1840)

097 ｜ 大黑伏翼 / *Arielulus circumdatus* (Temminck, 1840)

097 ｜ 环颈蝠 / *Thainycteris aureocollaris* (Kock and Storch, 1996)

098 ｜ 黄颈蝠 / *Thainycteris torquatus* Csorba and Lee, 1999

099 ｜ 茶褐伏翼 / *Falsistrellus affinis* (Dobson, 1871)

099 ｜ 灰伏翼 / *Hypsugo pulveratus* (Peters, 1871)

100 ｜ 盘足蝠 / *Eudiscopus denticulus* (Osgood, 1932)

101 ｜ 南蝠 / *Ia io* Thomas, 1902

101 ｜ 普通蝙蝠 / *Vespertilio murinus* Linnaeus, 1758

102 ｜ 东方蝙蝠 / *Vespertilio sinensis* Peters, 1880

103 ｜ 戈壁北棕蝠 / *Eptesicus gobiensis* Bobrinskii, 1926

104 ｜ 大棕蝠 / *Eptesicus serotinus* Schreber, 1774

105 ｜ 褐山蝠 / *Nyctalus noctula* (Schreber, 1774)

105 ｜ 中华山蝠 / *Nyctalus plancyi* Gerbe, 1880

106 ｜ 华南扁颅蝠 / *Tylonycteris fulvida* (Blyth, 1859)

106 ｜ 托京褐扁颅蝠 / *Tylonycteris tonkinensis* Tu *et al*., 2017

107 ｜ 亚洲宽耳蝠 / *Barbastella leucomelas* (Cretzschmar, 1826)

108 ｜ 斑蝠 / *Scotomanes ornatus* (Blyth, 1851)

109 ｜ 大黄蝠 / *Scotophilus heathii* (Horsfield, 1831)

110 ｜ 小黄蝠 / *Scotophilus kuhlii* Leach, 1821

111 ｜ 大耳蝠 / *Plecotus auritus* (Linnaeus, 1758)

111 ｜ 灰大耳蝠 / *Plecotus austriacus* (Fischer, 1829)

112 ｜ 台湾长耳蝠 / *Plecotus taivanus* Yoshiyuki, 1991

113 ｜ 亚洲长翼蝠 / *Miniopterus fuliginosus* (Hodgson, 1835)

114 ｜ 南长翼蝠 / *Miniopterus pusillus* Dobson, 1876

115 ｜ 大长翼蝠 / *Miniopterus magnater* Sanborn, 1931

115 ｜ 金管鼻蝠 / *Murina aurata* Milne-Edwards, 1872

116 ｜ 黄胸管鼻蝠 / *Murina bicolor* Kuo *et al*., 2009

116 ｜ 金毛管鼻蝠 / *Murina chrysochaetes* Eger and Lim, 2011

117 ｜ 圆耳管鼻蝠 / *Murina cyclotis* Dobson, 1872

117 ｜ 艾氏管鼻蝠 / *Murina eleryi* Furey, 2009

118 | 梵净山管鼻蝠 / *Murina fanjingshanensis* He *et al.*, 2015

118 | 菲氏管鼻蝠 / *Murina feae* Thomas, 1891

119 | 姬管鼻蝠 / *Murina gracilis* Kuo *et al.*, 2009

120 | 哈氏管鼻蝠 / *Murina harrisoni* Csorba & Bates, 2005

120 | 中管鼻蝠 / *Murina huttoni* (Peters, 1872)

121 | 锦矗管鼻蝠 / *Murina jinchui* Yu, Csorba, Wu, 2020

121 | 白腹管鼻蝠 / *Murina leucogaster* Milne-Edwards, 1872

123 | 罗蕾莱管鼻蝠 / *Murina lorelieae* Eger & Lim, 2011

123 | 台湾管鼻蝠 / *Murina puta* Kishida, 1924

124 | 隐姬管鼻蝠 / *Murina recondita* Kuo *et al.*, 2009

125 | 水甫管鼻蝠 / *Murina shuipuensis* Eger and Lim, 2011

125 | 金芒管鼻蝠 / *Harpiola isodon* Kuo *et al.*, 2006

126 | 毛翼管鼻蝠 / *Harpiocephalus harpia* (Temminck, 1840)

127 | 彩蝠 / *Kerivoula picta* (Pallas, 1767)

127 | 暗褐彩蝠 / *Kerivoula furva* Kou *et al.*, 2017

128 | 克钦彩蝠 / *Kerivoula kachinensis* Bates *et al.*, 2004

128 | 泰坦尼亚彩蝠 / *Kerivoula titania* Bates *et al.*, 2007

130 | **灵长目** / Primates > 懒猴科 / Lorisidae

130 | 蜂猴 / *Nycticebus bengalensis* (Lacépède, 1800)

131 | 倭蜂猴 / *Nycticebus pygmaeus* Bonhote, 1907

133 | **灵长目** / Primates > 猴科 / Cercopithecidae

133 | 短尾猴 / *Macaca arctoides* (I. Geoffroy, 1831)

134 | 熊猴 / *Macaca assamensis* (McClelland, 1839)

136 | 台湾猕猴 / *Macaca cyclopis* (Swinhoe, 1862)

137 | 北豚尾猴 / *Macaca leonina* (Blyth, 1863)

138 | 白颊猕猴 / *Macaca leucogenys* Li *et al.*, 2015

139 | 猕猴 / *Macaca mulatta* (Zimmermann, 1780)

141 | 藏南猕猴 / *Macaca munzala* Sinha *et al.*, 2005

143 | 藏酋猴 / *Macaca thibetana* (Milne-Edwards, 1870)

146 | 喜山长尾叶猴 / *Semnopithecus schistaceus* Hodgson, 1840

147 | 印支灰叶猴 / *Trachypithecus crepusculus* (Elliot, 1909)

148 | 中缅灰叶猴 / *Trachypithecus melamera* (Elliot, 1909)

150 | 黑叶猴 / *Trachypithecus françoi* (Pousargues, 1898)

152 | 白头叶猴 / *Trachypithecus leucocephalus* Tan, 1957

154 | 戴帽叶猴 / *Trachypithecus pileatus* (Blyth, 1843)

155 | 肖氏乌叶猴 / *Trachypithecus shortridgei* (Wroughton, 1915)

156 | 滇金丝猴 / *Rhinopithecus bieti* Milne-Edwards, 1897

158 | 黔金丝猴 / *Rhinopithecus brelichi* Thomas, 1903

160 | 川金丝猴 / *Rhinopithecus roxellana* (Milne-Edwards, 1870)

164 | 怒江金丝猴 / *Rhinopithecus strykeri* Geissmann *et al.*, 2010

167 | 灵长目 / Primates ＞ 长臂猿科 / Hylobatidae

167 | 西白眉长臂猿 / *Hoolock hoolock* (Harlan, 1834)

168 | 高黎贡白眉长臂猿 / *Hoolock tianxing* Fan *et al.*, 2017

170 | 白掌长臂猿 / *Hylobates lar* (Linneaus, 1771)

171 | 西黑冠长臂猿 / *Nomascus concolor* (Harlan, 1826)

173 | 东黑冠长臂猿 / *Nomascus nasutus* (Kunkel d'Herculais, 1884)

174 | 海南长臂猿 / *Nomascus hainanus* (Thomas, 1892)

175 | 北白颊长臂猿 / *Nomascus leucogenys* (Ogilby, 1840)

178 | 鳞甲目 / Pholidota ＞ 鲮鲤科 / Manidae

178 | 马来穿山甲 / *Manis javanica* Desmarest, 1822

180 | 中华穿山甲 / *Manis pentadactyla* Linnaeus, 1758

182 | 食肉目 / Carnivora ＞ 犬科 / Canidae

182 | 狼 / *Canis lupus* (Linnaeus, 1758)

186 | 亚洲胡狼 / *Canis aureus* (Linnaeus, 1758)

187 | 赤狐 / *Vulpes vulpes* (Linnaeus, 1758)

190 | 藏狐 / *Vulpes ferrilata* Hodgson, 1842

192 | 沙狐 / *Vulpes corsac* (Linnaeus, 1768)

195 | 貉 / *Nyctereutes procyonoides* (Gray, 1834)

197 | 豺 / *Cuon alpinus* (Pallas, 1811)

198 | 食肉目 / Carnivora ＞ 熊科 / Ursidae

198 | 棕熊 / *Ursus arctos* Linnaeus, 1758

201 | 黑熊 / *Ursus thibetanus* G. [Baron] Cuvier, 1823

204 | 马来熊 / *Helarctos malayanus* (Raffles, 1821)

205 | 大熊猫 / *Ailuropoda melanoleuca* (David, 1869)

208 | 懒熊 / *Melursus ursinus* (Shaw, 1791)

209 | **食肉目** / Carnivora > 小熊猫科 / Ailuridae

209 | 喜马拉雅小熊猫 / *Ailurus fulgens* F. G. Cuvier, 1825

210 | 中华小熊猫 / *Ailurus styani* Thomas, 1902

212 | **食肉目** / Carnivora > 鼬科 / Mustelidae

212 | 黄喉貂 / *Martes flavigula* (Boddaert, 1785)

215 | 石貂 / *Martes foina* (Erxleben, 1777)

216 | 紫貂 / *Martes zibellina* (Linnaeus, 1758)

220 | 貂熊 / *Gulo gulo* (Linnaeus, 1758)

222 | 香鼬 / *Mustela altaica* Pallas, 1811

225 | 白鼬 / *Mustela erminea* Linnaeus, 1758

227 | 艾鼬 / *Mustela eversmanii* Lesson, 1827

230 | 黄腹鼬 / *Mustela kathiah* Hodgson, 1835

231 | 缺齿伶鼬 / *Mustela aistoodonnivalis* Wu & Gao, 1991

232 | 伶鼬 / *Mustela nivalis* Linnaeus, 1766

233 | 黄鼬 / *Mustela sibirica* Pallas, 1773

237 | 纹鼬 / *Mustela strigidorsa* Gray, 1853

238 | 虎鼬 / *Vormela peregusna* (Güldenstädt, 1770)

239 | 鼬獾 / *Melogale moschata* (Gray, 1831)

241 | 缅甸鼬獾 / *Melogale personata* I. Geoffroy Saint-Hilaire, 1831

242 | 狗獾 / *Meles leucurus* (Hodgson, 1847)

244 | 猪獾 / *Arctonyx albogularis* (Blyth, 1853)

246 | 水獭 / *Lutra lutra* (Linnaeus, 1758)

248 | 小爪水獭 / *Aonyx cinereus* (Illiger, 1815)

249 | **食肉目** / Carnivora > 海狮科 / Otariidae

249 | 北海狮 / *Eumetopias jubatus* (Schreber, 1776)

250 | 北海狗 / *Callorhinus ursinus* (Linnaeus, 1758)

251 | **食肉目** / Carnivora > 海豹科 / Phocidae

251 | 斑海豹 / *Phoca largha* Pallas, 1811

253 | 环海豹 / *Phoca hispida* (Schreber, 1775)

255 | 髯海豹 / *Erignathus barbatus* (Erxleben, 1777)

257 | **食肉目** / Carnivora > **灵猫科** / Viverridae

257 | 大斑灵猫 / *Viverra megaspila* Blyth, 1862
258 | 大灵猫 / *Viverra zibetha* Linnaeus, 1758
259 | 小灵猫 / *Viverricula indica* (É. Geoffroy Saint-Hilaire, 1803)
260 | 花面狸 / *Paguma larvata* (C. E. H. Smith, 1827)
262 | 椰子狸 / *Paradoxurus hermaphroditus* (Pallas, 1777)
263 | 小齿狸 / *Arctogalidia trivirgata* (Gray, 1832)
264 | 熊狸 / *Arctictis binturong* (Raffles, 1821)
265 | 缟灵猫 / *Chrotogale owstoni* Thomas, 1912

266 | **食肉目** / Carnivora > **林狸科** / Prionodontidae

266 | 斑林狸 / *Prionodon pardicolor* Hodgson, 1841

267 | **食肉目** / Carnivora > **獴科** / Herpestidae

267 | 食蟹獴 / *Herpestes urva* (Hodgson, 1836)
268 | 爪哇獴 / *Herpestes javanicus* (É. Geoffroy Saint-Hilaire, 1818)

269 | **食肉目** / Carnivora > **猫科** / Felidae

269 | 野猫 / *Felis silvestris* Schreber, 1777
271 | 荒漠猫 / *Felis bieti* Milne-Edwards, 1892
273 | 豹猫 / *Prionailurus bengalensis* (Kerr, 1792)
276 | 兔狲 / *Otocolobus manul* (Pallas, 1776)
278 | 猞猁 / *Lynx lynx* (Linnaeus, 1758)
280 | 云猫 / *Pardofelis marmorata* (Martin, 1837)
281 | 金猫 / *Catopuma temminckii* (Vigors & Horsfield, 1827)
284 | 云豹 / *Neofelis nebulosa* (Griffith, 1821)
285 | 豹 / *Panthera pardus* (Linnaeus, 1758)
288 | 虎 / *Panthera tigris* (Linnaeus, 1758)
290 | 雪豹 / *Panthera uncia* (Schreber, 1775)

294 | **海牛目** / Sirenia > **儒艮科** / Dugongidae

294 | 儒艮 / *Dugong dugon* (Müller, 1776)

296 | 长鼻目 / Proboscidea > 象科 / Elephantidae

296 | 亚洲象 / *Elephas maximus* Linnaeus, 1758

300 | 奇蹄目 / Perissodactyla > 马科 / Equidae

300 | 野马 / *Equus ferus* Boddaert, 1785
302 | 蒙古野驴 / *Equus hemionus* Pallas, 1775
306 | 藏野驴 / *Equus kiang* Moorcroft, 1841

312 | 偶蹄目 / Artiodactyla > 猪科 / Suidae

312 | 野猪 / *Sus scrofa* Linnaeus, 1758

314 | 偶蹄目 / Artiodactyla > 骆驼科 / Camelidae

314 | 野骆驼 / *Camelus ferus* Przewalski, 1878

315 | 偶蹄目 / Artiodactyla > 鼷鹿科 / Tragulidae

315 | 小鼷鹿 / *Tragulus kanchil* (Raffles, 1821)

317 | 偶蹄目 / Artiodactyla > 麝科 / Moschidae

317 | 原麝 / *Moschus moschiferus* Linnaeus, 1758
318 | 黑麝 / *Moschus fuscus* Li, 1981
319 | 林麝 / *Moschus berezovskii* Flerov, 1929
322 | 安徽麝 / *Moschus anhuiensis* Wang *et al.*, 1982
323 | 马麝 / *Moschus chrysogaster* Hodgson, 1839
325 | 喜马拉雅麝 / *Moschus leucogaster* Hodgson, 1839

326 | 偶蹄目 / Artiodactyla > 鹿科 / Cervidae

326 | 獐 / *Hydropotes inermis* Swinhoe, 1870
328 | 毛冠鹿 / *Elaphodus cephalophus* Milne-Edwards, 1872
331 | 黑麂 / *Muntiacus crinifrons* (Sclater, 1885)
333 | 贡山麂 / *Muntiacus gongshanensis* Ma, 1990
334 | 小麂 / *Muntiacus reevesi* (Ogilby, 1839)
337 | 赤麂 / *Muntiacus vaginalis* (Boddaert, 1785)
339 | 菲氏麂 / *Muntiacus feae* (Thomas & Doria, 1889)

340 | 豚鹿 / *Axis porcinus* (Zimmermann, 1780)

341 | 水鹿 / *Rusa unicolor* (Kerr, 1792)

344 | 梅花鹿 / *Cervus nippon* Temminck, 1838

347 | 东北马鹿 / *Cervus canadensis* Erxleben, 1777

350 | 西藏马鹿 / *Cervus wallichii* G. Cuvier, 1823

352 | 塔里木马鹿 / *Cervus yarkandensis* Blanford, 1892

354 | 白唇鹿 / *Przewalskium albirostris* (Przewalski, 1883)

357 | 坡鹿 / *Rucervus eldii* (McClelland, 1842)

358 | 麋鹿 / *Elaphurus davidianus* Milne-Edwards, 1866

361 | 狍 / *Capreolus pygargus* (Pallas, 1771)

364 | 驼鹿 / *Alces alces* (Linnaeus, 1758)

366 | 驯鹿 / *Rangifer tarandus* (Linnaeus, 1758)

367 | **偶蹄目** / Artiodactyla > **牛科** / Bovidae

367 | 野牦牛 / *Bos mutus* (Przewalski, 1883)

370 | 印度野牛 / *Bos gaurus* C. H. Smith, 1827

371 | 大额牛 / *Bos frontalis* (Lambert, 1804)

372 | 蒙原羚 / *Procapra gutturosa* (Pallas, 1777)

376 | 藏原羚 / *Procapra picticaudata* Hodgson, 1846

380 | 普氏原羚 / *Procapra przewalskii* (Büchner, 1891)

382 | 藏羚 / *Pantholops hodgsonii* (Abel, 1826)

386 | 鹅喉羚 / *Gazella subgutturosa* (Güldenstädt, 1780)

389 | 高鼻羚羊 / *Saiga tatarica* (Linnaeus, 1766)

390 | 秦岭羚牛 / *Budorcas bedfordi* Thomas, 1911

392 | 四川羚牛 / *Budorcas tibetanus* Milne-Edwards, 1874

394 | 贡山羚牛 / *Budorcas taxicolor* Hodgson, 1850

395 | 不丹羚牛 / *Budorcas whitei* Lydekker, 1907

396 | 长尾斑羚 / *Naemorhedus caudatus* (Milne-Edwards, 1867)

397 | 缅甸斑羚 / *Naemorhedus evansi* (Lydekker, 1905)

399 | 中华斑羚 / *Naemorhedus griseus* (Milne-Edwards, 1871)

401 | 喜马拉雅斑羚 / *Naemorhedus goral* (Hardwicke, 1825)

403 | 赤斑羚 / *Naemorhedus baileyi* Pocock, 1914

405 | 中华鬣羚 / *Capricornis milneedwardsii* David, 1869

407 | 喜马拉雅鬣羚 / *Capricornis thar* Hodgson, 1831

408 | 红鬣羚 / *Capricornis rubidus* Blyth, 1863

409 | 台湾鬣羚 / *Capricornis swinhoei* (Gray, 1862)

410 | 岩羊 / *Pseudois nayaur* (Hodgson, 1833)

416 | 北山羊 / *Capra sibirica* (Pallas, 1776)

418 | 塔尔羊 / *Hemitragus jemlahicus* (C. H. Smith, 1826)

420 | 西藏盘羊 / *Ovis hodgsoni* Blyth, 1841

422 | 雅布赖盘羊 / *Ovis jubata* Peters, 1876

423 | 阿尔泰盘羊 / *Ovis ammon* (Linnaeus, 1758)

424 | 戈壁盘羊 / *Ovis darwini* Przewalski, 1883

426 | 帕米尔盘羊 / *Ovis polii* Blyth, 1841

428 | 天山盘羊 / *Ovis karelini* Severtzonv, 1873

431 | 哈萨克盘羊 / *Ovis collium* Severtzov, 1873

434 | **鲸目** / Cetacea > **灰鲸科** / Eschrichtiidae

434 | 灰鲸 / *Eschrichtius robustus* Lilljeborg, 1861

436 | **鲸目** / Cetacea > **须鲸科** / Balaenopteridae

436 | 小须鲸 / *Balaenoptera acutorostrata* Lacepede, 1804

438 | 塞鲸 / *Balaenoptera borealis* Lesson, 1828

438 | 布氏鲸 / *Balaenoptera edeni* Olsen, 1913

440 | 蓝鲸 / *Balaenoptera musculus* Linnaeus, 1758

442 | 长须鲸 / *Balaenoptera physalus* (Linnaeus, 1758)

444 | 大翅鲸 / *Megaptera novaeangliae* Borowski, 1781

446 | **鲸目** / Cetacea > **海豚科** / Delphinidae

446 | 真海豚 / *Delphinus delphis* Linnaeus, 1758

446 | 小虎鲸 / *Feresa attenuata* Gray, 1874

447 | 短肢领航鲸 / *Globicephala macrorhynchus* Gray, 1846

448 | 里氏海豚 / *Grampus griseus* Cuvier, 1812

449 | 弗氏海豚 / *Lagenodelphis hosei* Fraser, 1956

450 | 太平洋斑纹海豚 / *Lagenorhynchus obliquidens* Gill, 1865

451 | 虎鲸 / *Orcinus orca* Linnaeus, 1758

453 | 瓜头鲸 / *Peponocephala electra* (Gray, 1846)

453 | 伪虎鲸 / *Pseudorca crassidens* (Owen, 1846)

454 | 中华白海豚 / *Sousa chinensis* Osbeck, 1765

456 | 热带点斑原海豚 / *Stenella attenuata* (Gray, 1846)

457 | 条纹原海豚 / *Stenella coeruleoalba* Meyen, 1833

458 | 飞旋原海豚 / *Stenella longirostris* Gray, 1828

460 | 糙齿海豚 / *Steno bredanensis* Lesson, 1828

462 | 印太瓶鼻海豚 / *Tursiops aduncus* (Ehrenberg, 1833)

463 | 瓶鼻海豚 / *Tursiops truncatus* (Montagu, 1821)

465 | 鲸目 / Cetacea ＞ 鼠海豚科 / Phocoenidae

465 | 长江江豚 / *Neophocaena asiaeorientalis* (Pilleri & Gihr, 1972)

467 | 印太江豚 / *Neophocaena phocaenoides* (G. Cuvier, 1829)

467 | 东亚江豚 / *Neophocaena sunameri* Pilleri & Gihr, 1975

468 | 鲸目 / Cetacea ＞ 小抹香鲸科 / Kogiidae

468 | 小抹香鲸 / *Kogia breviceps* Blainville, 1838

469 | 鲸目 / Cetacea ＞ 抹香鲸科 / Physeteridae

469 | 抹香鲸 / *Physeter macrocephalus* Linnaeus, 1758

471 | 鲸目 / Cetacea ＞ 恒河豚科 / Platanistidae

471 | 恒河豚 / *Platanista gangetica* (Lebeck, 1801)

472 | 鲸目 / Cetacea ＞ 白鱀豚科 / Lipotidae

472 | 白鱀豚 / *Lipotes vexillifer* Miller, 1918

473 | 鲸目 / Cetacea ＞ 喙鲸科 / Hyperoodontidae

473 | 柏氏中喙鲸 / *Mesoplodon densirostris* Blainville, 1817

474 | 柯氏喙鲸 / *Ziphius cavirostris* Cuvier, 1823

476 | 啮齿目 / Rodentia ＞ 松鼠科 / Sciuridae

476 | 北松鼠 / *Sciurus vulgaris* Linnaeus, 1758

479 ｜ 赤腹松鼠 / *Callosciurus erythraeus* (Pallas, 1779)

482 ｜ 印支松鼠 / *Callosciurus inornatus* (Gray, 1867)

482 ｜ 黄手松鼠 / *Callosciurus phayrei* (Blyth, 1856)

483 ｜ 蓝腹松鼠 / *Callosciurus pygerythrus* (I. Geoffroy Saint-Hilaire, 1831)

484 ｜ 纹腹松鼠 / *Callosciurus quinquestriatus* (Anderson, 1871)

485 ｜ 明纹花鼠 / *Tamiops mcclellandii* (Horsfield, 1840)

486 ｜ 倭花鼠 / *Tamiops maritimus* (Bonhote, 1900)

487 ｜ 岷山花鼠 / *Tamiops minshanicua* Liu, Tang, Murphy, Chen & Li, 2022

488 ｜ 隐纹花鼠 / *Tamiops swinhoei* (Milne-Edwards, 1874)

490 ｜ 橙腹长吻松鼠 / *Dremomys lokriah* (Hodgson, 1836)

491 ｜ 珀氏长吻松鼠 / *Dremomys pernyi* (Milne-Edwards, 1867)

493 ｜ 红腿长吻松鼠 / *Dremomys pyrrhomerus* (Thomas, 1895)

494 ｜ 红颊长吻松鼠 / *Dremomys rufigenis* (Blanford, 1878)

495 ｜ 巨松鼠 / *Ratufa bicolor* (Sparrman, 1778)

497 ｜ 条纹松鼠 / *Menetes berdmorei* (Blyth, 1849)

498 ｜ 岩松鼠 / *Sciurotamias davidianus* (Milne-Edwards, 1867)

500 ｜ 侧纹岩松鼠 / *Rupestes forresti* Thomas, 1922

501 ｜ 花鼠 / *Tamias sibiricus* (Laxmann, 1769)

502 ｜ 阿拉善黄鼠 / *Spermophilus alashanicus* Büchner, 1888

503 ｜ 赤颊黄鼠 / *Spermophilus erythrogenys* Brandt, 1841

504 ｜ 达乌尔黄鼠 / *Spermophilus dauricus* Brandt, 1843

505 ｜ 长尾黄鼠 / *Spermophilus undulatus* (Pallas, 1778)

506 ｜ 天山黄鼠 / *Spermophilus relictus* (Kashkarov, 1923)

507 ｜ 灰旱獭 / *Marmota baibacina* Kastschenko, 1899

508 ｜ 长尾旱獭 / *Marmota caudata* (Geoffroy, 1844)

509 ｜ 喜马拉雅旱獭 / *Marmota himalayana* (Hodgson, 1841)

510 ｜ 蒙古旱獭 / *Marmota sibirica* (Radde, 1862)

511 ｜ 沟牙鼯鼠 / *Aeretes melanopterus* (Milne-Edwards, 1867)

512 ｜ 毛耳飞鼠 / *Belomys pearsonii* (Gray, 1842)

513 ｜ 高黎贡比氏鼯鼠 / *Biswamoyopterus gaoligongensis* Li et al., 2019

513 ｜ 云南羊绒鼯鼠 / *Eupetaurus nivamons* Li, Jiang, Jackson and Helgen, 2021

514 ｜ 黑白飞鼠 / *Hylopetes alboniger* (Hodgson, 1836)

515 ｜ 栗背大鼯鼠 / *Petaurista albiventer* (Gray, 1834)

516 ｜ 红白鼯鼠 / *Petaurista alborufus* (Milne-Edwards, 1870)

517 | 灰头小鼯鼠 / *Petaurista caniceps* (Gray, 1842)

518 | 白斑小鼯鼠 / *Petaurista elegans* (Temmink, 1836)

518 | 海南鼯鼠 / *Petaurista hainana* Allen, 1925

519 | 白面鼯鼠 / *Petaurista lena* Thomas, 1907

520 | 栗褐鼯鼠 / *Petaurista magnificus* (Hodgson, 1836)

521 | 红背鼯鼠 / *Petaurista petaurista* (Pallas, 1776)

521 | 霜背大鼯鼠 / *Petaurista philippensis* (Elliot, 1839)

522 | 橙色小鼯鼠 / *Petaurista sybilla* Thomas & Wroughton, 1916

522 | 灰鼯鼠 / *Petaurista xanthotis* (Milne-Edwards, 1872)

523 | 李氏小飞鼠 / *Priapomys leonardi* (Thomas, 1921)

524 | 小飞鼠 / *Pteromys volans* (Linnaeus, 1758)

525 | 复齿鼯鼠 / *Trogopterus xanthipes* (Milne-Edwards, 1867)

526 | **啮齿目** / Rodentia > **睡鼠科** / Gliridae

526 | 林睡鼠 / *Dryomys nitedula* (Pallas, 1778)

527 | **啮齿目** / Rodentia > **河狸科** / Castoridae

527 | 河狸 / *Castor fiber* Linnaeus, 1758

529 | **啮齿目** / Rodentia > **跳鼠科** / Dipodidae

529 | 大五趾跳鼠 / *Allactaga major* (Kerr, 1792)

529 | 巴里坤跳鼠 / *Orientallactaga balikunica* (Hsia & Fang, 1964)

530 | 巨泡五趾跳鼠 / *Orientallactaga bullata* (Allen, 1925)

530 | 五趾跳鼠 / *Orientallactaga sibirica* (Forster, 1778)

531 | 五趾心颅跳鼠 / *Cardiocranius paradoxus* Satunin, 1903

531 | 小地鼠 / *Pygeretmus pumilio* (Kerr, 1792)

532 | 肥尾心颅跳鼠 / *Salpingotus crassicauda* Vinogradov, 1924

532 | 三趾心颅跳鼠 / *Salpingotus kozlovi* Vinodradov, 1922

534 | 小五趾跳鼠 / *Scarturus elater* (Lichtenstein, 1828)

534 | 蒙古羽尾跳鼠 / *Stylodipus andrewsi* Allen, 1925

535 | 三趾跳鼠 / *Dipus sagitta* (Pallas, 1773)

536 | 长耳跳鼠 / *Euchoreutes naso* Sclater, 1891

536 | 啮齿目 / Rodentia > 林跳鼠科 / Zapodidae

536 | 四川林跳鼠 / *Eozapus setchuanus* (Pousargues, 1896)

537 | 啮齿目 / Rodentia > 蹶鼠科 / Sicistidae

537 | 中国蹶鼠 / *Sicista concolor* (Büchner, 1892)
537 | 天山蹶鼠 / *Sicista tianshanica* (Salensky, 1903)

538 | 啮齿目 / Rodentia > 刺山鼠科 / Platacanthomyidae

538 | 中华猪尾鼠（武夷山尾鼠）/ *Typhlomys cinereus* Milne-Edwards, 1877
538 | 大猪尾鼠 / *Typhlomys daloushanensis* (Wang, Li, 1996)
539 | 小猪尾鼠 / *Typhlomys nanus* Cheng *et al.*, 2017

539 | 啮齿目 / Rodentia > 鼹形鼠科 / Spalacidae

539 | 小竹鼠 / *Cannomys badius* (Hodgson, 1841)
540 | 银星竹鼠 / *Rhizomys pruinosus* Blyth, 1851
540 | 中华竹鼠 / *Rhizomys sinensis* Gray, 1831
541 | 高原鼢鼠 / *Eospalax bailey* Thomas, 1911
541 | 大竹鼠 / *Rhizomys sumatrensis* (Raffles, 1821)
542 | 斯氏鼢鼠 / *Eospalax smithii* Thomas, 1911
542 | 罗氏鼢鼠 / *Eospalax rothschildi* Thomas, 1911
543 | 秦岭鼢鼠 / *Eospalax rufescens* J. Allen, 1909

543 | 啮齿目 / Rodentia > 仓鼠科 / Cricetidae

543 | 水䶄 / *Arvicola amphibious* (Linnaeus, 1758)
544 | 白尾高山䶄 / *Alticola albicauda* True, 1894
545 | 斯氏高山䶄 / *Alticola stoliczkanus* (Blanford, 1875)
546 | 蒙古高山䶄 / *Alticola semicanus* (Allen, 1924)
546 | 棕背䶄 / *Craseomys rufocanus* (Sundevall, 1846)
547 | 红背䶄 / *Myodes rutilus* (Pallas, 1779)
548 | 甘肃绒鼠 / *Caryomys eva* (Thomas, 1911)
548 | 西南绒鼠 / *Eothenomys custos* (Thomas, 1912)
549 | 大绒鼠 / *Eothenomys miletus* (Thomas, 1914)

549 | 石棉绒鼠 / *Eothenomys shimianensis* Liu, 2018

550 | 丽江绒鼠 / *Eothenomys fidelis* Hinton, 1923

550 | 青海松田鼠 / *Neodon fuscus* (Büchner, 1889)

551 | 高原松田鼠 / *Neodon irene* (Thomas, 1911)

552 | 白尾松田鼠 / *Neodon leucurus* (Blyth, 1863)

552 | 锡金松田鼠 / *Neodon sikimensis* (Horsfield, 1841)

553 | 黑田鼠 / *Microtus agrestis* (Linnaeus, 1761)

553 | 伊犁田鼠 / *Microtus ilaeus* Thomas, 1912

554 | 东方田鼠 / *Microtus fortis* Büchner, 1889

554 | 社田鼠 / *Microtus socialis* (Pallas, 1773)

555 | 狭颅田鼠 / *Microtus gregalis* (Pallas, 1779)

555 | 台湾田鼠 / *Alexandromys kikuchii* (Kuroda, 1920)

556 | 柴达木根田鼠 / *Alexandromys limnophilus* Büchner, 1889

556 | 根田鼠 / *Microtus oeconomus* (Pallas, 1776)

557 | 帕米尔田鼠 / *Blandformys juldaschi* (Severtzov, 1879)

557 | 黄兔尾鼠 / *Eolagurus luteus* (Eversmann, 1840)

558 | 草原兔尾鼠 / *Lagurus lagurus* (Pallas, 1773)

558 | 鼹形田鼠 / *Ellobius tancrei* Blasius, 1884

559 | 布氏田鼠 / *Lasiopodomys brandtii* (Raddle, 1861)

560 | 沟牙田鼠 / *Proedromys bedfordi* Thomas, 1911

560 | 凉山沟牙田鼠 / *Proedromys liangshanensis* Liu et al., 2007

561 | 麝鼠 / *Ondatra zibethicus* (Linnaeus, 1766)

562 | 甘肃仓鼠 / *Cansumys canus* Allen, 1928

562 | 原仓鼠 / *Cricetus cricetus* (Linnaeus, 1758)

563 | 黑线仓鼠 / *Cricetulus barabensis* (Pallas, 1773)

563 | 康藏仓鼠 / *Cricetulus kamensis* (Satunin, 1903)

564 | 灰仓鼠 / *Cricetulus migratorius* (Pallas, 1773)

564 | 坎氏毛足鼠 / *Phodopus campbelli* (Thomas, 1905)

565 | 小毛足鼠 / *Phodopus roborovskii* (Satunin, 1903)

565 | 大仓鼠 / *Tscherskia triton* (de Winton, 1899)

566 | **啮齿目** / Rodentia > **鼠科** / Muridae

566 | 短耳沙鼠 / *Brachiones przewalskii* (Büchner, 1889)

566 | 红尾沙鼠 / *Meriones libycus* Lichtenstein, 1823

567 | 子午沙鼠 / *Meriones meridianus* (Pallas, 1773)

568 | 柽柳沙鼠 / *Meriones tamariscinus* (Pallas, 1773)

568 | 长爪沙鼠 / *Meriones unguiculatus* (Milne-Edwards, 1867)

569 | 大沙鼠 / *Rhombomys opimus* (Lichtenstein, 1823)

570 | 巢鼠 / *Micromys minutus* (Pallas, 1771)

570 | 黑线姬鼠 / *Apodemus agrarius* (Pallas, 1771)

571 | 高山姬鼠 / *Apodemus chevrieri* (Milne-Edwards, 1868)

571 | 龙姬鼠 / *Apodemus draco* (Barret-Hamilton, 1900)

572 | 澜沧江姬鼠 / *Apodemus ilex* Thomas, 1922

572 | 大耳姬鼠 / *Apodemus latronum* Thomas, 1911

573 | 大林姬鼠 / *Apodemus peninsulae* (Thomas, 1907)

573 | 小眼姬鼠 / *Apodemus uralensis* (Pallas, 1811)

574 | 板齿鼠 / *Bandicata indica* (Bechstein, 1800)

574 | 青毛硕鼠 / *Berylmys bowersi* (Anderson, 1879)

575 | 安氏白腹鼠 / *Niviventer andersoni* (Thomas, 1911)

575 | 白腹巨鼠 / *Leopoldomys edwardsi* (Thomas, 1882)

576 | 北社鼠 / *Niviventer confucianus* (Milne-Edwards, 1871)

577 | 台湾白腹鼠 / *Niviventer coninga* (Swinhoe, 1864)

578 | 台湾社鼠 / *Niviventer culturatus* Thomas, 1917

578 | 川西白腹鼠 / *Niviventer excelsior* (Thomas, 1911)

579 | 灰腹鼠 / *Niviventer eha* (Wroughton, 1916)

579 | 针毛鼠 / *Niviventer fulvescens* (Gray, 1847)

580 | 拟刺毛鼠 / *Niviventer huang* (Bonhote, 1905)

580 | 卡氏小鼠 / *Mus caroli* Bonhote, 1902

581 | 小家鼠 / *Mus musculus* Linnaeus, 1758

581 | 锡金小鼠 / *Mus pahari* Thomas, 1916

582 | 印度地鼠 / *Nesokia indica* (Gray, 1830)

582 | 黑缘齿鼠 / *Rattus andamanensis* (Blyth, 1860)

583 | 黄毛鼠 / *Rattus losea* Swinhoe, 1870

583 | 大足鼠 / *Rattus nitidus* (Hodgson, 1845)

584 | 褐家鼠 / *Rattus norvegicus* (Berkenhout, 1769)

584 | 黑家鼠 / *Rattus rattus* Linnaeus

585 | 黄胸鼠 / *Rattus tanezumi* Temminck, 1845

劳亚食虫目

Lipotyphla Haeckel, 1886

劳亚食虫类是古老的食虫类动物，它们的祖先出现于恐龙时代的白垩纪。现生劳亚食虫类包括鼩鼱科、鼹科、猬科和沟齿鼩科。沟齿鼩和灭绝于数百年前的岛鼩仅分布于中美洲的加勒比海地区，其余3科在中国均有分布。

劳亚食虫目的拉丁名包含古希腊语的"缺失（lipo）"和"盲肠（typhlon）"两个词根，顾名思义，劳亚食虫类动物消化道没有盲肠结构。历史上，该类群曾与金鼹、马岛猬、象鼩、树鼩和树鼩等动物一同归于食虫目（Insectivora）。得益于DNA测序技术和分子系统学方法的发展，各类群之间的亲缘关系得以逐步厘清。鼩鼱科、鼹科、猬科和沟齿鼩科拥有共同的祖先，且隶属于劳亚兽总目（Laurasiatheria），因此被称为劳亚食虫目，也可称"真盲缺目"。

中国是劳亚食虫类动物资源极其丰富的国家。全世界已知猬科26种，其中9种分布在中国，刺猬（刺猬亚科）主要分布于长江以北的平原、森林和荒漠环境；无棘刺的鼩猬、毛猬等（毛猬亚科）主要分布于中国西南山地和海南岛地区。中国是唯一有毛猬亚科和刺猬亚科物种分布的国家，云南高黎贡山是全世界唯一有毛猬亚科和刺猬亚科物种共同生存的地方。

中国共有21种鼹科动物，占全世界55种的38%。中国现生的鼹科物种除了有完全适应地下生活的真鼹类，还包括半地下生活的鼩鼹类，以及无明显形态特化的鼩形鼹动物，展示出从原始到进步的完整演化序列。鼹科物种从海南岛到黑龙江漠河，从藏南到台湾都有分布，但鼩鼹和鼩形鼹主要分布于中国西南山地。钓鱼岛上分布有该岛特有的钓鱼岛鼹。

鼩鼱科全世界448种，其中61种分布在中国，广泛适应海拔4000m以下的各种生境。鼩鼱亚科中国有47种，主要分布于较为寒冷的古北界和海拔较高的喜马拉雅和西南山地；麝鼩亚科中国有14种，主要分布于较为温暖的东洋界。鼩鼱科物种体型小、代谢快、寿命短，全世界最小的哺乳动物之一小臭鼩体重仅2g，在中国云南也有分布记录。鼩鼱物种进化速度快，演化出适应于半地下生活、半水生和半树栖等多种不同的生态适应型。

海南新毛猬

Neohylomys hainanensis Shaw & Wong, 1959
Hainan Gymnure

劳亚食虫目 / Lipotyphla > 猬科 / Erinaceidae

形态特征： 体型中等的食虫类。头体长120-147mm。尾长较短，36-43mm。耳短小，呈钝圆形，耳长16-22mm。后足24-29mm。身体近圆筒形，背部毛色为较深的棕黄色，背部中央沿背脊方向有黑色纵向条纹，清晰可见，是区别于毛猬和鼩猬的重要特征。背腹明显异色，腹部毛发基部为浅灰色，发端浅黄色。眼中等大。四肢短小，足背覆盖有浅色短毛。齿式3.1.4.3/3.1.3.3=42。

地理分布： 国内主要分布在海南岛中部白沙、琼中等地。国外发现于越南北部的高平省。

物种评述： 主要栖息于茂密的热带雨林和亚热带常绿阔叶林中。在海南岛分布于地势较高的丘陵和山地；在越南北部分布于海拔300-700m的常绿阔叶林。尚无该物种的生理生态研究报道，从外形（身体圆筒状、耳短、尾短等）推测该物种可能为半地下生活的物种。根据猬科其他现生物种的习性推测，应主要以昆虫和其他小型无脊椎动物为食。

海南 / 李玉春

毛猬亚科物种曾经遍布欧亚大陆和北美大陆，现仅分布于中国南部和东南亚地区。海南新毛猬与毛猬和鼩猬外形相似，且与毛猬属物种尾长类似，均较短，"新毛猬属"由此得名。海南新毛猬为新毛猬属唯一现生物种。分子生物学研究表明，海南新毛猬、毛猬和鼩猬早在1000万年前开始分化，支持它们各自为独立的属。

该种一直被认为是海南岛的特有濒危物种。2018年俄罗斯科学家在越南北部考察时意外捕获了5只海南新毛猬。这些个体背部黑色条纹清晰、齿式与海南新毛猬吻合。海南岛形成历史较为复杂，在过去的几十万年间多次发生"海退"事件：即由于全球气候变冷，海平面下降，海南岛与大陆多次通过"陆桥"相连。因此海南岛的哺乳动物与华南地区，甚至是越南北部地区，有不少相似甚至相同的成分。尚不清楚该种在越南北部和海南岛之间的迁徙时间。推测该物种还可能分布于与越南北部相邻的广西西部山区。

海南 / 李玉春

鼩猬

Neotetracus sinensis Trouessart, 1909
Shrew Gymnure

劳亚食虫目 / Lipotyphla ＞ 猬科 / Erinaceidae

云南普洱哀牢山 / 何锴

形态特征： 头体长 91-125mm。尾长约为头体长的一半，56-78mm。后足长 21-36mm。耳朵较长，17-19mm。背部毛色污黄色，腹部毛色深灰。吻部较短，眼睛很大。上犬齿很小，缺少第 1 上前臼齿。齿式 3.1.3.3/3.1.3.3=40。

地理分布： 国内主要分布于云南大部分地区、四川西部以及贵州，最近在广东南岭地区也有发现。国外主要分布于邻近的缅甸北部和越南北部地区。

物种评述： 主要栖息于中高海拔 800-2700m的常绿阔叶林中。以昆虫和其他小型无脊椎动物为食，也可以取食果实等植物性的食物。跑动速度快，弹跳能力好，未观察到明显的打洞行为。四川宝兴的鼩猬繁殖期在4月，一胎3-7仔。

　　毛猬亚科（Galericinae）的物种在几千万年前曾经在欧亚大陆和北美大陆广泛分布，大部分类群在中新世至更新世的全球气候恶化期间灭绝，现存的物种不足当年的十分之一。毛猬亚科现生类群主要包括6属，除刺毛鼩猬属（*Echinosorex*）出现巨型化之外，其余4属物种的外形都非常相似。鼩猬和海南新毛猬一度被归于毛猬属（*Hylomys*），然而近年来分子生物学的研究显示，鼩猬与其他类群自1000万年之前开始分化，支持它仍作为一个独立的属。鼩猬的尾长约为头体长的一半，而毛猬的尾长仅为头体长的15%。鼩猬是毛猬亚科现生类群中分布最靠北的物种，在云南南部鼩猬和毛猬有同域共存的可能，但会选择不同的海拔和生境。

云南普洱哀牢山 / 何锴

003

东北刺猬

Erinaceus amurensis (Schrenk, 1859)

Amur Hedgehog

劳亚食虫目 / Lipotyphla > 猬科 / Erinaceidae

形态特征： 中国体型最大的刺猬之一。体重800-1200g。体长150-290mm。尾长17-42mm。后足长34-54mm。耳长16-26mm，接近于耳周围棘刺的长度。从上额至臀部覆盖有棘刺，在受惊或者遇到天敌时，身体可以蜷曲成刺球状。头部正中头皮裸露，在棘刺中间形成一条向后延伸的沟。大部分棘刺中段颜色偏黑，两端颜色偏浅，但是颜色深浅程度存在较大的变异，有部分棘刺为纯白色。吻部与其他属的刺猬相比较长，脸部的毛色均一，脸部和腹部毛色为棕灰色至污黄色。前后足均具5趾。

地理分布： 广泛分布于中国东北、华北和长江中下游地区，分布区向北一直延伸至俄罗斯和朝鲜半岛。国内主要分布于北京、内蒙古、吉林、辽宁、黑龙江、河北、山东、河南、陕西、甘肃、江苏、安徽、湖北、上海、浙江、江西、湖南、湖北。被人为引入日本本州南部的静冈和神奈川，成为当地的入侵物种。最近在云南昆明也发现野化的小种群。

物种评述： 东北刺猬可栖息于海平面至海拔2000m的多种生境，在山地森林、草原、灌木林等天然环境以及农田、荒地等人工环境中都有记录，也会利用草垛、柴堆等营造巢穴冬眠。刺猬是典型的夜行性动物，白天通常躲在洞穴、草堆等隐蔽的栖息场所。食性偏向于杂食，可以取食各种昆虫，青蛙、蜥蜴等小型脊椎动物，也会取食水果等植物性食物。在寒冷的季节会进入冬眠。由于城市化以及农药的广泛使用，适合刺猬栖息的生境和可利用的食物资源都在减少。近年来特种宠物市场兴起，饲养刺猬作为宠物的玩家日益增多，宠物刺猬逃逸并野化的情况可能会更加频繁地发生，并影响本地原生物种的生存。

北京 / 张永　　　　　　　　　　　　　　　　　　　　　　　　　　北京 / 张永

北京 / 冯利民

大耳猬

Hemiechinus auritus (Gmelin, 1770)
Long-eared Hedgehog

劳亚食虫目 / Lipotyphla > 猬科 / Erinaceidae

内蒙古锡林郭勒盟苏尼特右旗 / 史静耸

形态特征：体型较小的刺猬。头体长 170-230mm。尾长 18-28mm。耳朵较大，耳长 31-40mm，明显超过耳部周围棘刺的长度。背部布满棘刺，从额头缘延伸到臀部，受惊或者遇到天敌时，身体可以蜷曲成刺球状。棘刺靠根部 2/3 为白色，向上为黑色圆环，刺尖为白色。头顶正中无裸露头皮，不形成向后延伸的深沟。脸颊相对较短，毛色污黄，腹部毛色雪白色。前后足均 5 趾，后足大拇趾较小。

地理分布：国内主要分布于新疆、内蒙古、甘肃、宁夏和陕西北部等地。国外广泛分布于中亚和西亚。分布区向西一直延续到地中海附近的埃及、叙利亚和利比亚，向南延伸至伊朗、阿富汗和巴基斯坦，向东延伸至俄罗斯东南部、蒙古。

物种评述：栖息于荒漠草原、半荒漠以及沙漠地带。喜欢在干涸的河谷、沟壑和森林草原的过渡地带生活，喜欢水源地附近的生境。经常利用人类活动区周围的耕地、灌丛、废弃的灌溉沟渠和田间灌木丛。典型的夜行性生物，单独活动，白天会躲在洞中。主要取食蠕虫、蜗牛、蛞蝓等无脊椎动物和蜥蜴、小兽、鸟类等小型脊椎动物，会偷食鸟蛋，也会取食植物性的食物。具有打洞行为，也会利用其他动物废弃的洞穴。在寒冷的冬天会进入冬眠，在炎热的夏季也会进入夏眠。

新疆阿勒泰卡拉麦里山自然保护区 / 邢睿

达乌尔猬

Mesechinus dauuricus (Sundevall, 1842)
Daurian Hedgehog

劳亚食虫目 / Lipotyphla > 猬科 / Erinaceidae

形态特征： 体型较大的刺猬。头体长175-261mm。尾长17-30mm。后足18-41mm。耳长22-34mm，与周围棘刺长度相当。背部布满棘刺，从额头延伸至臀部。棘刺长度21-23mm，靠根部2/3为白色，向上为深色圆环，深色圆环与刺尖之间为白色，刺尖为黑色。头顶正中没有裸露头皮形成的深沟。吻部较长且颜色较深。脸部和腹部毛色污黄色或白色。

地理分布： 国内分布于辽宁、吉林、黑龙江、内蒙古、陕西、宁夏和河北。国外分布于蒙古和俄罗斯西伯利亚东南部。

物种评述： 在东北和华北地区，可能存在与东北刺猬同域分布的情况。二者外

辽宁阜新彰武 / 陈俭海

形相似，从外部形态上可依据棘刺的分布和颜色来区分：刺猬属的物种（包括东北刺猬）头顶中部头皮裸露，在棘刺中形成一条向后延伸的沟；林猬属的物种（包括达乌尔猬）头顶没有裸露的头皮。此外，刺猬属物种有少部分棘刺为纯白色，而达乌尔猬则很少或几乎没有。

栖息于森林、草原、荒漠等多种天然生境，可以利用农田等人工环境。夜行性，喜欢在水边活动。通常捕食蜥蜴、青蛙、鸟类、小型啮齿类等小型脊椎动物；可以吃腐肉，也吃植物的果实和种子等。遇到惊吓或天敌时会蜷缩成球状，利用浑身的棘刺进行防御。冬天会利用其他动物挖掘的洞穴冬眠。天敌包括獾、狐狸、狼、鹰、雕等。

辽宁阜新彰武 / 陈俭海

林猬

Mesechinus hughi (Thomas, 1908)
Hugh's Hedgehog

劳亚食虫目 / Lipotyphla > 猬科 / Erinaceidae

形态特征：体重112-750g，头体长148-232mm，尾长12-24mm，后足长30-47mm，耳长16-33mm。体表被毛深棕色或浅棕色。全身被棘刺，额头正中没有裸露的头皮。耳长接近于耳周围棘刺的长度。几乎没有纯白色棘刺，绝大多数棘刺的色素沉积模式相同：棘刺尖端黑色或深褐色，朝根部方向依次为1-3mm的白色圆环，3-5mm宽的黑色或深褐色圆环，以及棘刺长度50%以上的白色区域。

地理分布：为中国特有种，模式产地位于陕西宝鸡。分布于陕西南部、山西、四川北部和安徽南部。推测在长江中游还存在未知的分布区。

物种评述：林猬属曾被认为是刺猬属（*Erinaceus*）或大耳猬属（*Erinaceus*）的同物异名，分子生物学的研究证明林猬属与大耳猬属互为姐妹群。曾有研究依据山西历山地区标本描述林猬属一新种（*Hemiechinus sylvaticus*），但该标本与林猬不存在明显形态差异，应属于林猬的同物异名。林猬额头不存在裸露的头皮，且没有纯白色的棘刺，区别于刺猬属物种。耳短区别于大耳猬。此外，林猬与同属的达乌尔猬相比毛色更深，二者棘刺的花色也存在差异。

四川、陕西和山西的林猬，已知的生境主要为海拔1000m左右的中山阔叶林。在陕西，林猬可能存在与东北刺猬、大耳猬等同域分布的情况。2020年在安徽南部的黄山及宣城两地发现林猬的新分布，生境为海拔300-500m左右丘陵地区的农田，不仅与此前已知林猬的分布区相距700km以上，而且海拔和生境均不相同。分子生物学的研究显示安徽与陕西的林猬存在明显的遗传变异，说明安徽种群不是近期扩散事件的结果，而是长期隔离分化而形成的地理种群，由此推断华中地区很可能存在未知的分布区。林猬很可能和同属的其他物种一样为杂食，可以取食各种植物性和动物性的食物。存在冬眠的习性，但冬眠时间尚无报道。

四川广元青川 / 刘洋

四川广元青川 / 刘洋

陕西汉中洋县 / 胡万新

安徽黄山黟县 / 陈中正

高黎贡林猬

Mesechinus wangi He *et al.*, 2018
Gaoligong Forest Hedgehog

劳亚食虫目 / Lipotyphla > 猬科 / Erinaceidae

形态特征：体型中等的刺猬。头体长 177-240mm。尾长 14-18mm。后足 45-48mm。背部长满棘刺，从头顶延伸至臀部，棘刺长 22-25mm，头顶中部无裸露的头皮。绝大部分棘刺双色，靠近根部的 2/3 为白色，靠近尖端的 1/3 为黑色。耳长 28-32mm，跟耳周围棘刺长度相当。浑身被毛，毛色为浅棕色，背腹毛色相近，脸部毛色均一。后足大拇趾发育良好。长有第 4 上白齿。

地理分布：为中国特有种。典型的狭域分布物种，仅分布于云南保山高黎贡山保护区南段，已知的分布范围仅限于腾冲、隆阳和龙陵。

物种评述：为 2018 年正式发表的新物种，为纪念已故中国哺乳动物学家王应祥先生，又名王氏林猬。分布于海拔 2000-2700m 之间的中山常绿阔叶林或者杜鹃苔藓矮林，以昆虫和植物种子、果实等为食。在人工饲养条件下，观察到捕食鸟类的行为，10 月进入冬眠期，次年 4 月上旬苏醒。

云南保山高黎贡山自然保护区 / 何锴

基于分子生物学的研究结果，该物种是主要分布于秦岭一带的林猬的姊妹物种，很可能是更新世冰期沿横断山自北向南迁徙至高黎贡山。是目前云南唯一已知的野生刺猬种群，也是全世界已知分布海拔最高的野生刺猬种群。高黎贡山是全世界已知的唯一有刺猬亚科物种与毛猬亚科物种（鼩猬）同域共存的地方。

所有高黎贡林猬标本上存在第 4 上白齿。在哺乳动物中，白齿的数量十分稳定，已知绝大多数现生哺乳动物只具 3 枚上白齿，少数物种 2 枚，4 枚的情况十分罕见。高黎贡林猬是现生猬科动物中唯一具有这一特征的物种。

云南保山高黎贡山自然保护区 / 何锴

长吻鼩鼹

Uropsilus gracilis (Thomas, 1911)
Gracile Shrew Mole

劳亚食虫目 / Lipotyphla > 鼹科 / Talpidae

重庆金佛山 / 何锴 万韬

形态特征：头体长 65-85mm。尾长 55-78mm。后足长 13-18mm。背部棕褐色至棕黄色，腹部颜色较浅，为棕灰色，背腹异色不明显。前后足细小，尾细长，有明显的外耳郭。吻部细长，皮肤裸露，上面覆盖稀疏的短毛。第 1 上门齿至第 1 上前臼齿依次减小，第 2 上前臼齿略大于第 1 上前臼齿，但仍小于第 1 门齿。齿式 2.1.4.3/1.1.4.3=38。

地理分布：为中国特有种。分布于西南山地，主要分布于四川和云南，也分布于重庆、贵州和湖北。

物种评述：模式产地位于重庆南川金佛山，因此又名金佛鼩鼹。

鼩鼹属是鼹科鼩形鼹亚科（Uropsilinae）中的唯一现生类群，体型较小，缺乏明显适应于地下生活的形态特征，保留了跟鼩鼱类似的原始外形特征。

栖息于海拔 1500-4000m 的中山及高山阔叶林、针叶林及高山苔原地带，主要分布于原始森林，也会栖息于树龄较长的次生林。主要以小型无脊椎动物为食。

重庆金佛山 / 何锴 万韬

贡山鼩鼹

Uropsilus investigator (Thomas, 1922)
Inquisitive Shrew Mole

劳亚食虫目 / Lipotyphla > 鼹科 / Talpidae

形态特征：头体长 67-87mm。尾长 57-75mm。后足 13-16mm。外形上与长吻鼩鼹相似。背腹明显异色，背部为棕褐色或棕黄色，腹部为灰色或青灰色。前后足细小，尾巴细长，有明显的外耳郭。吻部细长，皮肤裸露，上面覆盖稀疏的短毛。牙齿形态与长吻鼩鼹类似，第 1 上门齿至第 1 上前白齿大小依次递减。齿式 2.1.4.3/1.1.4.3=38。

地理分布：国内主要分布于中国西南山地，云南怒江以西的地区，在西藏南部亦有分布。国外主要分布于邻近云南的缅甸北部山地。

物种评述：鼩鼹属中最原始的现生物种。鼩鼹属保留了劳亚食虫类（Lipotyphla）的很多原始特征，而缺乏真鼹类（鼹族和美洲鼹族）对地下生活的适应性特征。鼩鼹属物种的外形都十分相似，不同物种外形上仅体型大小和毛色略有区别，鉴别特征主要在头骨和牙齿。贡山鼩鼹的齿式与长吻鼩鼹相同，头骨上的差别也很小。

云南保山 / 陈俭海

栖息于海拔 2000-4600m 的中高海拔地区，主要生活于阔叶林、针叶林以及高山草甸和苔原地区。主要以小型无脊椎动物为食，生理生活史不详。

云南保山 / 陈俭海

针尾鼹

Scaptonyx fusicaudus Milne-Edwards, 1872
Long-tailed Mole

劳亚食虫目 / Lipotyphla > 鼹科 / Talpidae

形态特征：头体长72-90mm，近圆柱状。尾长26-45mm。后足长16-17mm。背腹毛色差异不明显，背部深灰或者黑色，腹部颜色略浅于背部，背腹毛色无明显分界线。吻部皮肤裸露，长有稀疏的短毛。眼睛和外耳明显退化，均隐藏在毛发之下。前爪后翻，大小介于鼩形鼹和真鼹类之间，但远未达到真鼹类爪子的大小。尾纺锤状，上有清晰的环状纹路，尾表面覆盖有稀疏的针毛。犬齿略长于门齿。齿式3.1.4.3/2.1.4.3=42。

地理分布：主要分布于中国西南地区。在国内主要分布于云南中西部的山地和四川西部山地，此外还见于陕西南部、重庆、湖北、贵州东南部，可能还分布于青海南部和甘肃南部。在国外只见于越南和缅甸与中国邻近的区域。

物种评述：该物种主要栖息于中高海拔的阔叶林、针叶林和高山杜鹃林等生境。在云南和四川，通常分布于海拔1800-4100m；在湖北、重庆和越南北部，亦见于海拔1300-1400m的中海拔地区。喜欢土质湿润松软、地表腐质层较厚的生境中，通常认为营半地下生活，会打洞，但是地下通道不似真鼹类明显，因此难以被发现。在中国西南山地，可以与鼹科的鼩鼹类（鼩鼹属）和真鼹类（鼹族）等类群同域共存。昼夜活动，以小型无脊椎动物为主要食物。已确认是汉坦病毒（Hantavirus）等病原体的宿主。

云南普洱无量山 / 何锴

陕西汉中华阳 / 张冬茜

云南普洱无量山 / 何锴

甘肃鼹

Scapanulus oweni Thomas, 1912
Gansu Mole

劳亚食虫目 / Lipotyphla > 鼹科 / Talpidae

形态特征：体型中等偏小的真鼹类。头体长 100-136mm。尾长 35-45mm。后足长 14-20mm。颅全长 27-32mm。通体黑色。眼睛很小，无外耳结构，眼睛和耳道被毛发覆盖。吻部较长，皮肤裸露，覆盖白色的短毛。前爪掌部宽厚，明显向后翻转。尾较为粗大，密布黑色的针毛，整体呈黑色。后足大拇趾朝外侧弯曲，远离其余四趾。第 1 上门齿大于第 2 上门齿、上犬齿和上前白齿，区别于所有鼹族（Talpini）物种。齿式 2.1.3.3/2.1.3.3=38。

地理分布：为中国特有种。仅零星分布于我国的甘肃南部、陕西南部、青海南部、四川西部、重庆北部、湖北西部，呈斑块化分布。

物种评述：为美洲鼹族（Scalopini）在欧亚大陆的两个孑遗物种之一。美洲鼹族在欧亚大陆的另一个孑遗物种为最近发现于西藏墨脱地区的墨脱鼹（*Alpiscaptulus medogensis*）。第 1 门齿大于犬齿的特征明显有别于鼹族动物。此外，美洲鼹类现生和化石物种的肱骨上存在名为"美洲鼹脊"的结构。美洲鼹族曾经广泛分布于欧亚大陆，在中国曾经至少还存在过云鼹属（*Yunoscaptor*）和小鼹鼠属（*Yanshuella*）两个类群。化石记录还显示：甘肃鼹的分布区域曾经远远超过现在的分布范围，一度抵达河北秦皇岛。

栖息于海拔 1700-3100m 的阔叶林、针叶林与灌丛。以昆虫幼虫、蚯蚓、蠕虫等为食。营地下生活，在地表下挖掘通道。生活史及种群动态不详。

陕西秦岭 / 何锴

陕西秦岭 / 何锴

甘肃甘南莲花山 / 何锴

巨鼹

Euroscaptor grandis Miller, 1940
Greater Chinese Mole

劳亚食虫目 / Lipotyphla ＞ 鼹科 / Talpidae

四川成都温江 / 何锴

形态特征：身体较长，头体长约 150mm，尾巴很短，尾长约 10mm，后足长 18mm。背腹几乎同色，通体为棕黄色，腹部颜色略微浅于背部。吻部较长，皮肤裸露，密布短毛。前爪宽厚。眼睛很小，外耳完全退化，眼睛和外耳洞覆盖于毛发之下。上犬齿 1 枚，明显大于上颚的其他牙齿，上前白齿 4 枚。齿式 3.1.4.3/3.1.4.3=44。

地理分布：为中国特有种。只分布于四川成都平原及周边区域，最北分布于四川绵阳平武，最南可能抵达四川宜宾地区。

物种评述：在此前出版的大多数中国哺乳动物物种名录中，一直认为云南西部高黎贡山存在一个巨鼹的云南亚种，其凭证标本保存于中国科学院昆明动物研究所。经仔细核对，来自云南的标本形态更接近克氏鼹（*Euroscaptor klossi*），因此可以肯定巨鼹高黎贡亚种并不存在，巨鼹应为四川的特有物种。

栖息于海拔 700m 以下至 2000m 以上的林地和草地，分布于原始林和果园、农田等人工环境。营地下生活，几乎不到地面活动。喜食蚯蚓等地下生活的无脊椎动物，有明显的堆造"鼹丘"的行为。由于人类活动范围的逐渐扩大以及农药的广泛使用，适宜巨鼹生存的生境正在大幅缩小，市区内曾经有巨鼹分布的四川大学老校区等地已经不见该物种的踪迹。

四川成都温江 / 何锴

长吻鼹

Euroscaptor longirostris (Milne-Edwards, 1870)
Long-nosed Mole

劳亚食虫目 / Lipotyphla > 鼹科 / Talpidae

形态特征：体型中等的真鼹类，头体长 90-145mm。尾明显退化，11-25mm，呈短棒状，覆盖有稀疏的针毛。后足长 14-23mm，趾间有不完全发育的蹼。体表毛发短而致密，在地下活动起到减小摩擦的作用。背部黑色或深灰色，腹部仅略浅于背部。前手掌宽大，呈盾圆形，前爪长有长而锋利的指甲。和大多数的真鼹类一样，前爪大拇趾外侧，由籽骨构成额外附生指。犬齿明显大于门齿和前臼齿，上前臼齿 4 枚。齿式 3.1.4.3/3.1.4.3=44，为东方鼹属固有的特征，与古北界分布的鼹属（*Talpa*）相同，但区别于亚洲其他真鼹类动物。

四川绵阳平武 / 李晟

地理分布：为中国特有种。分布于四川西部高原和陕西秦岭地区，在中国的中部和南部可能亦有零星分布。

物种评述：由于真鼹类地下生活的习性，鲜有关于该类群的研究报道。因此对该物种的生态习性知之甚少。适应完全的地下生活，通常生活海拔 1000-3500m 的中高海拔山地。

很长一段时间该种被认为是广泛分布于中国中部、南部和越南北部的物种，然而越来越多的研究证明中国南方和越南北部的东方鼹属物种组成十分复杂。最近，越南北部的"长吻鼹"就被命名为 2 个新物种，即库氏长吻鼹（*Euroscaptor kuznetsovi*）和奥氏长吻鼹（*Euroscaptor orlovi*）。已证实江西和云南南部红河以东的种群应为库氏长吻鼹，并推断长吻鼹的分布区仅限于川西和陕南。中国东南一带此前被鉴定为"长吻鼹"的类群的分类系统仍有待于进一步厘定。

四川绵阳平武 / 李晟

库氏长吻鼹

Euroscaptor kuznetsovi Zemlemerova *et al.*, 2017
Kuznetsov's Mole

劳亚食虫目 / Lipotyphla > 鼹科 / Talpidae

江西吉安井冈山 / 何锴

形态特征：头体长 132-136mm，尾长 14-17mm。身体颜色棕褐色至棕黄色，背腹几乎同色。吻部较长，皮肤裸露，上面密布短毛。尾巴短棒状，覆盖有稀疏的白色针毛。具有明显适应于地下生活的特征，前爪十分宽厚。眼睛极小，外耳严重退化，均隐藏在毛发之下。上犬齿明显大于上颚其他牙齿，是鼹族（Talpini）的典型特征，上前白齿 4 枚。齿式 3.1.4.3/3.1.4.3=44。

地理分布：国内分布于云南红河州的屏边和江西的井冈山，可能还分布于广西和湖南。国外分布于越南北部。

物种评述：于 2017 年被俄罗斯科学家命名的新物种。物种名是为了纪念俄罗斯动物学家 Geman V. Kuznetsov。该物种的模式产地在越南北部永福省，位于红河的东岸。同时被命名的还有奥氏长吻鼹（*Euroscaptor orlovi*），该物种以俄罗斯科学院 Nikolai L. Orlov 博士的名字命名，分布于红河西岸的越南老街，分布区向北延伸至中国云南南部。两个物种的分布以红河为界。

此前中国南方东方鼹属的物种几乎都被归于同一物种，即长吻鼹（*Euroscaptor longirostris*）。然而越来越多的研究显示，不同地理种群之间存在相当程度的分化，应归属于各自独立的物种。对于中国南方鼹科动物的研究，还有很多工作有待于开展。

根据目前的记录，仅分布于海拔 1000m 以下湿润的丘陵和山地。与其他真鼹类一样，为典型适应地下生活的物种，栖息于天然落叶阔叶林以及农田、茶叶地等人工环境。由于是新发现的物种，对其生理生态和生活史知之甚少。

江西吉安井冈山 / 何锴

海南缺齿鼹

Mogera hainana Thomas, 1910
Hainan Mole

劳亚食虫目 / Lipotyphla > 鼹科 / Talpidae

形态特征：头体长120-134mm，尾很短，尾长9-14mm，后足长14-18mm。通体棕黄色，背腹颜色相近。前爪掌部宽厚。眼睛极小，几不可见，外耳完全退化，眼睛和外耳洞覆盖于毛发之下。体重约66g。上犬齿1枚，明显大于其他上颚的牙齿。

地理分布：为中国特有种。仅分布于海南大部分低矮平原地区。

物种评述：海南岛的常见物种，栖息于阔叶林，亦栖息于包括农田、果园在内的各种人工环境中。营完全地下生活，几乎不到地面活动。喜食蚯蚓等地下生活的无脊椎动物。

海南儋州 / 杨川

该物种与华南缺齿鼹原都属于台湾缺齿鼹的亚种，但形态学和分子生物学的研究结果支持3个亚种分别为3个独立物种（讨论详见台湾缺齿鼹的物种评述）。海南岛有复杂的地质历史，多次在"海退"中形成"陆桥"与大陆相连。海南缺齿鼹的祖先很可能是在其中一次"海退"中抵达海南岛，并与大陆物种隔离分化形成独立物种。该物种是海南岛唯一的鼹类。

海南儋州 / 杨川

台湾缺齿鼹

Mogera insularis (Swinhoe, 1863)
Insular Mole

劳亚食虫目 / Lipotyphla > 鼹科 / Talpidae

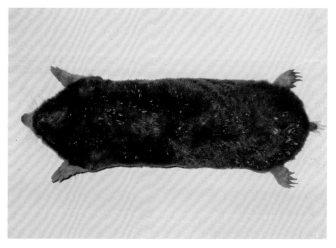

台湾 / 川田伸一郎

形态特征：体型中等偏小的真鼹类。身体明显呈圆柱状，头体长112-140mm，比鹿野氏缺齿鼹略大。吻部较鹿野氏缺齿鼹略短粗。背部为深棕色，背腹不明显异色，腹部毛色较背部略浅，且略泛金黄色。尾巴较短，尾长6.5-11.5mm，后足长15.5-17mm，后足趾间有蹼。体重42-72.5g。上犬齿1枚，明显大于其他上颚的牙齿。齿式3.1.4.3/2.1.4.3=42。

地理分布：为中国特有种。主要分布于台湾岛北部和西部的平原地带。

物种评述：与鹿野氏缺齿鼹同为台湾岛特有种，但台湾缺齿鼹主要分布于北部和西部的平原地区，而鹿野氏缺齿鼹则主要分布于台湾中央山脉以及东部和南部的平原地区。台湾缺齿鼹营地下生活，栖息于阔叶林，以及各种农田、果园、河堤等人工环境。分布于低海拔的台湾缺齿鼹的繁殖季节可能在3月。

台湾缺齿鼹原包含3个亚种，即台湾亚种（*Mogera insularis insularis*）、分布于中国南方的华南亚种（*Mogera insularis latouchei*）以及海南岛亚种（*Mogera insularis hainana*）。本书作者认为：3个亚种应该属于3个独立的物种，即台湾缺齿鼹（*Mogera insularis*）、华南缺齿鼹（*Mogera latouchei*）以及海南缺齿鼹（*Mogera hainana*）。基于分子生物学的研究显示，三个类群几乎是在同一时期从共同的祖先分化而来。再者，三者之间存在较为明显的形态差异。例如华南缺齿鼹听泡形状、大小与其他两种不同；台湾缺齿鼹和华南缺齿鼹上前臼齿排列疏松，齿间有明显的空隙，海南岛缺齿鼹的上前臼齿则排列致密。

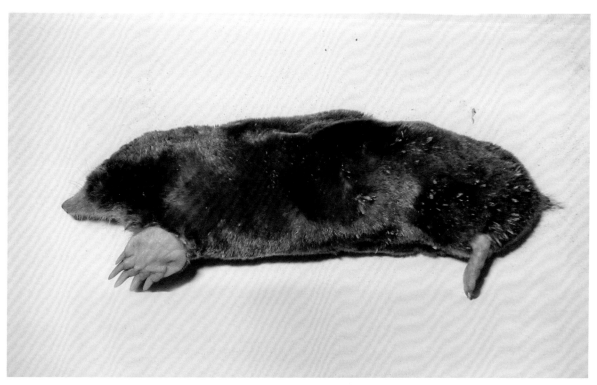

台湾 / 川田伸一郎

鹿野氏缺齿鼹

Mogera kanoana Kawada *et al.*, 2007
Kano's Mole

劳亚食虫目 / Lipotyphla > 鼹科 / Talpidae

形态特征：体型较小的真鼹类。身体明显呈圆柱状，头体长113-134mm，略小于台湾缺齿鼹。吻部较台湾缺齿鼹略细长。背部为近乎黑色的深棕色，背腹颜色差异不明显，腹部毛色较浅，为棕褐色。尾巴较短，尾长8.5-13.5mm，上覆有稀疏的黑色针毛。前爪大而宽，前肢短而粗壮，适合掘土，后足13.5-15mm，前后爪背面几乎裸露，后足趾间有蹼。体重23-59g。上犬齿1枚，明显大于上颚其他牙齿。齿式3.1.4.3/2.1.4.3=42。

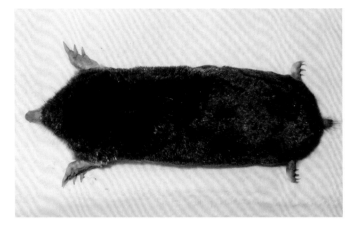

台湾玉山 / 川田伸一郎

地理分布：为中国特有种。主要分布于台湾中央山脉中高海拔山地，最高海拔记录为2800m，亦分布于台湾东部和南部的低海拔地区。

物种评述：2007年由日本和我国台湾科学家联合考察中发现的鼹科新物种，台湾岛特有种。与台湾缺齿鼹都分布于台湾，但分子生物学和形态学的研究都支持二者为独立物种。台湾缺齿鼹主要分布于北部和西部的平原地区；而该物种则主要分布于台湾中央山脉以及东部和南部的平原地区。二者的分布边界并不清楚，部分地区可能存在同域共存的情况。

鹿野氏缺齿鼹营地下生活，主要栖息于阔叶林，亦分布于果园、花圃等人工环境。在低海拔和高海拔地区，该物种对生境的选择和繁殖季节均有不同。

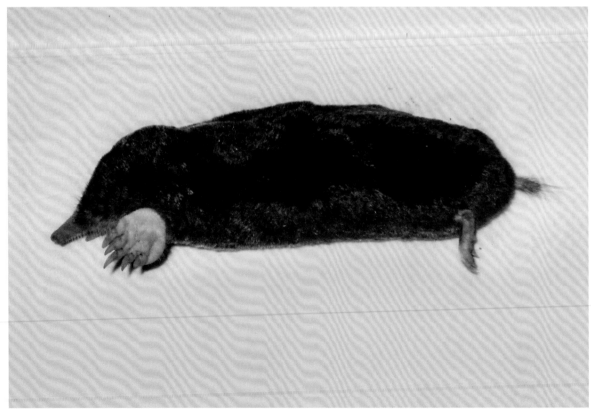

台湾玉山 / 川田伸一郎

华南缺齿鼹

Mogera latouchei Thomas, 1907
La Touche's Mole

劳亚食虫目 / Lipotyphla > 鼹科 / Talpidae

形态特征：体型较小的鼹族动物。身体圆柱形，头体长87-115mm，尾长15-20mm，后足长13.5-14mm。背腹几乎同色，背部毛色深棕近黑色，腹部毛色仅略浅。浑身毛发短而光滑，略带有金属光泽。吻长，皮肤裸露，覆盖有灰白色的稀疏短毛，吻尖密布毛细血管，呈淡粉色。前掌宽厚，向后翻转，前后足都有鳞状黑斑。尾短棒状，覆盖有稀疏的黑色针毛。

地理分布：分布于中国南方及越南北部，模式产地位于福建挂墩。在中国的分布区包括浙江、江苏、安徽、福建、贵州、广西等地，在广东、湖南、江西等地可能也有分布，但云南未见报道。

物种评述：该物种与海南缺齿鼹原本属于台湾缺齿鼹的亚种，但形态学和分子生物学的研究结果支持 3 个亚种均为独立物种，详见台湾缺齿鼹物种评述。

华南缺齿鼹通常见于海拔 600-1000m 以上的中高海拔地区，栖息于森林、农田等多种生境。主要以蚯蚓等无脊椎动物为食，但也有捕食其他小型哺乳动物（鼠类、鼩鼱等）的记录。在越南北部地区，华南缺齿鼹和东方鼹属（*Euroscaptor*）的物种存在同域分布的情况，但生态位不重叠，可能存在种间竞争排斥。在中国南方也可能存在华南缺齿鼹与库氏长吻鼹等物种竞争排斥的情况。

缺齿鼹属（*Mogera*）物种主要分布区包括日本诸岛、中国东北和俄罗斯远东地区，其中日本缺齿鼹属物种多样性最高。该属与形态更加原始的日本特有物种日本岛鼹（*Oreoscaptor mizura*）互为姐妹群关系，因此推断缺齿鼹属起源于东亚高纬度地区。华南缺齿鼹和海南缺齿鼹是缺齿鼹属中纬度最低的物种，很可能是祖先类群向南扩散并通过隔离分化形成的物种。

浙江温州泰顺 / 周佳俊

浙江温州泰顺 / 周佳俊

浙江温州泰顺 / 周佳俊

白尾鼹

Parasceaptor leucura (Blyth, 1850)
White-tailed Mole

劳亚食虫目 / Lipotyphla > 鼹科 / Talpidae

形态特征： 体型较小的鼹族动物，头体长100-115mm。尾巴很短，5-15mm。后足长15-16mm。通体黑色或深灰色，背腹近乎同色。吻部很短，近乎裸露的皮肤上覆盖稀疏的短毛。眼睛很小，外耳无耳郭，被毛发覆盖。前爪大而宽厚，明显向后翻转。尾巴通常为纺锤形，表皮裸露，覆盖有稀疏的白色刚毛。上犬齿1枚，明显大于上颌其他牙齿，上前臼齿3枚，少于东方鼹属和缺齿鼹属（均4枚）的物种。齿式3.1.3.3/4.1.3.3=42。

地理分布： 主要分布于东喜马拉雅和中国西南山地。在我国境内主要分布于云南，在四川乐山和凉山亦有记录。在国外分布于印度东北部的阿萨姆地区和缅甸北部，在孟加拉国亦有记录。

云南大理 / 何锴

物种评述： 为白尾鼹属唯一已知现生物种。主要栖息于中高海拔的原始阔叶林、针叶林以及高山杜鹃林等，也利用茶园、果园和菜地等人工环境，在滇西北一度被认为是农业害兽。但在南亚的记录显示，当地的物种似乎可以生活于海平面至海拔1000m左右的中低海拔地区。是鼹族（Talpini）中体型较小的现生物种，营完全地下生活，喜欢在湿润松软的地下打洞，喜食蚯蚓和昆虫幼虫，昼夜活动，未见堆造"鼹丘"的行为。

云南大理 / 何锴

麝鼹
Scaptochirus moschatus Milne-Edwards, 1867
Short-faced Mole

劳亚食虫目 / Lipotyphla > 鼹科 / Talpidae

形态特征：体型较大的鼹族动物。头体长100-150mm，尾长14-23mm，后足15-19mm。身体呈圆筒状，体表被毛，短而光滑，有光泽。背部毛色棕色或褐色，腹部毛色略浅，呈锈黄色。眼退化，外耳退化，均被毛发遮蔽，吻短粗。前爪扁平，十分粗壮，向后翻转。头骨骨质致密，上颌骨吻部很短，上前臼齿3枚。齿式 3.1.3.3/3.1.3.3=40。

地理分布：为中国特有种，模式产地位于河北张家口宣化。主要分布于内蒙古、甘肃、宁夏、陕西、山西、河北、北京、辽宁、河南、山东以及江苏。

物种评述：麝鼹上、下前臼齿数目在中国鼹类物种中均为最少的，它的齿式在鼹类中独一无二，牙齿数目的减少显然与吻部变短相关，很可能是为了适应北方栖息地坚硬的土质而发生适应性演化的结果，也暗示麝鼹会使用头部协助前爪挖掘。研究表明鼹科中绝大部分物种吻部表面都有名为"艾默氏器(Eimer's organs)"的触觉感受器，但这一特征在麝鼹中消失，推测同样与生存环境的土质有关。

麝鼹为单型属（一属一种），目前认为仅包括一种两个亚种及多个同物异名。麝鼹分布范围很广，但并无对该物种不同地理种群之间进化关系及形态变异的研究，物种多样性被低估的可能性很大。栖息于海平面附近至海拔1000m左右的原始森林、草原、牧场、农田、果园甚至是荒漠等多种生境。营完全的地下生活，秋天会将洞穴内的土推出地面，形成"鼹丘"。以蚯蚓、昆虫幼虫等地下无脊椎动物为食，掘地的行为十分频繁，会损伤农作物根部。由于农业杀虫剂的使用导致食物资源减少，在农耕地区麝鼹种群下降十分明显。

北京 / 乔轶伦

北京 / 乔轶伦

北京 / 乔轶伦

北京 / 乔轶伦

小纹背鼩鼱

Sorex bedfordiae Thomas, 1911
Lesser Striped Shrew

劳亚食虫目 / Lipotyphla > 鼩鼱科 / Soricidae

形态特征：体型小。头体长 47-76mm。尾长接近于体长，约 47-66mm。后足短，约 11-15mm。背部毛色通常为棕灰色，背部正中有前后延伸的深色条纹。腹部毛色浅于背部，但背腹之间没有明显的分界线。几乎所有牙齿的齿尖都有红褐色的色素沉积，鼩鼱属所有物种齿式相同，上单尖齿 5 颗，齿式 1.5.1.3/1.1.1.3=32。

地理分布：国内主要分布于云南、西藏南部、四川西部、陕西南部、甘肃南部、湖北西部和重庆。最近在贵州也有报道。国外广泛分布于东喜马拉雅的尼泊尔、缅甸北部。

甘肃临夏莲花山 / 何锴

物种评述：以英国贝德福德公爵的名字命名，和大纹背鼩鼱（*Sorex cylindricauda*）是中国唯二有背纹的鼩鼱。分子遗传学的证据表明二者在进化上为姐妹群关系。大纹背鼩鼱体型较大，二者外形量度上有重合，但大纹背鼩鼱头骨的明显大于小纹背鼩鼱。背腹毛色和条纹的深浅程度等特征都存在较大的地理变异和季节性差异。比如在四川海螺沟、云南玉龙雪山等地的小纹背鼩鼱背部毛发基色很深，以至于背纹并不明显。生活于海拔 1800-4300m 左右的中高海拔阔叶林、针叶林、杜鹃林和苔藓矮林等生境。通常认为是地表活动的类群，夜间和晨昏是活动高峰，常与其他鼩鼱同域共存，不存在种间排斥。

细鼩鼱

Sorex gracillimus Thomas, 1907
Slender Shrew

劳亚食虫目 / Lipotyphla > 鼩鼱科 / Soricidae

形态特征：体型很小的鼩鼱。体重只有 2.5-5.3g。头体长 45-66mm。尾较粗，表面密布绒毛，尾长通常超过头体长的 75%，36-49mm。后足长 10-11mm。背腹明显异色，背部通常为深棕色或浅棕色，腹部通常灰色或银灰色。和鼩鼱属的其他物种一样，牙齿有红褐色沉积，上单尖齿 5 枚。

日本北海道富良野 / 何锴

地理分布：国内主要分布于黑龙江、吉林和内蒙古东北部。国外主要分布于俄罗斯远东地区（包括库页岛和千岛群岛）、日本的北海道和朝鲜半岛北部。

物种评述：该物种主要栖息于低海拔的平原地区，在低矮的丘陵和山地亦有分布。适应于针叶林、阔叶林、针阔混交林、竹林、草甸和灌丛等多种生境，但无法适应人工环境。是典型的地表活动的物种，主要捕食蜘蛛和多足类（蜈蚣、马陆等）无脊椎动物。对北海道的细鼩鼱研究发现，该物种喜欢独居，一只细鼩鼱的领域面积大约 259 平方米。繁殖季节从 4 月到 10 月，一胎能产 1-8 仔，但一胎 5 仔较为常见。

该物种曾被认为是小鼩鼱（*Sorex minutus*）的亚种，但分子生物学的研究支持细鼩鼱为独立的物种，该物种属于姬鼩鼱种组（*Sorex minutissimus* species group），被认为和姬鼩鼱、细野氏鼩鼱（*Sorex hosonoi*）有较近的亲缘关系。

小鼩鼱

Sorex minutus Linnaeus, 1766
Eurasian Pygmy Shrew

劳亚食虫目 / Eulipotyphla ＞ 鼩鼱科 / Soricidae

形态特征：头体长40-64mm，尾长33-45mm，后足长9-12mm，体重2.6-7g。背腹异色，背部棕色或深棕色，腹部灰色。尾长通常为头体长的70%-75%，近臀部明显变细。尾部覆盖有长而致密的毛发，并在尾尖形成一簇短毛。

地理分布：主要分布于中亚、西亚及欧洲各国。我国境内仅分布于新疆。齿式3.1.3.3/2.0.1.3=32。

物种评述：主要栖息于森林苔原、泰加林、阔叶林、森林草原和西伯利亚草原等多种生境，在西欧也栖息于荒地、沙丘等生境。通常以蜘蛛、甲虫、蝗虫等为食，也会捕食木虱和多足纲动物等地栖无脊椎动物，冬季会取食云杉的种子等植物和真菌类。怀孕期约25天，一胎产1-9仔，通常5-6仔。活动高峰通常在黄昏以及日出之后。独行种。生命周期通常不超过18个月。

波兰 /Artur Tabor (naturepl.com)

辽宁抚顺新宾 / 王旭明

大鼩鼱

Sorex mirabilis Ognev, 1937
Ussuri Shrew

劳亚食虫目 / Lipotyphla ＞ 鼩鼱科 / Soricidae

形态特征：体型较大的鼩鼱，古北界鼩鼱属中最大的一种。头体长74-97mm。尾长约为头体长的85%，63-74mm。成体背毛烟灰色，腹部毛色仅略浅，尾背腹同为深灰色。牙齿有红褐色色素沉积，上单尖齿5枚。

地理分布：国内分布包括黑龙江、吉林和辽宁。国外分布于俄罗斯远东、乌苏里地区和朝鲜半岛。

物种评述：隶属于鼩鼱属鼩鼱亚属，是一种较为原始的类群，进化地位接近高山鼩鼱

（*Sorex alpinus*）。主要栖息于原始阔叶林和针阔混交林，但极少见于次生林或覆盖度很低的林地。被认为具有一定半地下生活的习性，善于打洞。一天能吃自身体重2倍的食物，主要以蚯蚓为食，也吃多足类、甲虫幼虫等。繁殖季节为6月至10月中旬，1胎产2-4仔。种群数量稀少，且几乎未有雄性个体被捕获的记录。

藏鼩鼱

Sorex thibetanus Kastschenko, 1905
Tibetan Shrew

劳亚食虫目 / Lipotyphla > 鼩鼱科 / Soricidae

形态特征：一种小型的鼩鼱。头体长51-64mm，尾长只有32-54mm。背部为暗沉的棕灰色，腹部的毛色浅灰色。后足短，只有12-13mm。几乎所有牙齿的齿尖都有红褐色的色素沉积。鼩鼱属所有物种齿式相同，上单尖齿5枚。齿式1.5.1.3/1.1.1.3=32。

地理分布：很可能是中国特有物种，分布于青藏高原东北部，在甘肃南部、青海南部和四川西北部有零星的记录。

物种评述：中国北方鼩鼱属很多物种的分类系统并没有得到系统的整理和研究，其中也包括藏鼩鼱。该物种还曾经历过模式标本的失而复得。基于有限的资料得知，该物种的分布可能局限于海拔2500m以上的冷杉林、针叶林、高山草甸和苔原地带。

甘肃甘南莲花山 / 何锴

川鼩

Blarinella quadraticauda (Milne-Edwards, 1872)
Asiatic Short-tailed Shrew

劳亚食虫目 / Lipotyphla > 鼩鼱科 / Soricidae

云南普洱哀牢山 / 何锴

形态特征：体型中等偏小的鼩鼱。头体长 54-81mm，身体躯干呈圆柱状。尾较短，31-60mm，通常不超过头体长的一半。前足较大，前爪锋利。毛短而致密，背部毛色深灰色或黑色，腹部毛色略浅，通常为灰色或灰白色，背腹毛色无明显分界。尾部的毛色同样呈深灰色或黑色。头骨致密，愈合度很高。几乎每颗牙齿都有色素沉积，通常呈棕红色或黑色。其中上下门齿尤为明显，黑齿鼩鼱属名由此而来。上单尖齿5枚，其中第4、第5枚很小。上颌臼齿发育良好，近四边形。齿式 1.5.1.3/1.1.1.3=32。

地理分布：国内主要分布于西南山地以及重庆、湖北、贵州等地区的山地，可能还分布于湖南。国外分布于越南北部山区。

物种评述：典型的山地物种。通常栖息于海拔1300-3500m的阔叶林、针阔混交林、竹林和杜鹃林等。善于打洞，营半地下生活。攻击性较强，会主动对其他小型食虫类和啮齿类哺乳动物发起攻击。通常认为以各种地表和地下的无脊椎动物为食，但也可能捕食其他小型的脊椎动物。

黑齿鼩鼱属（*Blarinella*）的分类系统仍有待进一步完善。此前被普遍接受的观点认为黑齿鼩鼱属包括川鼩、淡灰黑齿鼩鼱（*B. griselda*）和狭颅黑齿鼩鼱（*B. wardi*）3 个物种。淡灰黑齿鼩鼱曾经被认为是广泛分布于中国中部和西南山地地区的物种，然而最近的研究证实只有甘肃南部和陕西南部的种群为真正的淡灰黑齿鼩鼱，且进化关系与其他黑齿鼩鼱甚远，因此被独立为一个新属，即豹鼩属（*Pantherina*），而重庆、贵州和云南分布的"淡灰黑齿鼩鼱"暂时被归于川鼩。依此分类系统，曾经被认为是分布于四川西部高原的川鼩被修正为广域分布的物种，且不同地理种群之间存在较为明显的形态和遗传变异。例如川西高原北部的川鼩体型明显更大，说明该物种的分类可能还需要进一步细分，黑齿鼩鼱属的分类系统仍有待于进一步厘定。

云南普洱哀牢山 / 何锴

大爪长尾鼩

Soriculus nigrescens (Gray, 1942)
Himalayan Shrew

劳亚食虫目 / Lipotyphla ＞ 鼩鼱科 / Soricidae

形态特征：体型中等偏小的鼩鼱。身体近圆柱状，体重 7-9g。头体长 70-94mm。尾较短，尾长 32-50mm，通常不超过头体长的一半。前爪与其他同体型大小的鼩鼱相比大而粗壮，长有较为锋利的指甲，是适应于挖掘的特征。后足长 12-17mm。背部毛色暗灰色或深棕色，腹部毛色浅灰色。头骨坚硬，下颌骨粗壮。牙齿色素沉积颜色很浅，门齿和单尖齿通常为白色、无明显色素沉积，仅前臼齿和第 1、第 2 臼齿部分齿尖有棕色色素沉积。上单尖齿 4 枚，第 4 枚上单尖齿很小。上前臼齿及第 1、第 2 上白齿呈四边形，第 3 上白齿显著退化。齿式 3.1.4.3/3.1.4.3=44。

西藏林芝 / 刘少英

地理分布：为喜马拉雅南麓的特有物种。国外主要分布于印度北部、尼泊尔、不丹和缅甸。国内仅分布于西藏南部和云南西部怒江以西的区域。

物种评述：典型的山地物种。分布于海拔 1000-4300m 的中高海拔地区。主要生活于针阔混交林、针叶林和杜鹃林等生境，亦分布于林线以上的高寒和流石滩环境。

关于该物种的行为生态研究很少，但从外形、头骨和牙齿特征推测，该物种极可能营半地下生活，适应于地下打洞和觅食。胃内容物检查发现大爪长尾鼩食物组成包括甲虫、蚊类、蜜蜂和蚯蚓等无脊椎动物。研究报道大爪长尾鼩有 2 个繁殖季节，分别在 6、7 月和 8、9 月，一胎可产 3-9 仔，通常产 4-6 仔。

大爪长尾鼩属目前为蹼足鼩族（*Nectogalini*）中的单型属，仅 1 属 1 种。该属曾包含拟长尾鼩（*Episoriculus*）和缺齿鼩（*Chodsigoa*）两个亚属。目前普遍接受的观点认为三者为各自独立的属，分子生物学的研究亦支持三者之间并不起源于同一祖先。大爪长尾鼩目前包括两个亚种，即指名亚种 *S. n. nigrescens* 和云南亚种 *S. n. minor*。分子生物学的证据显示二者遗传差异较大，很可能早在中新世晚期（540 万年以前）已经开始独立演化。形态比较支持两个亚种头骨存在较为明显的差异，大爪长尾鼩的分类系统尚待厘定。指名亚种在印度和我国西藏的种群密度很高，云南亚种主要分布于我国的云南西部和缅甸北部。云南境内的大爪长尾鼩种群密度极低。

西藏林芝 / 普昌哲

台湾长尾鼩

Episoriculus fumidus (Thomas, 1913)
Taiwanese Brown-toothed Shrew

劳亚食虫目 / Lipotyphla > 鼩鼱科 / Soricidae

台湾玉山 / 何锴

形态特征： 体型较小的鼩鼱。头体长47-73mm。尾长小于头体长，37-52mm。后足短，11-15mm。背腹异色，背部棕褐色，腹部颜色较浅，近灰白色，背腹毛色无明显的分界线。外耳不发达，上面覆盖有浓密的毛发。上单尖齿4枚，第4枚上单尖齿远远小于前3枚。门齿和单尖齿的齿尖有棕红色的色素沉积，臼齿上几乎没有色素沉积。

地理分布： 为中国特有种。仅分布于台湾岛中央山脉。

物种评述： 又名台湾烟尖鼠。广泛分布于海拔1000m以上的阔叶林、针叶林和箭竹林等各种生境。广泛取食各种小型无脊椎动物。通常认为是地表生活的物种，但弹跳能力很强，有被放置于树干上的陷阱捕获的记录，因此推测也有树栖的习性。一胎产仔3-5只。因为与亚洲大陆分布的拟长尾鼩齿式相同、头骨形态相似，因此一直被归于拟长尾鼩属，但近年的研究发现，该物种与大陆拟长尾鼩物种可能并不起源于同一祖先。有一种观点认为，该物种应该独立为属。

台湾玉山 / 何锴

云南长尾鼩鼱

Episoriculus umbrinus (Allen, 1923)
Hidden Brown-toothed Shrew

劳亚食虫目 / Lipotyphla ＞ 鼩鼱科 / Soricidae

形态特征：体型较小的鼩鼱，头体长 47-74mm。尾长小于头体长，42-58mm。后足短，10-14mm。背腹毛色之间没有明显分界线，背部深棕色，腹部毛色逐渐过渡到灰白色。吻部较短，上门齿齿尖较短，但向前突出，超出上颌骨的前缘。上单尖齿 4 枚，第 4 上单尖齿非常小，牙齿有明显的红褐色色素沉积，但主要着色于齿尖。

地理分布：国内主要分布于云南大部分中高海拔山地和贵州西北部。国外分布于缅甸北部和越南北部地区。

物种评述：主要分布于海拔 1500-3500m 的常绿阔叶林、落叶阔叶林、针叶林、杜鹃灌丛、高山草甸等多种生境。营地表生活，

云南普洱哀牢山 / 何锴

白天会在地表腐质层之间的空隙或洞穴中觅食和休息，通常夜间或者晨昏才会在地表活动。一年繁殖两季，通常在春秋时分，一胎产仔 5-6 只。

为拟长尾鼩鼱属（*Episoriculus*）中的一种，该属曾经被认为是长尾鼩属（*Soriculus*）中的一个亚属，二者的单尖齿数目相同、形态相似；分子生物学的研究显示原长尾鼩属的 3 个亚属（即长尾鼩、拟长尾鼩和缺齿鼩）可能并不起源于同一祖先，因此支持拟长尾鼩鼱为独立的属。拟长尾鼩鼱物种分类系统一度十分混乱，20 世纪 80 年代，美国哺乳动物学家 Robert Hoffmann 第一次对该属进行了系统的整理，并将所有类群划分为 4 个物种，其中的主要类群（即此前认为的小长尾鼩、大长尾鼩和褐腹长尾鼩）分布于喜马拉雅南部山地以及中国的横断山地区，只有台湾长尾鼩是台湾特有物种，形成间断分布的地理格局。近年来基于形态学和细胞学的研究显示，4 个物种的分类系统并不准确，很多地理种群和同物异名是独立种的可能性很大。比如 Robert Hoffmann 认为小长尾鼩（*E. caudatus*）包括 sacratus（四川）、soluensis（尼泊尔）、umbrinus（云南）等多个亚种或同物异名，但德国哺乳动物学家 Hutterer Rainer 认为上述都是独立的物种。在这里我们接受 Hutterer Rainer 的观点，认为分布于四川的灰腹长尾鼩和主要分布于云南的云南长尾鼩鼱均为独立物种，小长尾鼩在我国仅分布于西藏南部。

云南普洱哀牢山 / 何锴

大长尾鼩鼱

Episoriculus leucops (Horsfield, 1855)
Long-tailed Brown-toothed Shrew

劳亚食虫目 / Lipotyphla > 鼩鼱科 / Soricidae

云南普洱无量山 / 何锴

形态特征： 体型中等的鼩鼱。头体长 71-82mm。尾长接近于头体长，63-76mm。后足短，15-16mm。背腹颜色相近，通体深灰色或深棕色。外耳郭明显。上单尖齿 4 枚，第 4 枚上单尖齿远远小于前 3 枚。牙齿有棕红色的色素沉积，但只在齿尖比较明显。

地理分布： 国内主要分布于云南中西部，在西藏南部也有记录。国外分布于尼泊尔、印度北部的阿萨姆地区和缅甸北部，在越南北部可能也有分布。

物种评述： 分布于海拔 1500-3500m 的针叶林和高山杜鹃林，在阔叶林和竹林也有分布。广泛取食各种小型无脊椎动物，据报道食物中包含蚯蚓，意味着该物种可能有半地下生活的习性。在云南某些地区，与小长尾鼩鼱和褐腹长尾鼩鼱同域共存。一胎最多产 6 仔。有学者认为，中国的大长尾鼩鼱应该属于亚种 *E. leucops bailey*；又有研究认为 *bailey* 与 *leucops* 为两个独立的物种。由于各方面的证据尚未统一，我们暂时保留 *Episoriculus leucops* 的学名。关于拟长尾鼩鼱属（*Episoriculus*）的分类系统问题详见云南长尾鼩鼱的物种评述。

灰腹长尾鼩

Episoriculus sacratus (Thomas, 1911)
Sichuan Long-tailed Shrew

劳亚食虫目 / Lipotyphla > 鼩鼱科 / Soricidae

四川王朗自然保护区 / 陈广磊

形态特征： 体型较小的鼩鼱。头体长 58-74mm。尾长通常略小于体长，48-69mm。后足长 13-16mm。尾通常背腹异色，背部位棕色，腹部为亮白色。背部毛色随季节变化，为浅灰色至深棕色，腹部毛色为烟灰色。与鼩鼱亚科其他物种类似，牙齿有棕色或红色素沉积。上单尖齿 4 枚，其中第 4 枚明显小于其余 3 枚。

地理分布： 为中国特有种。仅分布于四川西部山地。

物种评述： 典型的山地物种，主要生活于海拔 1700-3500m 中高海拔的阔叶林、杜鹃林和针叶林。对该物种的生态研究非常少，通常认为是地表生活的物种。在四川可能与大纹背和小纹背鼩鼱同域共存。

灰腹长尾鼩曾经被认为是小长尾鼩（*Episoriculus caudatus*）的同物异名或亚种，此前的染色体研究发现不同亚种之间的染色体形态和数目存在差异，因此小长尾鼩的各亚种均被提升为独立的物种（详见云南长尾鼩的物种评述）。灰腹长尾鼩在峨眉山等地的种群数量很大，且较为稳定，是当地优势物种。

褐腹长尾鼩鼱

Episoriculus macrurus (Blanford, 1888)
Long-tailed Mountain Shrew

劳亚食虫目 / Lipotyphla > 鼩鼱科 / Soricidae

形态特征：体型较小的鼩鼱。头体长 47-73mm。尾长 76-101mm，通常为头体长的 150% 左右。后足短，14-18mm。背腹异色，背部棕灰色，腹部灰白，但没有明显的分界线。上单尖齿 4 枚，第 4 枚上单尖齿远小于前 3 颗；前 3 枚上单尖齿很宽，宽度大于长度。牙齿有棕红色的色素沉积，但仅限于齿尖的部位。

地理分布：主要分布于东喜马拉雅地区。国内已知的分布区包括四川西部、云南西部和中部，在西藏南部亦有分布记录。国外分布于尼泊尔、印度东北部的阿萨姆地区、缅甸北部、越南。

物种评述：分布于海拔 1500-3000m 的中高海拔山地地区，主要栖息于潮湿的阔叶林和高山杜鹃林。与同属的小长尾鼩鼱和大长

云南普洱哀牢山 / 何锴

尾鼩鼱可同域共存。褐腹长尾鼩鼱的头体长接近于小长尾鼩鼱；而尾长接近于大长尾鼩鼱，是头体长的 150% 左右。身体小而灵巧。尾巴非常灵活，不仅可以缠绕在树枝上辅助固定身体，也可以起到平衡棒的功能。能够在纤细的树枝上快速移动。对蛾子等昆虫扇动翅膀的声音敏感，说明这类昆虫是褐腹长尾鼩鼱的主要食物来源，也从侧面暗示褐腹长尾鼩鼱是半树栖的物种。

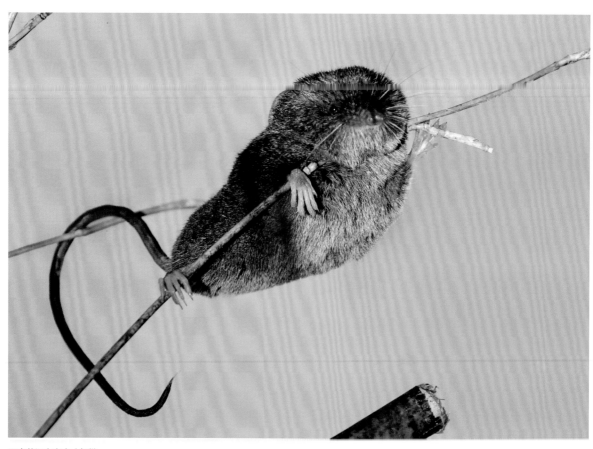

云南普洱哀牢山 / 何锴

霍氏缺齿鼩

Chodsigoa hoffmanni Chen *et al.*, 2017
Hoffmann's Long-tailed shrew

劳亚食虫目 / Lipotyphla > 鼩鼱科 / Soricidae

云南普洱哀牢山 / 何锴

形态特征：中等体型的鼩鼱。头体长58-75mm。尾长约为头体长的120%，74-88mm。后足较长，14-17mm。外耳郭明显，耳长7-11mm。背部颜色深灰，腹部颜色略浅，背腹毛色无明显分界线。上单尖齿3枚。牙齿有棕红色的色素沉积，但只有门齿、单尖齿和第4前臼齿的齿尖色素沉积较为明显，臼齿通常没有色素沉积。

地理分布：国内外仅记录于红河以东的区域。国内分布于云南中部和南部。最近在贵州和湖北发现新的分布区。国外分布于越南北部。

物种评述：于2017年由中国动物学家新发表的新种，曾经被认为是云南缺齿鼩（*Chodsigoa parca*）的地理种群，然而分子生物学的证据显示霍氏缺齿鼩与分布于滇西北的云南缺齿鼩遗传分化很大，形态上霍氏缺齿鼩明显小于云南缺齿鼩，因此将它独立成种。该物种以美国已故哺乳动物学家 Robert Hoffmann 的名字命名，以纪念他对中国哺乳动物学发展所做出的卓越贡献。霍氏缺齿鼩分布于海拔 1500-2600m 左右的中山常绿阔叶林，善于攀缘和跳跃，目前对它的生活史知之甚少。

云南普洱哀牢山 / 何锴

川西缺齿鼩

Chodsigoa hypsibia (de Winton, 1899)
De Winton's Shrew

劳亚食虫目 / Lipotyphla > 鼩鼱科 / Soricidae

形态特征：头体长62-86mm，尾长56-73mm，后足13-18mm。颅全长19-22.6mm。背部毛色青灰色，腹部棕灰色。尾长短于头体长，尾背腹不明显异色，尾尖有一撮短毛。头骨吻部从吻端开始逐渐变宽，脑颅十分扁平。齿式与缺齿鼩属其他物种相同，上单尖齿3枚。门齿至第1前臼齿部分齿尖有猩红色色素沉淀。上门齿前缘向前突出，齿尖向下。

地理分布：为中国特有种，模式产地位于四川平武。已知的分布包括甘肃南部、青海东部、宁夏、四川西部、陕西南部、西藏东部、云南北部、山西以及河北、河南。

物种评述：川西缺齿鼩的分类尚有若干遗留问题。川西缺齿鼩包括 *beresowskii* 和 *lamula* 两个同物异名。甘肃缺齿鼩（*Chodsigoa lamula*）作为新种发表时最主要的特征是脑颅极为扁平。但基于分子生物学的研究显示 *lamula* 与川西缺齿鼩在遗传上无差异，扁平的脑颅属于个体变异，因此将 *lamula* 作为川西缺齿鼩的同物异名。目前川西缺齿鼩包括两个亚种，其中亚种 *C. h. larvarum* 只有 2 个已知的分布点，其中模式标本采自河北唐山市清东陵附近，海拔仅为 300m 左右，与模式亚种的生境颇为不同，2010 年采自山西宁武的标本被认为属于该亚种，但由于缺少该亚种地模标本的分子生物学的研究，因此无法判定清东陵的川西缺齿鼩是否为川西缺齿鼩、以及山西宁武的标本是否属于 *C. h. larvarum*。此外 2017 年的研究显示云南北部的川西缺齿鼩可能为隐存种，即形态上与川西缺齿鼩极为相似，但似乎已独立演化超过百万年，这一隐存种的演化历史及分类地位尚不十分清楚。有人认为安徽黄山的缺齿鼩的种群属于川西缺齿鼩，但安徽标本头骨和牙齿的形态与川西缺齿鼩明显不同，该种群的分类地位还有待于研究。

川西缺齿鼩和滇北缺齿鼩（*Chodsigoa parva*）头骨的脑颅扁平，区别于缺齿鼩属的其它物种。此外，二者的尾尖均有一撮短毛，这一特征较为稳定，是有效的物种鉴别特征。川西缺齿鼩与滇北缺齿鼩相比，体型明显更大，二者易于区分。

除了亚种 *C. h. larvarum* 的模式产地清东陵外，所有的标本采自海拔 1200-3500m 的中高海拔地带，生境包括灌木、常绿阔叶林、针叶林以及农田。但在每个采集地分布的生境似乎都很狭小。除云南北部的种群以外，各地理种群之间遗传差异较小，可能是近期扩散的结果。

四川旺苍米仓山 / 刘洋

斯氏缺齿鼩

Chodsigoa smithii (Thomas, 1911)
Smith's Shrew

劳亚食虫目 / Lipotyphla > 鼩鼱科 / Soricidae

重庆金佛山 / 何锴

形态特征：是缺齿鼩属（*Chodsigoa*）中体型最大的物种之一。头体长76-84mm，尾长93-110mm，为头体长的112%-133%，后足宽大，16-20mm。背腹均为深灰色，尾背腹近乎同色，长有稀疏的短毛，尾尖无毛。颅全长21.5-23.1mm，吻部尖细，脑颅骨圆拱形。上单尖齿3枚，两侧上单尖齿近乎平行。

地理分布：为中国特有种，模式产地位于四川康定。已知的分布包括四川西部、重庆、陕西南部、贵州和云南东部。

物种评述：斯氏缺齿鼩和大缺齿鼩（*Chodsigoa salenskii*）之间的关系存疑，二者可能为同物异名。斯氏缺齿鼩在大缺齿鼩的模式产地四川平武有分布。大长尾鼩被命名时仅有一号模式标本作为凭证，模式标本保存于圣彼得堡，头骨遗失。它与斯氏缺齿鼩的区别仅在于后足更长，但标本的原始量度似乎有误。如果二者为同一物种，则斯氏缺齿鼩则应作为大缺齿鼩的同物异名。斯氏缺齿鼩与主要分布于云南的烟黑缺齿鼩（*Chodsigoa furva*）为姐妹物种，二者形态相似，但斯氏缺齿鼩体型较大，且二者明显异域分布。

斯氏缺齿鼩分布于海拔900-3000m以上的中高海拔山地，主要分布于中山阔叶林地带。目前没有关于该物种的生态学研究，生活史和种群动态不详。但宽大的后足及尾长超过头体长的特征说明该物种很可能营半树栖型生活。弹跳能力惊人，至少可以跳出30cm的陷阱。

重庆金佛山 / 何锴

微尾鼩

Anourosorex squamipes Milne-Edwards, 1872
Chinese Mole Shrew

劳亚食虫目 / Lipotyphla > 鼩鼱科 / Soricidae

形态特征：头体长 74-110mm。全身覆盖有短而密的黑色毛发，通体黑色。前足后足均很短，前爪较大，后足长 11-15mm。尾非常短，仅有 8-19mm。眼睛极小。外耳退化，耳洞被毛发所掩盖。头骨较厚，脑颅扁平。

地理分布：国内主要分布于四川、重庆、云南、贵州的大部分地区，以及甘肃南部、陕西南部和湖北西部，最近在湖南和广东亦有发现。国外主要分布于越南北部、缅甸北部区域和泰国中部的山地。

物种评述：在原始生境中可以栖息于常绿阔叶林、落叶阔叶林、竹林、针叶林等各种环境。海拔分布跨度极大，从海拔 300m 的四川盆地到海拔 4000m 以上的川西高原都有记录。在四川盆地及周围地区种群数量很大，因此又名四川短尾鼩。在四川盆地周围是典型的人类伴生种，可以生活于农田、果园、居民区等各种环境。同时也是汉坦病毒等病原体的宿主。

从外形特征判断，应属于适应于掘地的物种，头骨致密，厚度较大，可能与用头部掘土的习性有关。攻击性强，在受到威胁时会发出尖锐刺耳的叫声。主要以地下的蠕虫、昆虫幼虫等为食，但也会取食植物性的食物。

微尾鼩属（*Anourosorex*）是微尾鼩族（Anourosoricini）唯一现生属，包括 4 个现生物种。主要分布于东喜马拉雅和台湾岛。根据现有的化石记录，微尾鼩族可能起源于欧洲大陆，且一度在欧亚大陆非常繁盛。由于中新世末期北半球气候恶化，微尾鼩属物种在欧洲全部灭绝。根据化石的头骨和牙齿形态，微尾鼩属在中国大陆至少已经演化 600 万年，先后出现过 7 个物种，仅 1 种幸存至今，日本和中国长江下游的微尾鼩属物种于第四纪晚期灭绝。

云南昆明轿子雪山 / 蒋学龙

云南临沧永德 / 欧阳德才

云南普洱哀牢山 / 何锴

水鼩鼱

Neomys fodiens Pennant, 1771
Eurasian Water Shrew

劳亚食虫目 / Eulipotyphla > 鼩鼱科 / Soricidae

形态特征： 头体长 75-103mm，尾长 58-73mm，后足长 16-21mm，体重 8.5-25g。为体型较大的半水生鼩鼱。毛发短而致密。背腹明显异色，背部和两侧深棕色或黑色，深色毛发中夹杂少量灰色的毛发，腹部银灰色。尾长通常超过头体长的 65%，尾背面形成龙骨状凸起。尾双色，背面黑色，腹面毛色略浅，尾尖有一簇白毛。前后足两侧有白色流苏，但趾间没有明显的蹼。牙齿无色素沉积。齿式 3.1.3.3/2.0.1.3=32。

地理分布： 分布区从英国和大西洋沿岸的西欧各国一直延续到太平洋西岸的朝鲜半岛北部以及西伯利亚东部。国内分布于新疆最北部，黑龙江、吉林。

物种评述： 栖息于森林、森林草原、森林苔原的溪流、池塘以及各种缓慢的水流边。有筑巢行为，通常在河岸边的草根、树枝筑巢，或利用其他小型啮齿类的巢穴。以陆生和水生的无脊椎动物为食，在陆地上主要捕食蚯蚓、软体动物、昆虫以及其他无脊椎动物。典型的半水生物种，能够在水下觅食，在水中捕食等足目、毛翅目以及各种水生昆虫的幼虫。唾液腺分泌物有一定的麻痹功能，因此能够捕食体型稍大的蛙类、蝌蚪和小鱼等脊椎动物。繁殖期 4-9 月，怀孕期通常 20 天，一胎 5-8 仔。昼夜活动，日出前和日落后为活动高峰。独行种。野外生命周期约 19 个月，在实验室可以存活 3-4 年。

英国 / Stephen Dalton (naturepl. com)

喜马拉雅水鼩

Chimarrogale himalayica (Gray, 1842)
Himalayan Water Shrew

劳亚食虫目 / Lipotyphla > 鼩鼱科 / Soricidae

形态特征：体型较大的鼩鼱。头体长115-132mm，尾巴接近于头体长，79-112mm。后足较大，长17-30mm。全身毛发短而细腻，十分光滑，白色的芒毛长而稀疏，主要集中于臀部，并向上延伸至背部的中后部。身体背腹异色，背部毛色棕黑色，腹部灰白色，背腹毛色没有明显的分界线。尾近四棱形，从根部到尾尖都覆盖有短而密的白色绒毛。眼睛很小。耳朵退化，被毛发所遮盖。牙齿白色，无黑色或褐色色素沉积。齿式1.3.1.3/1.1.1.3=28。

云南普洱无量山 / 何锴

地理分布：国内分布于喜马拉雅南麓和中国西南山地。国外分布于印度、老挝、缅甸、尼泊尔、越南等国家。

物种评述：由于牙齿没有明显色素沉积，亚洲水鼩属（*Chimarrogale*）曾被归于麝鼩亚科（Crocidurinae），曾用名"喜马拉雅水麝鼩"。根据下颌骨和下前臼齿的形态以及分子生物学的结果都支持其归属于鼩鼱亚科（Soricinae）蹼足鼩族（Nectogalini）。曾经被认为是包括3个亚种，除指名亚种*Chimarrogale himalayica himalayica*之外，还包括*Chimarrogale himalayica leander*和*Chimarrogale himalayica varennei*两个亚种。前者确认为独立物种，后者属于独立物种的可能性更大，但还需要进一步研究。

喜马拉雅水鼩曾经被认为是广泛分布于中国中部和南部的大部分地区，但2013年以来多篇论文的结果显示采自中国南方多个省份的亚洲水鼩均为利安德水鼩或斯氏水鼩，只有云南的标本属于喜马拉雅水鼩，说明喜马拉雅水鼩并非中国的广布物种。在云南西部的高黎贡地区，似乎存在喜马拉雅水鼩与斯氏水鼩同水域分布的情况。

在鼩鼱科，亚洲水鼩对水生生活的适应程度可能仅次于蹼足鼩。喜马拉雅水鼩营昼夜活动，但夜间活动更为频繁。通常选择原始林中清澈的溪流作为主要栖息地，白天行动比较隐蔽，因此很少被捕获、观察或者记录到，对该物种的生活史和种群动态几乎一无所知。通常认为会捕食水中和陆地上的食物，在水中主要捕捉小型的无脊椎动物以及鱼类等。由于该物种对生活环境的要求比较严苛，可以预计由于人类扩张带来的环境污染，会导致栖息地面积的减少。

利安德水鼩

Chimarrogale leander Thomas, 1902
Leander's Water Shrew

劳亚食虫目 / Lipotyphla > 鼩鼱科 / Soricidae

形态特征：体型较大的鼩鼱。头体长80-130mm，尾长81-101mm，后足21-26mm，颅基长24.7-25.9mm。有研究认为中国大陆的利安德水鼩较台湾地区的体型更小。与喜马拉雅水鼩外形十分相似，身体背部密布短而浓密的黑色毛发，腹部为深灰色，背腹不明显异色。长有白色芒毛，但明显集中于臀部。外耳退化，但仍可见耳郭。眼睛很小，但保留视觉功能。尾深棕色，近四棱形。牙齿白色，无黑色或褐色素沉积。门齿发达，齿尖垂直向下。齿式1.3.1.3/1.1.1.3=28。

地理分布：为中国特有种，模式产地位于福建挂墩。明确已知的分布区包括陕西、四川、河南、湖北、湖南、福建、浙江、广东和台湾等。可能广泛分布于中国中部和南部、除云南和西藏以外的大部分地区，最北可能抵达河北、北京。

物种评述：与喜马拉雅水鼩外形十分接近，但利安德水鼩具有较为明显的外耳郭、芒毛在臀部更为集中地分布、背腹颜色十分接近等特征，可以从外形上与喜马拉雅水鼩区分开。2007年以前被认为是喜马拉雅水鼩的亚种，但是基于分子生物学的研究发现，利安德水鼩与日本水鼩拥有共同的祖先，因此可以确定为独立物种。早年的标本采自福建和台湾，该类群在大陆地区的分布一直没有定论，自 2013 年以来的若干独立报道的结果显示采自四川西北部、陕西南部、湖北、湖南、福建、浙江等地的标本均属于利安德水鼩，云南以外未见喜马拉雅水鼩的凭证标本，说明此前被认为是广布种的喜马拉雅水鼩在中国可能仅分布于云南和西藏。

利安德水鼩栖息于海拔 300-2000m 以上森林中的溪流和湖泊环境，对环境要求较高，是良好的环境指示物种。昼夜活动，对台湾种群的研究发现该物种可以取食包括螃蟹、虾、昆虫的成虫和幼虫、蝌蚪、蚯蚓以及小鱼在内的多种无脊椎动物；对胃内容物的观察还发现毛翅目、蜉蝣目以及蛛形纲动物的残骸，说明利安德水鼩的食性较广，采取的是机会主义的捕食策略。

浙江台州仙居 / 周佳俊

四川唐家河自然保护区 / 肖飞

陕西汉中洋县 / 向定乾

斯氏水鼩

Chimarrogale styani (De Winton, 1899)
Chinese Water Shrew

劳亚食虫目 / Lipotyphla > 鼩鼱科 / Soricidae

形态特征： 鼩鼱科中体型较大的物种。头体长95-110mm。尾长小于体长，61-85mm。后足20-23mm。外部形态特征与喜马拉雅水鼩十分相似，外形上最大区别在于斯氏水鼩腹部为白色，背腹异色且分界线十分明显。背部近黑色，体毛短而细腻，中间夹杂有较长的白色芒毛，集中分布于臀部。眼小。外耳耳郭明显退化，掩盖于毛发之下。牙齿白色，没有黑色或褐色色素沉积。齿式 1.3.1.3/1.1.1.3=28。

地理分布： 分布于中国西南以及缅甸北部地区。国内主要分布于四川西部、西藏南部和云南西北部地区，在甘肃南部和青海南部亦有分布记录。

物种评述： 已知仅分布于中高海拔1700-3500m左右的山间冰冷的溪水中。十分罕见的物种，因此对它

四川雅安芦山 / 刘洋

的生活史、生理生态、种群动态等，人们几乎一无所知。在某些地区与蹼足鼩或者喜马拉雅水鼩同域分布，但不同的水生鼩鼱会选择不同的海拔和小生境。

曾被归于麝鼩亚科，详见喜马拉雅水鼩的物种评述。

蹼足鼩

Nectogale elegans Milne-Edwards, 1870
Elegant Water Shrew

劳亚食虫目 / Lipotyphla > 鼩鼱科 / Soricidae

形态特征： 体型较大的鼩鼱。头体长90-115mm。尾长略小于头体长，100-110mm。背腹明显异色。背部黑色，毛发短而密集，似天鹅绒般光滑，中间夹杂着较长的白色芒毛。腹部则为雪白色。尾两侧由密集的栉毛构成白色流苏，使尾横截面近四棱形。眼睛很小，外耳耳郭消失，耳道藏于毛发之下。后足很长，25-27mm，后足趾间蹼十分发达，前后足的外侧均有白色梳状栉毛。牙齿白色，无黑色或褐色色素沉积。齿式 1.3.1.3/1.1.1.3=28。

地理分布： 国内主要分布于云南和四川西部，在西藏南部、甘肃南部、青海南部、湖北的神农架地区和陕西秦岭亦有记录。国外分布于尼泊尔、不丹和缅甸北部。

云南普洱无量山 / 何锴

物种评述： 隶属于蹼足鼩族（Nectogalini），是蹼足鼩属（*Nectogale*）唯一已知物种。由于牙齿上没有明显色素沉积，早年被归于麝鼩亚科（Crocidurinae）；后基于下颌骨和下前臼齿的形态，将其归于鼩鼱亚科（Soricinae）。这一结论，也得到分子系统学研究的证实。基于分子生物学的证据，蹼足鼩属与水鼩属（*Chimarrogale*）演化自同一祖先，而与分布于古北区的水鼩鼱属（*Neomys*）分别在欧洲和亚洲独立演化为适应于水生生活的类群。

蹼足鼩栖息于海拔 1500-3200m 左右清澈的河流和小溪中，通常被认为是鼩鼱科中水生适应程度最高的物种，

昼夜活动，白天可以趴在湍急的河流中的岩石下。通常认为主要以水生无脊椎动物为食。体型较大，有利于在体内储存更多的氧气；尾巴的形状显然是为了在湍急的水流中更好地掌握方向；毛发的结构有助于形成类似于微型"气囊"的结构，因而在水下活动时，毛发不会被完全打湿；前足和后足的腹面均有吸盘一样的结构，可以使其攀附于水边光滑的石头表面而不被水流冲走。吻部周围的触须发达，相应的三叉神经系统也发达，导致脑颅向两侧膨胀，以增加脑容积。

蹼足駒 / 云南普洱无量山 / 何锴

福建福州 / 曲利明

臭駒

Suncus murinus (Linnaeus, 1766)
Asian House Shrew

劳亚食虫目 / Lipotyphla > 駒鼱科 / Soricidae

形态特征：体型很大的駒鼱，头体长 119-147mm。尾长约为头体长的一半，60-85mm。后足较长，19-22mm。体色浅灰至深灰色，背腹颜色相近，腹部颜色略浅。外耳耳郭明显。尾十分粗大，直径远超麝駒属的物种，尾皮肤裸露，自根部到尾尖均长有稀疏的针毛。牙齿没有色素沉积。臭駒属的物种比麝駒属多 1 枚上单尖齿。齿式 1.4.1.3/1.1.1.3=30。

地理分布：原产地可能在东喜马拉雅地区，然而已经伴随着人类活动被带到了世界各地，是著名的入侵物种。国内分布于南方大部分省份（包括台湾）。国外广泛分布于南亚、东南亚的大部分国家。随着人类活动，被引入菲律宾等岛国，阿拉伯半岛的西部，东非马达加斯加，以及众多的岛屿国家与地区。

物种评述：声音短促尖锐，似古代钱币撞击的声音，因此又名钱鼠。适应能力很强，可以生存于森林、灌木、草原等各种天然环境；同时也是人类的伴生种，可以生存于牧场、农田、果园和城市环境。

全年均可生育，通常一胎2-3仔，但也可以一胎生育7仔。有著名的"车队（caravan）行为"：臭駒在出行的时候，母亲排在最前，未成年的臭駒们则会一只衔着前一只的尾巴，排成一列。

随着人类活动而扩散，也被带到生态环境原始而脆弱的岛屿，对当地的物种多样性和生态环境造成威胁。已知臭駒是汉坦病毒、狂犬病毒等多种病原体的宿主。因为易于饲养，已成为一种研究疾病的模式生物。

小臭鼩

Suncus etruscus Savi, 1822
Etruscan Shrew

劳亚食虫目 / Eulipotyphla > 鼩鼱科 / Soricidae

形态特征： 体头体长 33-50mm，尾长 21-30mm，耳长 4-6.2mm，后足 7-7.5mm，体重 1.2-2.7g。体表毛发短而细腻，背部烟灰色，腹部银灰色。尾长通常为头体长的 60%。牙齿无色素沉积，与其他麝鼩亚科物种相同。上单尖齿 4 枚，较麝鼩属物种多 1 枚。齿式 3.1.2.3/2.0.1.3=30。

地理分布： 分布于南欧、西亚、中亚、南亚、东南亚、北非以及马达加斯加岛。在中国仅在云南西部有不超过 2 个分布记录。

物种评述： 全世界最小的哺乳动物之一。虽然现有的数据显示该物种的分布横跨欧亚非大陆，但对中国小臭鼩的基因测序的结果显示它们与欧洲的种群存在巨大的遗传差异，很有

南欧 / Dietmar Nill (naturepl. com)

可能属于不同物种，由此可以推断小臭鼩是一个包含多个体型很小的隐存种复合体，关于该物种的分类学还有待于进一步研究。对于欧洲种群的资料显示小臭鼩生活在低海拔平底以及丘陵地带的灌丛、泰加林灌丛以及果园、花园、葡萄园等人工环境。小臭鼩的头骨经常在猫头鹰的食丸中发现。小臭鼩主要以小型的甲虫、蜘蛛等为食。怀孕期通常 27-28 天，一胎 2-6 仔，新生幼崽 0.2 克。夜间为活动高峰。小臭鼩有日蛰眠行为，蛰眠通常 1-4 小时，蛰眠期间心率降至 100 次 / 分钟，活跃期间心率约 800 次 / 分钟，在剧烈活动期间心率可达 1200-1500 次 / 分钟，可能是哺乳动物中心率最快的物种。

灰麝鼩

Crocidura attenuata Milne-Edwards, 1872
Gray Shrew

劳亚食虫目 / Lipotyphla > 鼩鼱科 / Soricidae

形态特征： 体型中等偏小的鼩鼱，头体长 66-89mm，尾长小于头体长，41-60mm，后足长 13-16mm。背部棕灰色，向腹部逐渐过渡为暗灰色。夏季毛发较短，但毛色更深。尾巴背面毛色较深，腹部略浅。齿尖没有色素沉积。

地理分布： 曾被认为广泛分布于中国中部和南部，包括海南岛。但近年来来一系列研究

四川巴中平昌 / 刘洋

发现台湾地区的灰麝鼩均为台湾灰麝鼩（*Crocidura tanakae*），而中国华南、东南的种群群属于安徽麝鼩、东阳江麝鼩和台湾灰麝鼩等三个物种。基于 2020 年的研究，目前灰麝鼩在国内确定的分布区为四川川和重庆。灰麝鼩在国外分布于东南亚中南半岛，但东南亚与国内种群是否为同种还需进一步步研究验证。。

物种评述： 该物种广泛分布于各种生境，从海拔的灌丛、农田到海拔 3000 多米以上的冷杉林和杜鹃矮林均有分布。亚洲洲麝鼩属的物种形态十分保守，物种之间形态差异很小，在缅甸北部的地地区发现的新种（*Crocidura cranbrooki*）就曾曾被认为是灰麝鼩的地理种群。近年来借助分子生物学的手段，美国和俄罗斯科学家在越南命名了一系列新新物种，其中部分物种此前也被鉴定为灰麝鼩。而中国东南、华南的灰麝鼩也被重新命名为安安徽麝鼩、东阳江麝鼩，亦或是被重新鉴定为台湾灰麝鼩。中国大陆的灰麝鼩可能还存存在有待于被描述的未知物种。所幸灰麝鼩的模式产地位于中国四川宝兴，科科学家们可采集模式产地的标本（地模标本）用于分分类学的比较研究。

印支小麝鼩

Crocidura indochinensis Robinson & Kloss, 1922
Indochinese Shrew

劳亚食虫目 / Lipotyphla > 鼩鼱科 / Soricidae

云南普洱哀牢山 / 何锴

形态特征：体型较小。头体长66mm。尾长小于头体长，47-50mm。后足短，长12-13mm。外形与麝鼩属的其他物种相似，背部银灰略带污黄，腹部毛色略浅，偏灰白色。尾巴基部1/3的部分皮肤完全裸露，仅在近臀部的位置有稀疏的针毛；后2/3的部分覆盖有极短的白色绒毛。眼睛很小，外耳郭明显。吻部周围的胡须非常发达。牙齿没有色素沉积。麝鼩属的物种齿式相同，比臭鼩属少1枚上单尖齿。齿式1.3.1.3/1.1.1.3=30。

地理分布：主要分布于东南亚和中国南部。国内主要分布于云南境内，在贵州也有记录。国外分布于缅甸、泰国、越南等。

物种评述：很少被关注的类群，对于该物种的生理生态学研究几乎空白。基于现有的资料，该物种可能分布于海拔1200-2400m的中山阔叶林和针叶林中，比较喜欢林间较为开阔的草地，与鼩鼱亚科的物种相比，更偏好较为干燥的小生境。

云南大理苍山 / 何锴

山东小麝鼩

Crocidura shantungensis Miller, 1901
Asian Lesser White-toothed Shrew

劳亚食虫目 / Lipotyphla > 鼩鼱科 / Soricidae

形态特征：一种体型较小的鼩鼱。头体长 51-79mm。尾长为头体长的 60% 左右，35-53mm。后足短，长 10-13mm。背部毛色银灰色，腹部毛色略浅于背部毛色。牙齿没有色素沉积。麝鼩属的物种比臭鼩属少 1 枚上单尖齿。齿式 1.3.1.3/1.1.1.3=30。

地理分布：广泛分布于东亚的物种。国内主要分布于东部和东北地区，分布区最西到达青海，最南的分布可能为浙江，在台湾也有分布。国外分布于蒙古、俄罗斯西伯利亚地区、朝鲜半岛以及对马岛和济州岛。

物种评述：从接近海平面的平原到 1000 多米的中海拔山地都有分布，可以适应各种森林、草原等天然环境，也常被发现于农田和果园，在台湾仅分布于海拔 500m 以下。全年均可生育，生育高峰期为 6 月和 9 月，遗传学分析显示该物种实行混交，无固定配偶。已有证据表明山东小麝鼩是汉坦病毒等病原体的宿主。

浙江杭州淳安 / 周佳俊

浙江杭州淳安 / 周佳俊

台湾灰麝鼩

Crocidura tanakae Kuroda, 1938
Taiwanese Gray Shrew

劳亚食虫目 / Lipotyphla > 鼩鼱科 / Soricidae

形态特征：体型中等的鼩鼱。头体长69-86mm，尾长约为头体长的68%，47-63mm，后足长12-15mm。背部浅灰色，腹部毛色略浅。尾巴靠近臀部的2/3部分都长有稀疏的针毛。前后足背灰色，后足较大，脚掌较宽。脑颅较扁平，下颌骨发达，下颌骨冠状突较长。上单尖齿3枚，其中第2枚最小。齿尖没有色素沉积。

云南红河大围山 / 何锴

地理分布：一度被认为仅分布于台湾，但近年来在中国大陆中部和南部各个省份都有报道，在越南北部和老挝亦有记载，可能在柬埔寨亦有分布。

物种评述：在中国西南地区，该物种的分布海拔从海平面附近一直延伸至海拔2200m，栖息于草地、阔叶林、竹林等，也可栖息于牧场和田地等人工环境。根据台湾中央山脉野生种群的研究，台湾灰麝鼩可以取食各种无脊椎动物，包括昆虫的成虫、幼虫以及蚯蚓和蜈蚣等。基于台湾种群的研究显示，该物种可能不存在明显的繁殖高峰季节，即一年四季均可繁殖，一胎可繁殖1-3仔。野生种群雄性个体数量可为雌性的1.5倍。

云南红河 / 欧阳德才

云南普洱 / 欧阳德才

白尾梢麝鼩

Crocidura dracula Thomas, 1912
Dracula Shrew

劳亚食虫目 / Lipotyphla > 鼩鼱科 / Soricidae

形态特征：体型中等的鼩鼱。头体长79-104mm。尾长通常为头体长的80%以上，62-89mm，后足长15-19mm。背部棕褐色，逐渐向腹部过渡为暗灰色。前后足背部灰白色，尾巴背面棕色腹面颜色较浅。部分个体的尾尖明显为白色，故名白尾梢麝鼩。头骨特别是脑颅部分较为低矮，吻部较宽。第2上单尖齿小于第1和第3上单尖齿，第4上前臼齿较大，第2上臼齿略小于第1上臼齿。

地理分布：主要分布于中国中部和南方的大部分地区，并向南延伸至越南北部。在缅甸北部似乎还存在一个独立的亚种*Crocidura d. mansumensis*。

物种评述：该物种分布范围、海拔跨度和生境都非常广泛。栖息于较为干燥的山谷和山丘；在东南沿海的湿润平原地带的分布和人类生活区域重合，常见于农田、校园等人工环境，也常常出现于垃圾堆附近觅食。

麝鼩属的分类系统较为混乱，白尾梢麝鼩很长一段时间被认为是大长尾麝鼩（*Crocidura fuliginosa*）的同物异名。但基于分子生物学的研究发现，来自越南北部和南部的大长尾麝鼩在遗传上差异很大，这一结果提示中国南部和越南北部的大长尾麝鼩很可能应归于白尾梢麝鼩，与东南亚中南半岛南部分布的大长尾麝鼩为两个独立的物种。分布于亚洲的麝鼩形态往往十分保守，物种之间形态差异细微，给分类系统的厘定带来了巨大的阻力。基于已有的研究报道，本书初步将中国所有的符合大长尾麝鼩特征的个体归于白尾梢麝鼩这一物种，但显然并非所有的白尾梢麝鼩的尾尖都为白色，是否部分种群属于大长尾麝鼩或属于未知的物种尚有待于进一步研究。

云南大理漾濞 / 廖锐

小麝鼩

Crocidura suaveolens (Pallas, 1811)
Lesser White-toothed Shrew

劳亚食虫目 / Lipotyphla > 鼩鼱科 / Soricidae

形态特征： 体型较小的鼩鼱。头体长 47-80mm。尾短，长 25-40mm，通常小于头体长的50%，体重 6.5-9.4g。不同地理种群之间毛色差异较大。背腹明显异色，且冬季色差更为明显。背部毛色浅褐色至棕褐色，腹部毛色浅灰色至灰白色。前后足足背覆盖有白色的短毛。尾通常背腹异色，背面为深棕色，腹面毛色较浅；尾基部至尾长 3/4 处长有较长的针毛，尾尖有一簇短毛。牙齿白色，无红棕色或褐色色素沉积，符合麝鼩亚科的特征。

新疆 / 刘少英

地理分布： 典型的古北界分布的物种，分布很广。国外分布从西班牙西海岸一直延续到东亚北部的蒙古、俄罗斯西伯利亚。国内主要分布于新疆、内蒙古和辽宁，山西和陕西北部可能亦有分布。

物种评述： 栖息于沙漠、戈壁、荒漠草原和冻土等生境，喜欢灌木或草本植物茂密的小生境，但也适应于各种人工环境，从蒙古国内戈壁沙漠的蒙古包到莫斯科的高层公寓都能生存。喜食各种无脊椎动物，特别是甲虫。可以从 2cm 深的地下挖出昆虫，也可以跳起捕食叶面上的飞虫。新陈代谢很快，一天最多可吃下相当于自身体重 3 倍的食物。有筑巢行为，可在水边的浮木下筑巢，可在 3cm 深的地下筑巢，亦可利用小型雀形目动物的巢穴。一胎产1-10 仔，但通常产 4-5 仔。小麝鼩寿命不超过 1.5 年。

小麝鼩和格氏小麝鼩（*Crocidura gmelini*）的分类关系长期存在争议，部分学者认为后者为一独立物种，但分子生物学研究结果显示二者的遗传组成几乎没有差异。因此本书将格氏小麝鼩归为小麝鼩的同物异名。在中国新疆与哈萨克斯坦的边境地带还有一种西伯利亚麝鼩（*Crocidura sibirica*）。该物种与小麝鼩遗传差异很小，但形态差异明显，目前认为西伯利亚麝鼩是一独立物种。

新疆阜康 / 刘晔

树鼩目

Scandentia Wagner, 1855

由于树鼩类的形态特殊，既有食虫类的特征，也有灵长类的特征。因此，分类上曾经先后被列入食虫目的有盲肠亚目（Menotyphla）象鼩科（Macroscelidiae）以及灵长目的猿猴亚目（Prosimii）。Simpson（1945）提出，树鼩类更接近灵长目，他把树鼩类作为灵长目的一个科；Corbet & Hill（1980）主张树鼩类是独立的一个目；Young（1981）则将树鼩类重新作为亚目放入食虫目。深入的分子系统学研究结果显示，树鼩类是一个独立的演化支系，并且和皮翼目（Dermoptera）、灵长目（Primates）具有较近的进化关系（Murphy et al., 2001）。尽管三者之间亲缘关系还存在一定争议，但它们最早的化石都发现于始新世中期，距今约4500万年。Helgen（2005）指出，尽管围绕树鼩目开展了一系列分子系统学的研究，但限于实验方案和样本数量，在现阶段尚无法得到一个让大多数专家认可的、极具说服力的种级水平的分类系统。在种级水平最有说服力的分类学观点仍然是 Lyon（1913）的工作：一个年代久远但十分系统的研究。尽管 Ellerman & Morrison-Scott（1966）和 Corbet & Hill（1992）都列出了该类群的分类名录，但他们都是机械地罗列，没有深入地分析以解决分类系统中的问题。

树鼩目目前有 2 个科，分别是树鼩科（Tupaiidae）和笔尾树鼩科（Ptilocercidae），后者由原笔尾树鼩属提升而来。树鼩科 3 属 19 种，笔尾树鼩科 1 属 1 种。我国仅有树鼩科树鼩属 1 种：北树鼩。

树鼩类的研究很不深入，分类系统还没有最终的定论，值得深入研究。另外，树鼩目前是重要的实验动物，尽管分布较广，但野外群数量不大，亟须大力保护。

北树鼩

Tupaia belangeri (Wagner, 1841)
Northern Tree Shrew

树鼩目 / Scandentia > 树鼩科 / Tupaiidae

形态特征：外形似松鼠的小型哺乳动物。吻部钝圆，比啮齿目松鼠类的吻部长。耳短，15-20mm。头体长 160-230mm。尾长 150-200mm，接近头体长，尾扁平，区别于松鼠蓬松的尾巴。背部毛发颜色深浅不一，大部分背毛颜色为棕黄色，夹杂着黑色和白色的毛发，因而背部整体呈污棕或污黄色。腹部毛色通常为浅黄色。毛色存在明显的地理变异，云南种群的毛色更偏橄榄棕，而海南种群的毛色则偏猩红色。雌性 3 对乳头。

地理分布：主要分布于东南亚的马来半岛。国内分布于四川、云南、西藏南部、广西、贵州和海南岛。国外分布于尼泊尔南部、印度北部、不丹、孟加拉国、越南、泰国、老挝、柬埔寨等，最南抵达克拉地峡。

物种评述：适应性较强，从接近海平面的低海拔地区到海拔 3000m 左右高原都有分布。栖息于落叶林、常绿阔叶林、热带雨林和石灰岩等多种生境，也可以利用棕榈园等次生环境。广泛取食各种无脊椎动物，也可以取食花、果等植物性食物。典型的树栖性物种。昼夜活动。具有有领域行为，对进入领域范围内的同性表现较强的敌意，但能够容忍异性进入。终年可繁殖，孕期 40-52 天。无典型的育儿行为且又极其敏感，受到惊吓的雌性树鼩可能会吃掉幼崽。北树鼩幼崽出生 48 小时后可自行活动和觅食。

曾经被认为是普通树鼩（*Tupaia glis*）的亚种，但二者乳头数目不同，遗传上也存在明显的差异。有中国的学者认为北树鼩存在 8 个亚种，但这一观点并未被国际同行接受，目前国际上普遍认为北树鼩存在 2 个亚种。显然关于北树鼩的分类系统还有待厘定。

与常用的试验动物大鼠、小鼠相比，北树鼩和灵长类亲缘关系更近。基因组研究也证实树鼩与人类拥有更多的同源基因，因此被认为有成为人类疾病动物模型的潜力。中国近年来在树鼩的医学应用方面做了大量的基础研究工作。

云南 / 邢睿

云南保山 / 杜卿

云南保山 / 张国强

047

尼泊尔 / 张岩

云南西双版纳 / 王昌大

云南保山板桥 / 陈俭海

云南保山 / 许明岗

翼手目

Chiroptera Blumenbach, 1779

翼手目又称翼手类、蝙蝠，是哺乳动物中仅次于啮齿目的第二大类群。因其前肢的前臂骨、掌骨和指骨等延长，与体侧和后肢之间共同形成翼膜，特化而成兽类中唯一真正能够飞行的类群，为生态系统中重要的成员之一。

该类群全球（除两极以外）分布，但主要分布在东半球的热带和亚热带地区，而吸血蝙蝠分布于南美洲。常夜间活动。多以昆虫为食，也有以植物花蜜、果实、蛙类或蜥蜴等小脊椎动物为食的类群。多数种类具有冬眠习性。传统上分为大蝙蝠亚目（Megachiroptera）和小蝙蝠亚目（Microchiroptera），但最新的分子分类结果，有人将该目分为阳蝙蝠亚目（Yangochiroptera）和阴蝙蝠亚目（Yinpterochiroptera）。该目全世界有19科1000多种，我国有7科（如将长翼蝠亚科 Miniopterinae 独立为长翼蝠科 Miniopteridae，则为8科）140多种，其中近十年在我国广西、云南、贵州和台湾等地发表蝙蝠新种10余种。

棕果蝠

Rousettus leschenaultii (Desmarest, 1820)
Leschenault's Rousette

翼手目 / Chiroptera > 狐蝠科 / Pteropodidae

形态特征：体型较大。前臂长80-99mm。吻似犬吻。耳呈椭圆形，无耳屏。尾短，端部游离，股间膜甚狭窄，翼膜止于趾基。头骨左右前颌骨相接，头骨后部明显向下折转。上颊齿每侧5枚，白齿齿冠低平，齿34枚。体背毛深褐至黑色，颈背及体腹呈灰褐色，翼膜黑褐色。

地理分布：国内分布于福建、广东、广西、海南、江西、贵州、四川、西藏、云南、澳门和香港等。国外分布于从斯里兰卡、巴基斯坦、越南至印度尼西亚等东南亚地区。

物种评述：白天群栖于石灰岩山洞或废弃房屋，夜晚外出觅食。多以野生浆果等为食，但在水果收获季节，也吃食一些龙眼、杧果、荔枝等，对果树生产造成一定危害。随着洞穴的开发利用，该种蝙蝠的种群数量呈现减少的趋势。

云南西双版纳热带植物园 / 赵江波

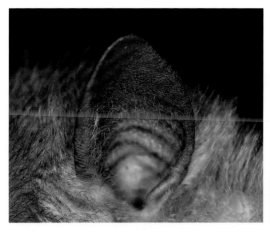

云南西双版纳热带植物园 / 赵江波

海南海口 / 吴毅

海南海口 / 吴毅

台湾 / 颜振晖

琉球狐蝠

Pteropus dasymallus Gould, 1873
Formosan Flying Fox

翼手目 / Chiroptera > 狐蝠科 / Pteropodidae

形态特征： 大型蝙蝠。体长200mm，前臂长120-140mm。头部与腹部毛发深褐色，颈部具有一圈黄色或白色毛发。头部比食虫蝙蝠更大，吻端突出明显，吻鼻部似犬，耳郭圆短；第1指与第2指均具爪。

地理分布： 分布北起日本九州岛、鹿儿岛以南的小岛群（如宝岛、中之岛等）、琉球群岛、南北大东岛和八重山群岛，经我国台湾本岛（零星个体）、龟山岛和绿岛，南至隶属于菲律宾北部的小岛群（如巴丹岛等）。该种已知有5个亚种，包括栖息在琉球群岛北部的永良部狐蝠（*P. d. dasymallus*）、冲绳本岛的折居氏狐蝠（*P. d. inopinatus*），琉球群岛东部大东岛的大东狐蝠（*P. d. daitoensis*）、琉球群岛西南部的八重山狐蝠（*P. d. yayeyamae*），以及我国台湾的亚种——台湾狐蝠（*P. d. formosus*）（Wilson and Reeder, 2005）。

物种评述： 为典型的树栖蝙蝠，依靠视觉及嗅觉搜寻食物，主要以桑科榕属的果实为食。

琉球 / 周政翰

犬蝠

Cynopterus sphinx (Vahl, 1797)
Greater Short Nosed Fruit Bat

翼手目 / Chiroptera > 狐蝠科 / Pteropodidae

形态特征：体长85-103mm。前臂长68-80mm。吻部较短。鼻孔如管状突出。上唇中央有纵沟。耳缘具白边，耳略大，耳壳薄，无耳屏，耳下部微呈管状。背部毛较长，通体棕褐色。腹面毛色较浅。头骨额前半部外侧部隆起，中间显著凹陷。

地理分布：国内分布于海南、广西、福建、云南、广东、澳门、香港、西藏等。国外分布于东南亚及印度次大陆区域的热带或亚热带地区。

物种评述：栖息并隐藏在椰树、蒲葵和芭蕉等叶下。常数头或数十头倒悬成一串或一球。主要以桑科（Moraceae）榕属（*Ficus*）、蒲桃（*Syzygium jambos*）、蒲葵（*Livistona subglobosa*）等植物的果实为食，在水果收获季节，也食大蕉、杧果、龙眼、荔枝等，对果树生产造成有一定危害。本种与短耳犬蝠（*Cynopterus brachyotis*）十分相似，但本种在华南地区为优势种，相对常见，后者可能只分布在云南南部和西藏墨脱（原广东和香港分布有短耳犬蝠的说法有误）。

海南海口 / 吴毅

广东深圳 / 吴毅

短耳犬蝠

Cynopterus brachyotis (Müller, 1838)
Lesser Short-nosed Fruit Bat

翼手目 / Chiroptera > 狐蝠科 / Pteropodidae

形态特征：为中等体型的食果蝙蝠，头体长72-96mm，前臂长54-72mm，颅全长27-31mm。外形与犬蝠近似，鼻孔如管状突出。上唇中央有纵沟。眼大，耳缘具白边，但耳长小于犬蝠。身体毛色变异大，从浅灰色到深棕色或淡棕色。成年个体喉部和肩部有橙色或黄色毛发。掌骨和指骨颜色较浅，与深棕色翼膜形成对比。

地理分布：国内分布于云南、西藏。国外分布于柬埔寨、印度、印度尼西亚、老挝、马来西亚、缅甸、新加坡、斯里兰卡、泰国、东帝汶、越南。

物种评述：栖息于热带和亚热带湿润阔叶林森林、乡村花园、种植园、城市。种下有8个亚种，国内为越北亚种 *C. b. hoffeti* Bourret, 1944。在 IUCN 记录为无危等级（Least Concern）。

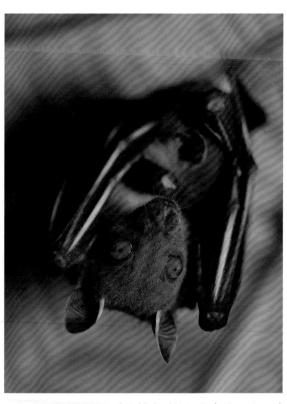

泰国 / Rudell Valentic (naturepl.com)

球果蝠

Sphaerias blanfordi (Thomas, 1891)
Blanford's Fruit Bat, Mountain Fruit Bat

翼手目 / Chiroptera > 狐蝠科 / Pteropodidae

云南西双版纳 / 吴毅

云南西双版纳 / 吴毅

形态特征：鼻孔前部呈管状，向外下方倾斜。外形似犬蝠，肩、背和腰、臀淡黑褐色微染暗蓝灰色，耳缘浅白色。但体较小，前臂长50-58mm；股间膜极狭窄，痕迹状仅为沿股骨和胫骨上1/3侧缘的狭窄缘状膜，完全被毛，无尾、无距；外形有性别差异：雄性颈下侧各有一个浅茶黄色的长圆形刷状斑，少数标本刷状斑为浅灰色；雌性颈下侧无浅色刷状斑。框上突短小，无框上孔；上颊齿外侧齿尖尖长。

地理分布：我国为墨脱亚种 *S. b. motuoensis*，分布于西藏东南部（墨脱）、云南（西双版纳、独龙江、腾冲和保山）。

物种评述：黄仕企和张进沿（1980）根据采自西藏墨脱的2只雄性标本，其颈下侧各有一个圆形棕黄色刷状斑，耳壳下前缘1/2为白色，颈背为褐蓝色等特征，命名墨脱亚种（*S. b. motuoensis*）。国内外学者（Corbet & Hill，1992；Bates & Harrison，1997；张荣祖，1997；王应祥，2003）予以认可。

长舌果蝠

Eonycteris spelaea Dobson, 1871
Dawn Bat

翼手目 / Chiroptera > 狐蝠科 / Pteropodidae

云南西双版纳 / Alice C. Hughes

形态特征：体型中等。前臂长65-72mm。吻较长，上唇前有一沟槽，吻长但不狭窄。鼻孔不突出。舌甚长。翼膜止于踝部。有一短尾，约与后足等长。颊齿较粗壮，颊齿间的齿隙不大，颊齿排列紧密。

地理分布：为南亚和东南亚地区的热带型果蝠。我国边缘性分布于云南西部、南部和广西西南部。国外分布于印度、马来西亚、印度尼西亚、菲律宾、缅甸、越南、老挝和泰国等。

物种评述：Corbet & Hill（1992）将长舌果蝠分为3亚种：（1）指名亚种 *E. s. spelaea*，分布于中南半岛；（2）苏拉威西亚种 *E. s. rosenbergii*，体色较暗，上颌第3枚臼齿小或缺失，只分布于印度尼西亚苏拉威西；（3）菲律宾亚种 *E. s. glandifera*，体型较大，吻部不太尖细，分布于菲律宾到爪哇。我国的长舌果蝠为指名亚种 *E. s. spelaea*。集大群栖息于洞穴中，黄昏时在森林和果园附近觅食。食物包括花粉和花蜜，为传粉蝙蝠。

安氏长舌果蝠

Macroglossus sobrinus K.Andersen, 1911
Hill Long-tongued Fruit Bat

翼手目 / Chiroptera > 狐蝠科 / Pteropodidae

形态特征：小型果蝠。前臂长47-51mm。吻长而细窄，上唇前缘无沟槽。舌长，舌根仅1/3固着于口的后基部，舌端1/4有丝状突。第2指具爪，翼膜止于第3趾趾基。尾极短，隐于毛被之内。牙齿细窄，颊齿排列疏松，齿间隙较宽。

地理分布：国内分布于云南南部西双版纳的勐腊，于1992年3月和1993年12月分别采自云南南部西双版纳勐腊县的补崩和麻木树（王应祥，2003；冯庆等，2008）。国外分布于印度东北部、缅甸、泰国、越南南部、柬埔寨、马来西亚、印度尼西亚。

物种评述：安氏长舌果蝠（*M. sobrinus*）是Andersen（1911）根据马来西亚Gunong Igari的标本命名，最初认为是小长舌果蝠（*M. minimus*）的亚种*M. m. sobrinus*。但Medway（1969）认为：安氏长舌果蝠的体型明显大于小长舌果蝠，二者应是不同种。

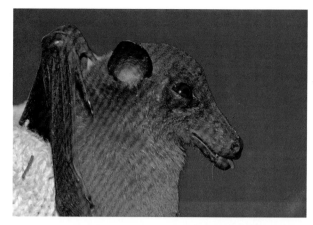

云南西双版纳 / 余文华

云南西双版纳 / 黄正澜懿

黑髯墓蝠

Taphozous melanopogon Temminck, 1841
Black-bearded Tomb Bat

翼手目 / Chiroptera > 鞘尾蝠科 / Emballonuridae

形态特征：体型较小。前臂长 60-77mm。成年雄体额下有一小撮黑毛。耳略呈三角形，耳屏短，近似方形。眼大。下唇有一肉质裂片，尾自股间膜背面穿出。第2指无指节。头骨额部低凹，眶上突较发达，脑颅宽圆，枕部隆起。背毛通常棕褐色，腹毛灰褐色，毛基部均泛白色。

广东惠州龙门 / 吴毅

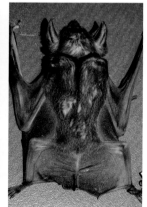

广东惠州龙门 / 吴毅

地理分布：国内分布于广西、广东、海南、贵州、云南、澳门和香港。国外分布于亚洲南部的广大热带地区。

物种评述：集群于岩洞缝隙，或贴伏在洞内的岩壁上，以后退方式向裂缝深处躲藏。可见其与其他蝙蝠同处一洞，但不混群。以昆虫为食，有时也吃水果，较稀少。在广东、广西等地，有将先人的尸骨从坟墓中取出，放到有本种蝙蝠栖息的岩洞边陶罐中存放的习俗，似乎与英文名"Tomb Bat"有些联系。

大墓蝠

Taphozous theobaldi Dobson, 1872
Theobold's Tomb Bat

翼手目 / Chiroptera > 鞘尾蝠科 / Emballonuridae

形态特征：体型较大的墓蝠属种类，前臂长 72-78mm。毛色多变，棕色和灰黑色均有发现，尾膜和后肢仅具浅色短毛附着，尾部可在股间膜中部自由伸缩；在桡骨和第 5 指之间三角区形成一个边缘呈弧形的桡骨掌骨囊（radio-metacarpal pouch）。第 3 指的第 2 指骨的关节发达膨大。外形及头骨与黑髯墓蝠（*T. melanopogon*）相似，但其翼骨突和眶后突更长。上颌门齿细小，犬齿大，在内缘存在 2 个大小不一的附尖；第 1 上前臼齿退化紧贴犬齿，与第 2 上前臼齿间有缝隙，后者前尖发达。下颌骨关节处连接不紧密，下犬齿尖长。

地理分布：国内分布于广东、云南。国外分布于印度尼西亚、柬埔寨、印度、缅甸、泰国、越南。

物种评述：该种目前有 2 个亚种：*T. t. theobaldi* Dobson, 1872 和 *T. t. secatus* Thomas, 1915。根据王应祥（2003）国内云南南部发现的该物种应该为指名亚种。最近在广东发现该种与黑髯墓蝠存在同域分布，分子生物学证据显示两者在系统发育上亲缘关系较其他墓蝠更近。IUCN 名录中被列为数据缺乏（DD）。

广东龙门 / 李彦男

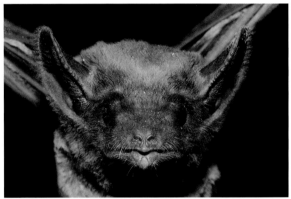

广东龙门 / 李彦男

印度 / Yashpal Rathore (naturepl. com)

印度假吸血蝠

Megaderma lyra E. Geoffroy, 1810
Greater False Vampire

翼手目 / Chiroptera > 假吸血蝠科 / Megadermatidae

云南西双版纳热带植物园 / 赵江波

形态特征：体型中等。体长 65-95mm。前臂长 60-75mm。耳巨大，椭圆形，两耳基部在额部相连，耳屏双叉状。吻部具一长方形突起的后鼻叶。无尾。第 2 指具 1 节指骨，第 3 指具 2 节指骨，胫骨长超过前臂长之半。头骨吻部较短，背部较平缓，矢状嵴低而不显。上颌无门齿，下颌门齿均略呈三叉。上体毛淡灰褐色，下体毛色较浅淡，毛基深灰，毛尖污白。

地理分布：国内分布于广东、广西、四川、重庆、湖南、贵州、福建、云南和西藏。国外延伸到亚洲南部的印度次大陆等。

物种评述：栖息于山洞、坑道、建筑物和空树洞中。通常数十只集群活动，不与其他蝙蝠混群。肉食性，以昆虫、蜘蛛、小型脊椎动物（如小鱼、蛙、小鸟、小鼠甚至其他种蝙蝠）为食。常接近地面 3m 以内飞行觅食，也常到民宅搜捕墙上的壁虎和昆虫。本种具肉食性的特点，加上有些类似吸血蝠的外形特征，故命名为假吸血蝠，但其与南美洲的吸血蝠是完全不同的类群，也无吸血的习性。

广东惠州龙门 / 吴毅

马来假吸血蝠

Megaderma spasma Linnaeus, 1758
Lesser False Vampire Bat

翼手目 / Chiroptera > 假吸血蝠科 / Megadermatidae

形态特征：体型中等。前臂长约60mm。体重约21g。耳大呈椭圆形，长达37mm，两耳基部在前额上方相连，耳屏双叉状。吻部具一卵圆形突起的鼻叶，鼻叶较简单：后鼻叶椭圆形，顶部钝圆、两侧缘向外隆凸，中央具一条显著的纵形隆嵴；间鼻叶呈三角形，顶部W形，后鼻叶中脊连接于间鼻叶顶部中央。股骨之间膜较宽大。无尾。上体毛淡灰褐色，下体毛色较浅淡。

地理分布：国内仅在云南勐腊县发现（张礼标等，2010），

云南西双版纳 /Alice C. Hughes

云南西双版纳 /Alice C. Hughes

为中国翼手目新记录。近期 Alice C. Hughes 等在西双版纳植物园生态监测调查中有捕获记录（见照片）。国外分布于斯里兰卡、印度、菲律宾以及整个东南亚。

物种评述：本种属于 *Megaderma* 亚属，Bergmans & Bree（1986）对印度尼西亚地区的亚种分化进行过探讨。张礼标等（2010）在云南勐腊县的标本，形态特征与马来假吸血蝠主要特征相符，依据毛秀光等（2007）核型分析结果（2n=38），进一步确认该标本为中国蝙蝠新记录——马来假吸血蝠。在我国分布狭窄，需要加强保护。

中菊头蝠

Rhinolophus affinis Horsfield, 1823
Intermediate Horseshoe Bat

翼手目 / Chiroptera ＞ 菊头蝠科 / Rhinolophidae

形态特征： 体型中等大小。前臂长47-54mm。颅全长22-24mm。鞍状叶正面观其两侧缘向中间凹入，略似提琴形；联接叶顶端低圆，与鞍状叶之间有凹陷。第3、4、5指掌骨近等长。体背毛深暗褐色，腹毛淡。尾短，与股间膜近平行。

地理分布： 国内广泛分布于长江以南各省区，山西、海南及香港等地。国外分布于亚洲南部的印度次大陆和东南亚地区。

物种评述： 为常见的洞穴型蝙蝠种类。栖息在潮湿的山洞和废弃矿井、坑道等地，可与大蹄蝠（*Hipposideros armiger*）、小菊头蝠（*Rhinolophus pusillus*）、皮氏菊头蝠（*R. pearsonii*）、中华鼠耳蝠（*Myotis chinensis*）等同穴共栖。以蚊类、蛾类等昆虫为食。对人类有益。

海南陵水吊罗山 / 余文华

广东梅州 / 吴毅

江西鹰潭贵溪 / 杜卿

马铁菊头蝠
Rhinolophus ferrumequinum (Schreber, 1774)
Greater Horseshoe Bat

翼手目 / Chiroptera ＞ 菊头蝠科 / Rhinolophidae

形态特征：体型较大种类。前臂长58-64mm。耳大而宽阔，无耳屏，但有对耳屏。马蹄叶较宽，附叶小而不明显，鞍状叶两侧内凹，联接叶较低而圆，与鞍状叶之间有凹缺，顶叶近三角形。尾甚长，股间膜发达，呈锥状。背毛浅棕褐色，毛基淡灰棕色。腹毛淡灰棕色。翼和股间膜棕褐色。

地理分布：国内分布于吉林、辽宁、河北、河南、山西、陕西、贵州、四川、云南、广西、浙江、福建、广东、重庆和安徽等省区。国外分布于古北界大部分区域。

物种评述：该种为主要分布在我国北方的菊头蝠种类。悬挂在岩洞洞顶或古建筑物中，同一洞内可见有其他种蝙蝠，但不混群。可捕食大量昆虫，其中以害虫居多，如蚊、蛾、金龟子等。

四川雅安天全 / 吴毅

浙江宁波 / 周佳俊 余姚

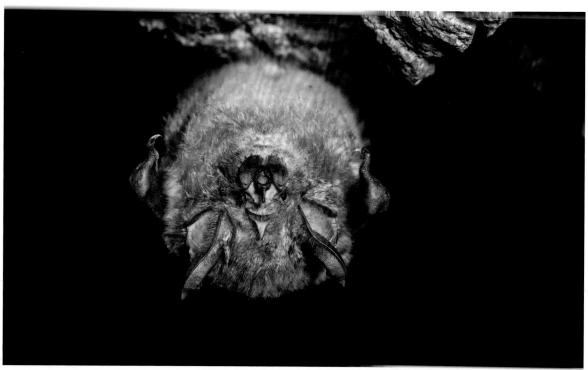

浙江杭州西湖 / 周佳俊

台湾菊头蝠

Rhinolophus formosae Sanborn, 1939
Formosan Woolly Horseshoe Bat

翼手目 / Chiroptera > 菊头蝠科 / Rhinolophidae

形态特征： 为体型较大的菊头蝠种类。体长61-72mm，前臂长54-64mm，尾长33-41mm。鼻部具有上、中、下鼻叶，上鼻叶为尖形突起，中鼻叶（即鞍状叶和连接叶）有一角锥状突起，下鼻叶为马蹄状。背毛深褐色到黑色。具有宽大的耳廓，对耳屏宽而短。翼膜宽圆，向后延伸连接到趾基部。

地理分布： 为中国特有种。仅分布于台湾。

物种评述： 属于独居型的蝙蝠，一个坑道、洞穴或树洞仅可发现一只或零星个体。使用常频窄带的回声定位（即恒频）声波探测环境中的猎物。

台湾 / 周政翰

台湾 / 周政翰

广东清远英德 / 吴毅

广东清远英德 / 吴毅

清迈菊头蝠

Rhinolophus siamensis Gyldenstolpe, 1917
Siamese Horseshoe Bat

翼手目 / Chiroptera > 菊头蝠科 / Rhinolophidae

形态特征： 体型较小。前臂长39-43mm。耳大，对耳屏相应较小。鞍状叶宽度与高度几乎相等（约3mm），此为与大耳菊头蝠（*Rhinolophus macrotis*）（鞍状叶宽约4mm，高度为宽度的1.5倍）之间的明显区别。基部侧翼与鼻孔内缘侧叶连成较浅的杯状叶，联接叶起始于鞍状叶的亚顶端。背毛毛基灰白色，毛尖暗褐色；腹毛色浅白色。

地理分布： 国内分布于广东、广西和江西。国外分布于泰国、越南等。

物种评述： 数量较为稀少，为洞穴型蝙蝠。可见与中华菊头蝠、小蹄蝠、大耳菊头蝠等同栖一个洞穴。原为大耳菊头蝠清迈亚种 *R. macrotis siamensis*，现在国内外均认可为独立种（Zhang et al., 2009），两种之间可根据其鼻叶形态和前臂长进行区别，本种的体型偏小。Wu et al.（2009）发表的新种——华南菊头蝠 *Rhinolophus huananus* 应与本种为同物异名。

大菊头蝠

Rhinolophus luctus Temminck, 1835
Great Woolly Horseshoe Bat

翼手目 / Chiroptera > 菊头蝠科 / Rhinolophidae

形态特征： 为体型最大的一种菊头蝠。前臂长66-73mm。鼻叶复杂，马蹄叶发达，覆盖鼻吻部，两侧无附小叶。鼻孔内无外缘突起，并衍生成杯状鼻间叶；鞍状叶基部向两侧扩展成翼状，使鞍状叶成三叶形；联接叶先端圆弧形，远低于鞍状叶顶端，与鞍状叶之间无凹缺；顶叶高耸，狭长呈舌状。体毛长而密，略显卷曲。背毛棕褐或灰褐色，毛尖隐约有灰白色，腹毛颜色稍淡。

地理分布： 国内分布于安徽、福建、广东、广西、贵州、江西、浙江、湖南、四川、海南、云南等省区。国外分布于印度、尼泊尔、越南和印度尼西亚等南亚和东南亚地区。

物种评述： 栖息于岩洞或石洞或废弃房屋。可与其他种蝙蝠同处一洞，但多单独悬挂洞顶，且一般是在离洞口不太远的较亮处。黄昏时分飞出捕食昆虫。台湾菊头蝠（*Rhinolophus formosae*）原被认为是本种的一个亚种，现独立成种。

四川峨眉山 / 吴毅

浙江衢州衢江 / 周佳俊

江西赣州龙南 / 吴毅

大耳菊头蝠

Rhinolophus macrotis Blyth, 1844
Big-eared Horseshoe Bat

翼手目 / Chiroptera > 菊头蝠科 / Rhinolophidae

形态特征： 体型较小（比清迈菊头蝠稍大）。前臂长45-48mm。颅全长17-20mm。耳大，对耳屏不发达。马蹄叶宽，中央具明显缺刻，两侧各具一小型附叶；鞍状叶较宽，但其宽度小于高度；联接叶低而平滑，起自鞍状叶顶端基部。头骨矢状嵴不明显。背毛毛基灰白色，毛尖暗褐色，腹毛色浅淡。

地理分布： 国内广泛分布于广东、福建、西南和江浙一带，种群数量较小。国外分布于印度、孟加拉国、越南和印度尼西亚等南亚和东南亚地区。

物种评述： 栖于山洞，数量较稀少。可与小菊头蝠、鼠耳蝠（*Myotis* sp.）等种类栖于相同的洞穴内。该种在国内包含3个亚种，分布范围较广。同时容易与清迈菊头蝠相混淆，可以根据其鼻叶形态和前臂长进行区别，后者体型（前臂长约40mm）偏小，鼻叶中的鞍状叶高宽基本相等。

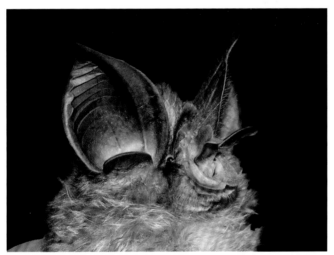

重庆万州 / 吴毅

浙江杭州淳安 / 周佳俊

浙江杭州淳安 / 周佳俊

马氏菊头蝠

Rhinolophus marshalli (Thonglongya, 1973)
Marshall's Horseshoe Bat

翼手目 / Chiroptera > 菊头蝠科 / Rhinolophidae

形态特征：体型较小。前臂长41-47mm。耳大，对耳屏较发达。马蹄叶较大，前缘光滑，后缘锯齿状；鞍状叶舌状，质薄而宽短，顶端圆弧形，基部向两侧扩展与杯状叶构成蝶形翼状突起；联接叶起于鞍状叶背侧中上部，向后向下呈弧形延伸。背毛暗褐色，腹毛毛色较浅淡。

地理分布：国内广西的发现（吴毅等2004）为中国分布新记录，也是该种的最北端分布，云南也有采集记录。国外已知分布于缅甸、泰国、老挝、越南和马来西亚北部。

云南昆明 / 吴毅

物种评述：为洞穴型蝙蝠，曾见与中华菊头蝠（*Rhinolophus sinicus*）、小菊头蝠（*R. pusillus*）、小蹄蝠（*Hipposideros pomona*）等栖息在同一洞穴。为食虫蝙蝠，有冬眠习性。马氏菊头蝠属于 *philippinesis*-group，容易与大耳菊头蝠混淆，因其特殊的杯状叶形态（鞍状叶舌状，基部向两侧扩展构成蝶形翼状突），可与同组的大耳菊头蝠和贵州菊头蝠（*R. rex*）等相区别。

单角菊头蝠

Rhinolophus monoceros Andersen, 1905
Formosan Lesser Horseshoe Bat

翼手目 / Chiroptera > 菊头蝠科 / Rhinolophidae

形态特征：小型蝙蝠。体长37-51mm，前臂长36-41mm，尾长17-23mm。鼻部具有上（顶叶）、中（鞍状叶和连接叶）、下鼻叶（马蹄叶），中鼻叶（连接叶）顶部为单角突起。头部毛发呈淡褐色。具有宽大的耳郭，对耳屏宽而短。翼膜宽圆，连接到趾基部。

地理分布：广泛分布在台湾的坑道与洞穴。

物种评述：因为体型小多会呈聚集性栖息，是典型的群居夜行动物。使用恒频回声定位声波侦测环境中的猎物。

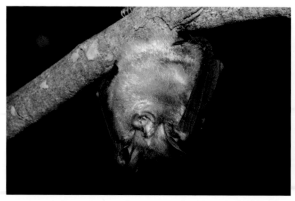

台湾 / 周政翰

台湾 / 周政翰

皮氏菊头蝠

Rhinolophus pearsonii Horsfield, 1851
Pearson's Horseshoe Bat

翼手目 / Chiroptera > 菊头蝠科 / Rhinolophidae

形态特征：体型中等。前臂长 51-60mm。鼻叶复杂，马蹄叶宽大，覆盖上唇；鞍状叶两侧近基部各有凸起，形成上窄下宽的基座；联接叶自鞍状叶顶端向后向下呈圆弧形下降，联接叶和鞍状叶之间无凹缺。翼膜止于胫基，股间膜后缘较平，不呈锥状。体毛长而柔密，背毛暗褐色或棕褐色，腹毛稍淡。

地理分布：国内分布于安徽、福建、广东、广西、贵州、湖北、湖南、江西、浙江、陕西、四川、西藏和云南等。国外分布于孟加拉国、印度、越南和马来西亚等南亚和东南亚地区。

物种评述：栖息于潮湿岩洞或人工洞。可数只或十余只集群，与同一洞中其他种蝙蝠不混群。有冬眠习性。食虫，捕食害虫对人类有益。

广东韶关南岭 / 吴毅

江西赣州 / 吴毅

四川马边 / 黄耀华

浙江杭州 / 周佳俊

小菊头蝠

Rhinolophus pusillus Temminck, 1834
Least Horseshoe Bat

翼手目 / Chiroptera > 菊头蝠科 / Rhinolophidae

形态特征：体型小。前臂长约 37mm。耳较大，耳郭基部被毛；鞍状叶上窄下宽，与联接叶之间具明显凹陷；联接叶呈尖三角形，明显高出鞍状叶顶端。体背毛呈茶褐色，毛基部灰白色，腹毛肉桂色。喉部较浅。

地理分布：国内分布于安徽、福建、广西、贵州、海南、河北、湖南、江苏、江西、陕西、四川、浙江、广东、云南、西藏、澳门及香港。国外分布于柬埔寨、泰国、印度、越南和马来西亚等南亚和东南亚地区。

物种评述：为非常常见的种类。栖于湿度较大的岩洞、坑道（如江西井冈山冲水库附近）和防空洞内。可与中华菊头蝠（*Rhinolophus sinicus*）、大耳菊头蝠（*R. macrotis*）等其他多种蝙蝠同处，但不混群。捕食飞虫，尤其嗜食蚊、蚋等小飞虫。对人类有益。

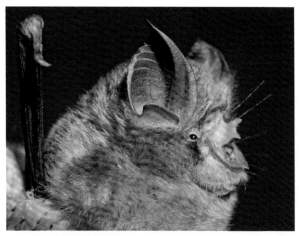

湖南桃园洞自然保护区 / 吴毅

浙江杭州 / 周佳俊

浙江杭州 / 周佳俊

贵州菊头蝠

Rhinolophus rex Allen, 1923
King Horseshoe Bat

翼手目 / Chiroptera > 菊头蝠科 / Rhinolophidae

形态特征：相对体型而言，耳郭巨大。前臂长 54-58mm。体重 14g。鼻叶中的鞍状叶和马蹄叶均异常宽大，其中鞍状叶顶端宽阔，两侧内凹，基部呈杯状扩大；联接叶起自鞍状叶基部，低而呈弧形，顶叶窄小呈三角形。发达的对耳屏长达耳长之半。全身毛长，背毛达 15mm，棕褐色，腹毛色泽浅。

广东韶关南岭 / 余文华

四川绵阳 / 石红艳

地理分布：为中国特有种。仅分布于四川、贵州、重庆、云南、湖南、广西和广东。

物种评述：栖于岩洞内，亦见与大蹄蝠、小菊头蝠、中华菊头蝠等共栖于一洞，数量较少。因具有特大的耳郭容易区别于其他菊头蝠，但与施氏菊头蝠（*Rhinolophus schnitzleri*）非常相似。

施氏菊头蝠

Rhinolophus schnitzleri Wu & Thong, 2011
Schnitzlei's Horseshoe Bat

翼手目 / Chiroptera > 菊头蝠科 / Rhinolophidae

形态特征：体型较大，前臂长 68mm，颅全长 93mm。耳郭特别发达，尖端钝圆，对耳屏极其发达。马蹄叶宽大，遮住吻鼻部，无附鼻叶。股间膜和翼膜均为棕色，脚踝被膜，翼膜尤毛。尾的尖端突出股间膜，背毛毛基呈灰白色，胸毛浅棕色。

地理分布：为中国特有种。模式标本（Wu & Thong, 2011）采集于中国云南昆明宜良耿家营乡硝洞，海拔 1550m。目前只发现于模式产地。

物种评述：模式产地为一个被农耕地包围的岩石山洞，距离最近的村庄 200m。在相同洞穴还采集到人耳菊头蝠、马氏菊头蝠、中华菊头蝠和鼠耳蝠等。

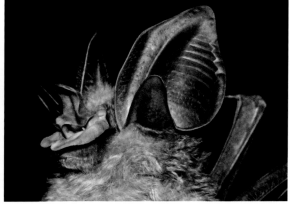

云南昆明宜良 / 李锋

云南昆明宜良 / 余文华

中华菊头蝠

Rhinolophus sinicus K. Andersen, 1905
Chinese Horseshoe Bat

翼手目 / Chiroptera > 菊头蝠科 / Rhinolophidae

形态特征： 体中型大小。前臂长 45-52mm，颅全长 19-23mm。鼻叶中马蹄叶较大，两侧下缘各具一片小型附叶，鞍状叶左右两侧呈平行状，联接叶顶端阔而圆滑。背毛毛尖栗色，毛基灰白色，腹毛赭褐色。

地理分布： 国内分布于长江以南各省区（含香港和海南）及陕西、甘肃、西藏。国外分布于印度、缅甸、尼泊尔和越南。

物种评述： 非常常见的种类。栖于自然岩洞、废弃防空洞、坑道、窑洞等。可聚集成上百只的群体，见与皮氏菊头蝠（*Rhinolophus pearsonii*）等同栖一洞。以蚊类等昆虫为食。本种曾使用鲁氏菊头蝠（*R. rouxi*）的种名，后研究发现与模式产地该种的染色体核型完全不一致，目前已经将中国及其邻近地区该亚种提升为种。

广东惠州 / 吴毅

浙江临安西天目山 / 汤亮

浙江丽水 / 周佳俊

小褐菊头蝠

Rhinolophus stheno K. Andersen, 1905
Lesser Brown Horseshoe Bat

翼手目 / Chiroptera > 菊头蝠科 / Rhinolophidae

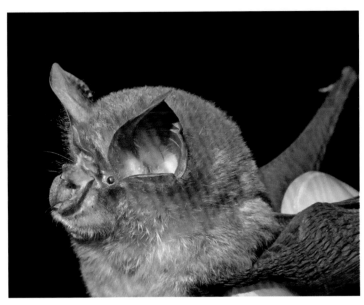

云南西双版纳 / Alice C. Hughes

形态特征： 偏中小体型。前臂长42.9±0.92mm，颅全长约18.3mm。鞍状叶两侧几近平行，上端圆弧形；顶叶凹入或侧缘平行，顶端延长，呈楔形；连接叶突出，前端钝圆，上着生少许尖毛。背毛棕褐色，腹毛色浅。翼膜黑褐色，其上无毛附着。

地理分布： 为2005年我国报道新分布记录，Alice C. Hughes等在云南西双版纳植物园生态监测调查中有捕获记录，是该种自然分布的最北端。国外主要分布于马来半岛的Selangor（模式标本产地），以及泰国的中部和南部、老挝、缅甸、越南。

物种评述： 该种与马来菊头蝠（*Rhinolophus malayanus*）体型大小、鼻叶形态、颜色等非常相似，但在头骨形态上有一定差异：该种的鼻隆在水平面上低于头盖高，而马来菊头蝠的鼻隆高度几乎与脑颅顶部高平行。

云南菊头蝠

Rhinolophus yunanensis Dobson, 1872
Dobson's Horseshoe Bat

翼手目 / Chiroptera > 菊头蝠科 / Rhinolophidae

四川峨眉 / 吴毅

形态特征： 与皮氏菊头蝠极为相似，但本种的体型较大。前臂长53-60mm，胫骨长25-31mm；马蹄叶宽9mm；耳长19-27mm。鞍状叶基部略为扩展，联接叶上部起自鞍状叶的顶端，呈弧形下降。马蹄叶较宽，尾短于胫长。体毛长而密，棕褐色。颧宽略大于后头宽。

地理分布： 国内分布于云南（模式产地：Yunnan, Hotha）和四川（峨眉山和美姑）等。国外报道分布于缅甸、泰国和印度。

物种评述： 为1872年Dobson依据采集于中国云南（China, Yunnan, Hotha，海拔1371.6m）2雄和1雌标本发表的新种，稍后即被他本人合并到皮氏菊头蝠 *R. pearsonii*。Andersen（1905）根据该种和 *pearsonii* 的描述及图表比较，发现它们应该属于2个独立的种类。Corbet & Hill（1992）也认为应恢复为一个独立的种，即云南菊头蝠 *R. yunanensis*。国内学者 Wu et al.（2009）依据中国四川峨眉山标本及核型（2n=46，而 *pearsonii* 核型 2n=44）认为该种成立。

大蹄蝠

Hipposideros armiger (Hodgson, 1835)
Great Leaf-nosed Bat

翼手目 / Chiroptera > 蹄蝠科 / Hipposideridae

形态特征：体型大，是国内食虫蝙蝠中最大的种类之一。前臂长 83-98mm。耳大，呈三角形。马蹄叶略呈方形。其两侧各具 4 片小型附叶；马蹄叶上方为一横列的中叶，中央具 3 片突起的纵棱；再其后为顶叶。额部中间有一腺囊开口。头骨吻部由前向后逐渐升高，呈斜坡状。矢状嵴发达。上颌第 1 小前臼齿位于齿列外。上体棕褐色，下体毛黄褐色，毛基暗褐或栗褐。

地理分布：国内分布于安徽、福建、广东、广西、海南、贵州、湖南、湖北、江苏、江西、陕西、四川、浙江、云南、西藏、香港、澳门及台湾。国外分布于柬埔寨、泰国、印度、越南和马来西亚等南亚和东南亚地区。

物种评述：常见种类。通常栖息于大岩洞或人工洞内。集结数十只或数百只的大群，同一洞中可见多种蝙蝠栖息，但不混群。具冬眠习性。栖息时呈单只点状分布。昼伏夜出。以蛾、螟等体型相对较大的昆虫为食。

云南昆明 / 余文华

福建福州 / 曲利明

浙江台州仙居 / 周佳俊

大蹄蝠 / 广东梅州 / 吴毅

灰小蹄蝠

Hipposideros cineraceus Blyth, 1853
Least Leaf-nosed Bat

翼手目 / Chiroptera ＞ 蹄蝠科 / Hipposideridae

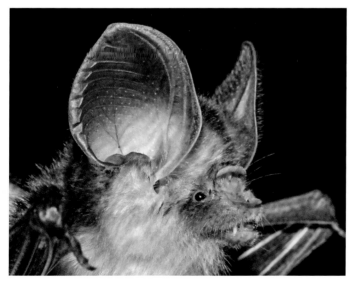

云南元江 / 余文华

形态特征：体型很小。前臂长36mm以下。马蹄叶较简单，前端无缺刻，也无附小叶。鼻间隔膜膨胀隆起，形成类似肾形肉垂。耳壳黄褐色，前端钝尖，相对较大，往前折略微超出吻端，耳屏不到耳长1/3。翼膜及股间膜褐色，止于踝部。

地理分布：中国仅分布于广西和云南，谭敏等（2009）报道为中国首次发现。国外分布于巴基斯坦、印度、缅甸、泰国、老挝、越南、马来西亚、印度尼西亚。

物种评述：为洞穴型蝙蝠。在广西崇左宁明明江镇峙东村防空洞内发现该种约50只；云南发现于元江古龙洞、双柏矿洞。与其栖息在相同洞穴中的还有小蹄蝠，后者的种群数量更大。由于灰小蹄蝠分布范围狭窄，数量更加稀少，极易受到威胁，需要加强保护。

大耳小蹄蝠
Hipposideros fulvus Gray, 1838
Fulvus Leaf-nosed Bat

翼手目 / Chiroptera > 蹄蝠科 / Hipposideridae

形态特征：体型小，前臂长 38-44mm，头体长 40-50mm，体重 8-10g。平均翼展 130mm。毛色多变，背毛暗黄色、暗棕色、浅灰色或金橙色，腹毛从乳白色到淡灰色。

地理分布：国内仅分布于云南。国外分布于阿富汗、孟加拉国、印度、巴基斯坦、斯里兰卡。

物种评述：生活于洞穴、人造建筑、森林、草地，以蟑螂、甲虫为食（Wilson and Mittermeier, 2019），每年繁殖一次（Karim, 1972）。大耳小蹄蝠在中国境内仅分布于云南，对其研究缺乏，被列为数据缺乏等级（DD）；在 IUCN 红色名录中被认定为无危等级（Least Concern）。种下有 2 个亚种，分别是 *H. f. fulvus* Gray, 1838, *H. f. pallidus* Andersen, 1918，在中国仅前者有分布。

印度 / Yashpal Rathore (naturepl.com)

中蹄蝠
Hipposideros larvatus (Horsfield, 1823)
Horsfield's Leaf-nosed Bat

翼手目 / Chiroptera > 蹄蝠科 / Hipposideridae

形态特征：体型较大。前臂长 54-61mm。颅全长约 23mm。前鼻叶外侧各有 3 片附小叶，中鼻叶横置呈棒状嵴。后鼻叶基部被 3 纵嵴相隔成 4 节。具额腺囊，开口于两耳之间，有一束长毛从囊口伸出。耳大且呈三角形。体毛有暗色型（海南亚种）和淡色型（缅甸亚种）区分，前者具有褐白色三角形肩斑，后者为淡褐色肩斑。

地理分布：国内分布于海南、广西、广东、云南、福建、贵州和湖南。国外分布于柬埔寨、泰国、印度、越南和马来西亚等南亚和东南亚地区。

广东清远清新 / 吴毅

物种评述：群居于各种岩洞之中，与大蹄蝠（*Hipposideros armiger*）、鼠耳蝠（*Myotis* sp.）、黑髯墓蝠（*Taphozous melanopogon*）、菊头蝠（*Rhinolophus* sp）、棕果蝠（*Rousettus leschenaultii*）等同栖一洞。傍晚到森林或居民区觅食。曾见到吊在树上或房屋天花板处休息。

中蹄蝠 / 福建福州 / 曲利明

小蹄蝠

Hipposideros pomona Andersen, 1918
Andersen's Leaf-nosed Bat

翼手目 / Chiroptera > 蹄蝠科 / Hipposideridae

形态特征： 体型小。前臂长约 43mm。耳特别大，耳长 19-24mm，宽而圆，对耳屏低且与耳壳全部相连。鼻叶复杂，马蹄叶中央缺刻，两侧无附小叶；中叶不发达；顶叶有两纵隔。雌雄均具额囊腺。体毛柔软，背毛棕褐色，毛基灰白色，腹毛较浅，呈灰白色。

地理分布： 国内分布于福建、广东、广西、海南、湖南、四川、云南、贵州、香港。国外分布于老挝、泰国、印度、越南和马来西亚等南亚和东南亚地区。

物种评述： 栖息于潮湿的岩洞或废弃的防空洞中。为较常见种类，通常集结数十或数百只大群，同一洞中可见他种蝙蝠。夜间活动。食虫，以鳞翅目昆虫居多。

海南陵水吊罗山 / 余文华

云南西双版纳 / 陈尽虫

广东惠州龙门 / 黄秦

普氏蹄蝠

Hipposideros pratti Thomas, 1891
Pratt's Leaf-nosed Bat

翼手目 / Chiroptera > 蹄蝠科 / Hipposideridae

福建武夷山 / 吴毅

形态特征： 体型略小于大蹄蝠。前臂长82-92mm。耳大而宽，对耳屏低小。马蹄叶略呈方形，中间具凹缺，两侧各具2片附小叶；马蹄叶上方有一横列的中叶，其后为顶叶；顶叶之后有2片大形叶状突起，称为皮叶，尤以雄体更发达，在突起分叉处有腺囊开口和1束直竖的长毛。背毛淡棕色或褐色，腹毛淡棕色。

地理分布： 国内分布于安徽、福建、广东、广西、贵州、海南、湖北、湖南、江苏、江西、陕西、四川、浙江和云南。国外只分布于越南。

物种评述： 栖息于潮湿阴暗的大岩洞内。集结数十只或数百只的大群，同一洞中可见多种其他蝙蝠，但不混群。夜间出洞活动。食昆虫。因本种雄体在繁殖季节形成特别发达的皮叶，易与近似种莱氏蹄蝠（*Hipposideros lylei*）混淆，应引起注意，后者我国仅在云南分布。

四川绵阳 / 刘昊

普氏蹄蝠 / 四川绵阳 / 刘昊

三叶蹄蝠

Aselliscus stoliczkanus (Dobson, 1871)
Stoliczka's Trilobent Bat

翼手目 / Chiroptera > 蹄蝠科 / Hipposideridae

    形态特征：体型较小。前臂长约42mm。颅全长约16mm。鼻叶特异，前鼻叶两侧有小型附叶各2片，后鼻叶被2条纵沟分成3叶状，中间一叶细长。两性均无额腺。耳小，无对耳屏。体色棕褐，体毛长而绒软，背毛毛尖棕褐，毛基淡白，腹毛浅棕褐色，前胸到腹部中央线有淡色区，两侧有较明显的棕褐斑。尾明显突出于尾间膜。

    地理分布：国内分布于广东、广西、云南、贵州、江西和重庆。国外分布于老挝、泰国、缅甸、越南和马来西亚等。

    物种评述：鼻叶形态特殊，非常容易辨认。种群数量稀少，洞穴型蝙蝠，以小型昆虫为食。

贵州黔南荔波 / 余文华

云南西双版纳 / 黄正澜懿

无尾蹄蝠
Coelops frithii Blyth, 1848
Tail-less Leaf-nosed Bat

翼手目 / Chiroptera > 蹄蝠科 / Hipposideridae

形态特征：体小无尾。前臂长 35-38mm。颅全长约 16mm。具有特化的鼻叶，有前、中、后鼻叶之分，后鼻叶两侧各有 1 个小叶。耳大似漏斗状，呈半透明。体毛背腹各异，背毛基部黑褐色，毛尖赤褐色，腹毛基部灰褐色，毛尖灰白色。

地理分布：国内分布于广东、海南、广西、福建、重庆、云南、台湾和江西。国外分布于老挝、泰国、缅甸、越南、印度、印度尼西亚。

物种评述：耳郭和尾部形态特殊，非常容易辨认。种群数量极稀少。洞穴型蝙蝠，可与大蹄蝠（*Hipposideros armiger*）、亚洲长翼蝠（*Miniopterus fuliginosus*）等多种蝙蝠混栖。具冬眠习性。以小型昆虫为食。

海南保亭毛感 / 余文华

海南保亭毛感 / 余文华

江西上饶武夷山 / 吴毅

云南西双版纳 / 黄正澜懿

宽耳犬吻蝠

Tadarida insignis Blyth, 1862
East Asian Free-tailed Bat

翼手目 / Chiroptera > 犬吻蝠科 / Molossidae

形态特征： 体型较大，强壮。体长80-94mm。尾长47-60mm。前臂长57-66mm。腿短但足大，后足超过胫骨长之半，足掌中部具一可见的垫，脚趾附曲毛。翼狭长，翼膜厚实似皮革。耳大，半圆形，耳内面具9-10条横纹，双耳前基部在额部相连，耳前缘略显平面，后缘中部具显著凹刻，耳屏前缘及上缘具松散的长毛。上唇肥厚，鼻部突出显著。吻部覆盖较密的毛，具8-10条较深的皱褶。背毛呈土褐色，毛基色淡呈苍白色，腹毛色淡，全身毛被柔密较贴。腹面体侧翼膜从肱骨1/2处至膝处附毛，尾膜的腹面及背面近身体一侧亦附毛。尾从尾膜后缘伸出一半，较粗。颅全长22-24.8mm。

地理分布： 国内分布于云南、四川、福建、安徽、广西、台湾、贵州、湖北、山东、广东。国外分布于日本和朝鲜半岛。

物种评述： 该种与 *T. teniotis* 在外形与头骨上均极为相似，*insignis* 曾被认为是 *T. teniotis* 其中的一个亚种（Allen，1938；Ellerman & Morrson-Scott, 1951；Corbet, 1978；Corbet & Hill, 1992；王应祥，2003）。Yoshiyuki（1989）、Yoshiyuki et al.（1989）和 Funakoshi & Kunisaki（2000）确认为独立种，随后大部分学者承认他们的观点（Simmons，2005；潘清华等，2007；Smith & 解焱，2009）。王应祥（2003）将 *insignis*（福建亚种）、*coecata*（云南亚种）和 *latouchei*（华北亚种）视为 *teniotis* 的亚种，但是 Yoshiyuki et al.（1989）承认了 *latouchei* 为独立种，大部分学者也承认这一观点（Simmons, 2005；潘清华等，2007；Smith & 解焱，2009）。本书采用目前大部分学者公认的观点，认为 *insignis*（宽耳犬吻蝠）和 *latouchei*（华北犬吻蝠）是从 *teniotis* 独立出来的有效种；但是，分布于云南和四川的 *coecata* 较难确定，需要更多的标本以及更为细致的分类鉴定（Kock, 1999）。

在广东清远6月初捕到的宽耳犬吻蝠处于孕期，预计6月中旬或中下旬产仔。该种蝙蝠栖息于光线较好区域的岩缝内，通常单独一只占据一个岩缝。

云南楚雄禄丰 / 张礼标

贵州黔南荔波 / 吴毅

贵州黔南荔波 / 吴毅

小犬吻蝠

Chaerephon plicata (Buchanan, 1800)
Wrinkle-lipped Bat

翼手目 / Chiroptera ＞ 犬吻蝠科 / Molossidae

形态特征：体型中等。前臂长 54-65mm。吻部突出。上唇厚，较下唇宽大，具纵行褶皱。耳宽阔，几呈方形，其内缘加厚，双耳在额部极其接近。股间膜窄。尾长，有一半以上从股间膜后缘穿出，呈游离状。足趾外缘具硬毛。体毛短，上体毛暗褐色或灰黑色；下体毛色较浅，翼膜浅褐色。

地理分布：国内分布于云南、贵州、甘肃、宁夏、广西、广东、海南和香港。国外分布于老挝、缅甸、越南、柬埔寨、印度和马来西亚。

物种评述：主要栖息于山洞。白天结小群藏伏在岩洞、悬崖石缝中，也隐藏于民房等建筑物缝隙内。晨昏外出觅食。有冬眠习性。食虫，对人类有益。有学者曾在贵州黔南荔波小七孔一悬崖石缝发现上万只的群体栖息（杨天友等，2014），夜晚飞出时呈条带状，甚为壮观。夏季曾在悬崖下的地面拾到自然死亡个体。

西南鼠耳蝠

Myotis altarium Thomas, 1911
Szechwan Myotis

翼手目 / Chiroptera ＞ 蝙蝠科 / Vespertilionidae

形态特征：体型中等。前臂长39-45mm。颅全长约16mm。耳壳狭长，前折超过吻端约7mm，耳屏尖长，约10mm。第3-5掌骨近等长。体毛较长而柔和，背毛棕褐色，腹毛毛色近似。头骨吻短而鼻额部略凹，矢状嵴和人字嵴均不发达。

地理分布：模式产地为四川峨眉山。国内广泛分布于西南三省，江浙至广西、江西、广东。国外分布于泰国。

物种评述：栖于海拔1000m以下的岩洞或人工洞中，采集时曾见单只伏于小石凹中。具有冬眠习性。以昆虫为食。

贵州黔南荔波 / 吴毅

陕西安康 / 裴俊峰

栗鼠耳蝠

Myotis badius Tiunov, 2011
Chestnut Myotis

翼手目 / Chiroptera > 蝙蝠科 / Vespertilionidae

形态特征：小体型鼠耳蝠。前臂长35-37mm，耳长13-17mm。体重4-6g。背部毛发褐色或栗色，腹部毛发与背毛颜色相似，呈浅褐色。外耳较短，顶部钝圆；耳屏短，小于耳郭的一半，前端尖而直。翼膜较宽，第5掌骨较长，约为第3掌骨的4/5。尾膜始于第1趾跖骨。尾尖游离于尾膜外0.45mm。

地理分布：该种属于高颅鼠耳蝠组 *Myotis siligorensis* group的一种，于2011年在中国云南首次被发现并命名。已知目前仅分布于云南，但其潜在分布区可能遍布中国南方地区。

云南昆明晋宁 / Gabor Csorba

物种评述：常栖息在海拔较高的石灰岩山洞中，栖息地周围遍布森林和灌木。经常与其他蝙蝠种类共栖，如中华菊头蝠（*Rhinolophus sinicus*）、小菊头蝠（*Rhinolophus pusillus*）、大蹄蝠（*Hipposideros armiger*）和华南水鼠耳蝠（*Myotis laniger*）等。该种发出多谐波的短调频回声定位叫声，能量主要集中在第一谐波。在黄昏后飞出捕食。

狭耳鼠耳蝠

Myotis blythii Tomes, 1857
Lesser Mouse-eared Myotis

翼手目 / Chiroptera > 蝙蝠科 / Vespertilionidae

形态特征：体型较大的鼠耳蝠种类，前臂长53-70mm，头体长65-89mm，颅全长21-23mm，耳长19-22mm，体重20-45g。耳呈长、窄的三角形，耳屏细长呈披针形。翼膜附着在脚踝处。背毛基部黑棕色或灰褐色，毛尖浅黄色；腹毛基部黑褐色，毛尖棕灰色或灰白色。颅骨较大，前额区域有凹陷，矢状嵴发达。

地理分布：国内分布于内蒙古、新疆、陕西、广西、山西。国外分布于蒙古、阿塞拜疆、阿富汗、巴基斯坦、尼泊尔、印度、亚洲中西部及欧洲。

物种评述：属热带和亚热带湿润阔叶林生物群系。生活于洞穴、人造建筑、耕地、灌丛、草地。国内有2个亚种，新疆亚种 *Myotis blythii omari* Thomas, 1906 分布于新疆西部（伊宁）和内蒙古西部；陕西亚种 *Myotis blythii ancilla* Thomas, 1910 分布于陕西南部、山西和广西（桂林）。繁殖季节在5月底至6月中旬之间，一般1胎产1崽。

法国 / Eric Medard (naturepl.com)

德国 / Dietmar Nill (naturepl. com)

布氏鼠耳蝠

Myotis brandtii Eversmann, 1845
Brandt's Mouse-eared Bat

翼手目 / Chiroptera > 蝙蝠科 / Vespertilionidae

形态特征：体型较小，前臂长 33-39mm、头体长 39-51mm，耳长 12-17mm，颅全长 14mm。耳显著宽大，耳屏窄而尖。背部毛发呈黑褐色，毛尖具有金黄色光泽，腹部毛发稍浅于背部毛发。翼膜附着在外趾的基部。头骨细长但体积大，额部和顶部平坦。上颌第一枚门齿（I^2）在齿龈边缘有浅浅的凹槽或微小的突起；上颌第二前臼齿（P^3）和下颌第二前臼齿（P_3）等高，较为稳健；P_3 通常只有 P_2 的 2/3 高，P_3 略微侵入齿列。

地理分布：国内分布于内蒙古、辽宁、吉林、黑龙江、西藏。国外分布于蒙古、日本、朝鲜、哈萨克斯坦、西伯利亚西部、意大利中部、土耳其、高加索及欧洲。

物种评述：属温带针叶树森林生物群系。生活于森林、人造建筑、洞穴，通常靠近水生栖息地，如沼泽、湖泊或潮湿地区。褐色的毛发会随着年龄的增长而加深。布氏鼠耳蝠 *Myotis brandtii* 曾被认为是须鼠耳蝠 *M. mysticinus* 的一个亚种。

中华鼠耳蝠

Myotis chinensis (Tomes, 1857)
Large Myotis

翼手目 / Chiroptera > 蝙蝠科 / Vespertilionidae

形态特征：体型较大的蝙蝠科种类之一。前臂长 69-71mm。耳长且端部较狭窄，向前折可达或接近吻端。耳屏长而直，约为耳长之半。翼膜止于跖基。尾长不及体长。背部为褐色，毛尖火焰褐色，腹部为暗灰色。

地理分布：国内分布于浙江、江苏、福建、广西、广东、海南、安徽、江西、湖南、陕西、四川、重庆、贵州、云南及香港。国外分布于泰国、缅甸、越南。

物种评述：多栖息于较大型的岩洞。单只或数只高挂在岩洞顶壁，有时与其他鼠耳蝠种类混群。有冬眠习性。食较大型昆虫。

浙江东阳 / 吴毅

浙江丽水莲都 / 周佳俊

中华鼠耳蝠 / 浙江丽水 / 周佳俊

中华鼠耳蝠 / 四川绵阳 / 石红艳

沼泽鼠耳蝠

Myotis dasycneme Boie, 1825
Pond Mouse-eared Bat

翼手目 / Chiroptera > 蝙蝠科 / Vespertilionidae

形态特征： 头体长 57-67mm，耳长 17-18mm，前臂长 43-49mm，后足长 11-12mm，尾长 46-51mm。背部毛发灰褐色或黄褐色，腹部毛发浅灰色至淡黄色。裸露的脸和手臂是棕色的，耳廓和黏膜呈灰褐色，鼻子两侧有特征性的黑色疣。翼膜附着在趾基部，足大而有力，着生有长毛。耳廓相对较短，外缘无缺刻，耳屏短于耳高的一半。脑颅较宽而低，头骨前额区域相对平坦。

地理分布： 国内分布于内蒙古、黑龙江和山东。国外分布于哈萨克斯坦和欧洲。

物种评述： 属温带阔叶和混交林生物群系。生活于溪流边、淡水湖、洞穴、人造建筑，冬季冬眠地和夏季栖息地相距数百公里。后足较大，经常在水面上觅食。回声定位声波属于调频型。IUCN 名录中被列为近危物种（NT）。

德国 / Dietmar Nill (naturepl. com)

毛腿鼠耳蝠

Myotis fimbriatus (Peter, 1871)
Fringed Long-footed Myotis

翼手目 / Chiroptera > 蝙蝠科 / Vespertilionidae

形态特征：体型较小。头体长 42-52mm，尾长 37-48mm，前臂长 37-40mm，后足长 8-10mm，胫骨长 17-19mm。后足长超过胫骨长之半，胫骨外缘具毛。翼膜附着于踝上，尾膜腹面覆盖短毛，尾膜外缘也覆有一些梳状的短毛。尾长比头体长稍短，无距缘膜，耳长与头长接近。身体覆毛短而浓密，背部毛色黑棕灰色，腹毛灰褐色而稍显灰白色调。尾基部有白斑。头骨前面比水鼠耳蝠低平，上颌第 3 枚前臼齿位于齿列中或稍微偏向内侧。

地理分布：为中国特有种。国内主要分布于浙江、江苏、安徽、江西、福建、广西、广东、香港、云南、贵州、重庆、湖南、陕西、台湾。

物种评述：该物种分类可能有一些混乱。不同学者具有不同的分类观点，有学者提出该种与鬓鼠耳蝠（*Myotis mysticinus*）、大趾鼠耳蝠（*M. macrodactylus*）、长指鼠耳蝠（*M. capaccinii* 或 *M. longipes*）有亲缘关系，但它被认为是中国的特有种，为有效种。在野外与长指鼠耳蝠（*M. longipes*）不易区分。虽然分布广，但是标本很少，按目前掌握的一些新标本，它的体型可能要更大一些，有些前臂长可达 44mm。洞栖，集群，可与其他鼠耳蝠如华南水鼠耳蝠（*M. laniger*）混居。喜水面觅食。

广东韶关始兴 / 张礼标

台湾 / 周政翰

台湾 / 周政翰

金黄鼠耳蝠

Myotis formosus (Hodgson, 1835)
Hodgson's Myotis

翼手目 / Chiroptera > 蝙蝠科 / Vespertilionidae

形态特征：中等体型蝙蝠。体长 50-65mm，前臂长 43-56mm，尾长 45-60mm。全身毛发呈金黄色，但腹面毛颜色较浅；吻端明显突出；鼻部单钝，翼膜呈褐色或深紫色，毛厚而柔软。耳廓相对于体型较短，耳长明显大于耳宽，耳端较尖；耳屏长而窄。翼膜向两侧延伸，连接到趾基部。

地理分布：国内分布于西藏、湖南、江西和台湾。因台湾标本体型略大，故保留其特有亚种（*M. f. flavus*）。国外分布于阿富汗、印度、尼泊尔。

物种评述：可利用低海拔阔叶树叶丛栖息，亦曾发现栖息于民宅，曾发现零星个体冬季利用高海拔洞穴越冬。每年 5 月可发现产仔。

台湾 / 周政翰

台湾 / 颜振晖

台湾 / 周政翰

长尾鼠耳蝠
Myotis frater G. Allen, 1923
Fraternal Myotis

翼手目 / Chiroptera > 蝙蝠科 / Vespertilionidae

尼泊尔 / Gabor Csorba

形态特征：体较小，前臂长36-43mm。耳较短，前折不达吻端，耳屏宽短，约为耳长的一半。胫骨长达17-20mm，约为后足长的2倍。尾等于或略超过体长，翼膜起于外趾的基部。背毛长而蓬松，毛基暗褐，毛尖浅沙黄色带光泽；腹毛较背毛短，毛基3/4黑褐色，毛尖浅褐色。翼、股间膜颜色较背毛颜色略深。胫部及股间膜背腹面无毛，股间膜毛孔排列成平行的"V"字形。头骨的吻鼻部略向上翘，矢状嵴和人字嵴均不太明显；吻鼻背中央有浅的纵沟，吻侧面略显浅凹。

地理分布：国内分布于黑龙江、吉林、四川、福建等。国外分布于俄罗斯、蒙古、日本。

物种评述：由Allen（1923）依据福建标本命名，之后Ognev（1927）依据尾长略超过体长特征命名西伯利亚东部的标本为*M. longicaudatus*，Ellerman & Morrison-Scott (1951)等将后者列为长尾鼠耳蝠的一个亚种。

云南弥勒 / 张礼标

小巨足鼠耳蝠
Myotis hasseltii (Temminck, 1840)
Lesser Large-footed Myotis

翼手目 / Chiroptera > 蝙蝠科 / Vespertilionidae

形态特征：体型中等偏小。头体长53-58mm。前臂长38-43mm。体毛较短而柔软；背毛灰褐而稍泛白，毛尖灰色，毛基暗褐至黑色；腹毛颜色稍浅，毛尖灰白，毛基暗黑。耳黑褐色，较宽大而短，前缘平滑突起，后缘轻微凹陷，前端钝尖；耳屏约为耳高之半，前端亦钝尖，基部具一个三角形突出内垂。翼膜及股间膜黑褐色，无毛。股间膜宽大，后端锐尖；翼膜止于踝部。距8mm，约等于股间膜后缘从后足至尾尖之1/3。后足相对较强、较大，其长超过胫长之半，爪发育充分，每个爪背面具稀疏的几根毛。头骨中等偏小。矢状嵴缺失或不显；人字嵴发达。

地理分布：国内仅在云南弥勒发现。国外主要分布在印度、斯里兰卡、缅甸、泰国、越南、马来西亚以及印度尼西亚的苏门答腊、明打威群岛、廖内群岛、爪哇岛、加里曼丹岛。

物种评述：小巨足蝠隶属于*Leuconoe*亚属，与郝氏鼠耳蝠（*Myotis horsfieldii*）特别相似，但小巨足蝠翼膜止于踝部，而郝氏鼠耳蝠翼膜止于距骨基部；前者颅骨较后者宽，牙齿亦更强，上犬齿更长，第1前白齿更大，上白齿齿冠更宽，但二者的上白齿均具鼠耳蝠属之典型特征。在泰国，雌雄混居，集小群。在红树林生境中该蝙蝠低飞于水面既捕食飞行昆虫，也拾取水面昆虫。其后足相对较强，揣测捕食水面的小鱼。因利用强壮的后足捕鱼已在对大足鼠耳蝠的研究中证实，小巨足蝠是否也用其较发达的后足来捕鱼，有待进一步核实。

郝氏鼠耳蝠

Myotis horsfieldii (Temminck, 1840)
Horsfield's Myotis

翼手目 / Chiroptera > 蝙蝠科 / Vespertilionidae

形态特征：体型中等偏小。头体长 49-59mm。尾长 34-42mm。前臂长 36-42mm。后足长 7-10mm。后足长超过胫骨之半，胫骨外缘无毛。背毛深褐色到黑色，腹毛深褐色，近尾部有浅灰色毛尖。翼膜附着于外距部，耳郭突出且裸露，耳屏短而相对较宽。头骨细弱，在背面轮廓有浅的倾斜度，吻突粗壮，中间有浅凹。上颌第 3 枚前臼齿位于齿列中或只是稍微插入。

地理分布：国内分布于广东、海南和香港。国外分布横跨亚洲东南部，包括印度、泰国、缅甸、菲律宾、老挝、越南、马来西亚以及印度尼西亚的爪哇岛、巴厘岛、苏拉威西岛和加里曼丹岛。

物种评述：从文献资料看，郝氏鼠耳蝠比华南水鼠耳蝠（*Myotis laniger*）稍大，但是野外鉴定时不易分开。其体型与华南水鼠耳蝠有较大的重叠。系统发育关系表明，与大掌鼠耳蝠（*M. macrotarsus*）和小巨足蝠（*M. hasseltii*）亲缘关系近。可栖息于山洞、下水道、隧道、建筑物内和桥下等，偶然也在树叶中。结小群，偶见大群（可达千只以上）。喜欢在水面上空活动。

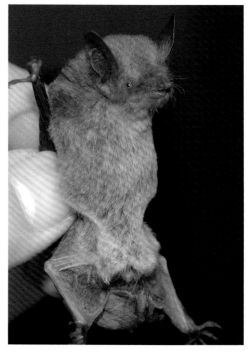

广东深圳 / 张礼标

广东深圳 / 张礼标

中印鼠耳蝠

Myotis indochinensis Son, 2013
Indochinese Myotis

翼手目 / Chiroptera > 蝙蝠科 / Vespertilionidae

形态特征：体型中等。头体长56-62mm。尾长42-48mm。前臂长43.7-46.6mm。后足长8-10mm。胫骨长19-20mm。后足长不及胫骨长之半。耳长中等。后足小。背毛较腹毛色深，毛基偏黑，毛尖浅灰，但腹毛的毛尖略显苍白。吻部覆盖稀疏的毛发。耳屏长可达耳长之半。头骨粗壮，吻突宽短，头盖骨侧面观相对平缓，吻突与脑颅之间的凹陷不深。矢状嵴和人字嵴可见，前眶桥相对较宽。上颌第2枚前臼齿齿冠面积为上颌第4枚前臼齿的1/4，上下颌的第3枚前臼齿小且插入齿列内。

地理分布：国内分布于广东和江西。国外主要分布于越南、老挝。

物种评述：该种为 Son et al.（2013）从山地鼠耳蝠（*Myotis montivagus*）独立出来的一个种。此前，山地鼠耳蝠分布于中国、印度、缅甸、越南、老挝、泰国、马来西亚、印度尼西亚的加里曼丹岛。Son et al.（2013）在越南和老挝采集到一些标本，通过分子和形态鉴定为中印鼠耳蝠；Wang et al.（2016）在中国的广东和江西捕捉到中印鼠耳蝠。此前，山地鼠耳蝠在中国境内分布于云南、贵州、福建、河北、浙江，但因中印鼠耳蝠的发现这些分布区有待进一步确认。中印鼠耳蝠比山地鼠耳蝠体型稍大。关于中印鼠耳蝠的生态习性了解甚少。已知栖息地包括山洞、桥下裂缝，喜欢在水域活动。

江西九连山 / 王晓云

江西九连山 / 王晓云

广东 / 张礼标

华南水鼠耳蝠

Myotis laniger (Peters, 1871)
Chinese Water Myotis

翼手目 / Chiroptera > 蝙蝠科 / Vespertilionidae

形态特征： 体型小，为小型鼠耳蝠种类。体长约 44mm。前臂长 34-36mm。耳壳较短，内侧缘基部具明显的半圆形凸起叶，外侧缘自尖端向下倾斜。耳屏长而宽，尖端圆形，外缘基部具凹形缺刻。翼膜游离缘终止于足趾外侧基部。尾端约突出于股间膜 1.5mm。后足较小，为胫骨长的1/2。背毛毛基黑色，毛尖深棕色；腹毛色较浅，毛基黑色，毛尖浅灰色。

地理分布： 国内分布于山东、江苏、安徽、浙江、福建、江西、云南、四川、广东、重庆、贵州、海南、陕西、西藏和香港。国外仅分布于印度和越南。

贵州黔南荔波 / 余文华

物种评述： 为一种非常常见的蝙蝠，分布范围广泛。多采集自洞穴，包括自然山洞和有水的人工洞穴。王应祥（2003）将本种列为 *Myotis daubentonii* 的亚种，Topal（1997）认为是独立种。

浙江安吉 / 周佳俊

广东清远阳山 / 张礼标

长指鼠耳蝠
Myotis longipes (Dobson, 1873)
Kashmir Cave Myotis

翼手目 / Chiroptera > 蝙蝠科 / Vespertilionidae

形态特征： 体型较小。头体长 43-66mm。前臂长 34-39mm。胫骨长 14-18mm，后足长超过胫骨之半。面部毛发柔软稠密，除眼睛和嘴周围之外延伸至脸部；身体毛发浓密柔软，中等长度；背毛黑色，毛尖淡灰色；腹毛黑或棕色毛尖奶油白，靠近肛门处腹毛浅灰色，些许白色；耳壳裸露狭长；耳屏细长，约为耳长之半；翼狭长，翼膜附着于跖部末端；后足延长，爪长而粗壮。头骨小而粗壮，颅全长 14-15mm。脑颅较高，明显高过扁平的上颌骨；矢状嵴和人字嵴微弱或缺失；颧骨外展。

地理分布： 国内分布于贵州、重庆、广西、广东。国外主要分布于阿富汗、尼泊尔、老挝、印度。

物种评述： 曾被归入 *Myotis capaccinii*，作为其中的一个亚种；但是 Ellerman et al.（1951）将其独立为种，Hanák et al.（1969）、Corbet（1978）和 Bates（1997）等学者也相继承认此观点。*M. capaccinii* 主要分布于地中海一带、欧洲群岛、非洲西北部，及伊拉克、伊朗、乌兹别克斯坦等（Simmons, 2005），与长指鼠耳蝠分布区几乎没有重叠。汪松等（2001）最早将 *M. longipes* 翻译为"长足鼠耳蝠"，而将 *M. capaccinii* 翻译为"长指鼠耳蝠"，但是，潘清华等（2007）、Smith et al.（2009）均将 *M.longipes* 翻译为"长指鼠耳蝠"。从英文名看，前者为 Kashmir Cave Myotis，后者为 Long-fingered Myotis，即 *M. capaccinii* 翻译为"长指鼠耳蝠"更为贴切。但本文仍遵循潘清华等（2007）、Smith et al.（2008）观点，*M. longipes* 的中文名仍使用"长指鼠耳蝠"。

该种集大种群（2000-5000 只）栖息在山洞中，生活在海拔 1300-1754m 地区，雌性孕期及哺乳期聚集在一起，每年 6 月是幼仔出生和哺乳季节（Topal, 1974）。广东南岭的标本采自一发电厂所修的水利洞，该洞长约 2km，洞高约 2m，常年有水，洞内还发现中华菊头蝠和小菊头蝠，周围植被较好。

吉林通化集安 / 郭东革

大趾鼠耳蝠
Myotis macrodactylus Temminck, 1840
Big-footed Myotis

翼手目 / Chiroptera > 蝙蝠科 / Vespertilionidae

形态特征： 中等体型鼠耳蝠。前臂长 37-39mm，尾长 38-43mm，体重 7-9g。面部灰褐色。背毛毛基部黑色，毛尖部灰褐色。腹部毛发基部黑色，毛尖为灰白色，腹部中部毛发长约 6mm。耳相对体型较长，耳屏窄而长，从基部逐渐变细，顶部较尖，约为耳长的一半。翼膜起始于胫上离踝关节 3-5mm 处，尾膜起始于踝关节。胫及附近尾膜着生毛发，尾尖略微超出尾膜。后足较大，后足连爪较长，约 12mm，与其他同体型鼠耳蝠相比，后足连爪相对胫长较大，为胫长的 65%-67%。

地理分布： 该种 2008 年在中国首次记录，国内目前仅分布于吉林和辽宁。国外分布于朝鲜、韩国、日本和俄罗斯。

物种评述： 夏季成群栖息于东北地区潮湿的洞穴岩壁中，冬季迁移到温暖的地方过冬。种群数量为 200-2000 只，种群数量相对稳定，在中国长白山地区为常见种。常发出短而宽带的调频回声定位声波，其平均峰频为 54.14kHz。此类超声波适合在水体上方捕食双翅目、毛翅目和鳞翅目等昆虫，可能偶尔也捕食鱼类。回声定位声波在飞行过程中会随着环境复杂程度的变化而改变，具有明显的信号可塑性。

大趾鼠耳蝠 / 吉林通化集安 / 江廷磊

喜山鼠耳蝠
Myotis muricola (Gray, 1846)
Nepalese Whiskered Myotis

翼手目 / Chiroptera > 蝙蝠科 / Vespertilionidae

形态特征：体型较小。体长 41-47mm。前臂长 31-37mm。耳长而尖，耳屏细长，其长度大于耳长的 1/3。第 3-5 掌骨几等长。翼膜终止于后足趾基部，距细长，距缘膜狭窄或不显。头及背部毛为暗褐色，毛尖黄棕色；腹部毛尖灰白色。

地理分布：国内分布于四川、云南、西藏、广东、台湾。国外广泛分布于南亚和东南亚各国。

物种评述：常栖于阴湿通风的岩洞或隧道内，也有栖于树洞和屋檐的报道，常聚集成几十至几百只的群体。曾在水渠隧道缝隙中发现其冬眠。以膜翅目和双翅目昆虫为食。

海南保亭 / 余文华

广东广州 / 余文华

尼泊尔鼠耳蝠
Myotis nipalensis Dobson, 1871
Nepal Myotis

翼手目 / Chiroptera > 蝙蝠科 / Vespertilionidae

尼泊尔 / Sanjan Thapa

形态特征：体较小，前臂长 34-36.9mm。耳壳内侧边缘呈弧形，外侧基部 1/4 处有明显缺刻，缺刻下具凸起叶，几乎与缺刻成直角。耳屏狭长柳叶形，约超过耳长之半，耳屏基部有一个明显凹口（缺刻），其下方有一个三角形小凸叶。胫骨长 14mm 左右，约为后足长之 2 倍。距较细而短，尾末端稍伸出股间膜后缘。头骨吻部微向上翘，颅基长 12-13mm；颧弓纤细，不向外侧扩展；无矢状嵴和人字嵴。背毛毛基黑褐色或近黑色，毛端淡棕色或白棕色。腹面毛基黑褐色，毛端白色或砂白色。耳壳、翼膜、股间膜和足趾均为褐色或黑褐色。

地理分布：国内分布于青海、甘肃、新疆、西藏（蒋志刚，2015）。刘奇等（2014）在湖北十堰及江苏宜兴发现有该物种分布。

物种评述：过去作为须鼠耳蝠的一个亚种 *M. mystacinus kukunoriensis*（谭邦杰，1992；张荣祖，1997；王应祥，2003）。中科院西北高原研究所（1989）根据青海标本的耳郭、头骨及牙齿结构等特征与须鼠耳蝠差别较大而修正为独立的种——青海鼠耳蝠 *Myotis kukunoriensis*。而 Simmons（2005）则将其并入尼泊尔鼠耳蝠（*M. nipalensis*）。

尼泊尔 / Sanjan Thapa

东亚水鼠耳蝠

Myotis petax Hollister, 1912
Eastern Daubenton's Myotis

翼手目 / Chiroptera > 蝙蝠科 / Vespertilionidae

形态特征： 中小体型鼠耳蝠。前臂长 35-40mm。面部毛色为灰褐色，背毛和腹毛分别为灰褐和灰白色，毛短而柔软，腹中部毛长约 5.5mm。耳狭长，边缘有 3-5 个横纹，尖部略圆，向前折叠略超过吻尖。耳屏窄而长，从基部逐渐变细变尖，其宽约为长的 1/5，耳屏长约为耳长一半。翼膜浅褐色，起始于跖骨中部，尾膜起始于胫基部。胫部和尾膜均无毛发，距长略等于尾膜边缘的 1/3，无距缘膜，后足长超出胫骨长的一半。

地理分布： 国内分布于北京、新疆北部、吉林和辽宁等。国外分布于俄罗斯、日本、哈萨克斯坦。

吉林通化集安 / 郭东革

物种评述： 常成群栖息在山洞中，在林间空地飞行，也会在水面上方飞行，暗示其可能以拖网方式在水中捕食鱼类。回声定位声波为典型调频，伴有 1-2 个谐波。在黄昏时出洞捕食夜行性昆虫。该种在 2005 年之前被认为是水鼠耳蝠（*Myotis daubentonii*）的一个亚种，现已成独立种。

大足鼠耳蝠

Myotis pilosus (Peters, 1869)
Rickett's Big-footed Myotis

翼手目 / Chiroptera > 蝙蝠科 / Vespertilionidae

形态特征： 体型稍大，较粗壮。前臂长 54-61mm。耳较短，前折不达吻端；耳屏短，端部稍尖，长不及耳长之半。翼膜止于胫部中间或基部。后足特大，爪锋利，后者连爪长度与胫部几乎相当；距特长。尾末端一节尾椎从股间膜后缘穿出。体毛短，呈绒毛状；上体毛浅褐灰色，下体灰白色，曾采到白化个体。

地理分布： 国内分布于福建、安徽、江西、广西、江苏、浙江、山东、山西、云南、广东、四川、澳门及香港。国外分布于老挝和越南。

物种评述： 因具有在水面捕捉鱼类作为食物的特殊习性，受到大家广泛关注。栖息在阴暗潮湿的大山洞中。常聚集数十只或数百只以上的群，可见与中华鼠耳蝠及其他种蝙蝠栖于同一洞穴。

广东惠州龙门 / 吴毅

大足鼠耳蝠 / 江西赣州 / 吴毅

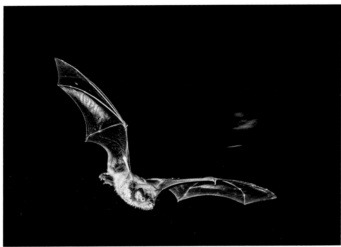

大足鼠耳蝠 / 浙江温州苍南 / 周佳俊

大足鼠耳蝠 / 四川绵阳 / 石红艳

渡濑氏鼠耳蝠

Myotis rufoniger Tomes, 1858
Watasei Myotis

翼手目 / Chiroptera ＞ 蝙蝠科 / Vespertilionidae

江西井冈山 / 余文华

　　形态特征： 中等体型。前臂长56-66mm。耳狭长，略呈卵圆形，耳缘深红色；耳屏狭长，端部略钝，略超过耳长之半，具一小基叶。毛色艳丽，背毛棕褐色，腹毛橙黄色，翼膜掌指间有三角形深红褐色斑直达翼缘；股间膜橙黄色，具稀疏短毛。

　　地理分布： 国内分布于安徽、福建、广西、上海、浙江、江苏、吉林、辽宁、重庆、江西、湖北、陕西、贵州、四川和台湾。国外分布于朝鲜、韩国、越南、老挝和日本。

　　物种评述： 在岩洞、树上、竹林或屋檐、门窗缝隙等均发现该种栖息。以昆虫为食，尤嗜食蚊，对人类有益。Csorba et al.（2014）对绯鼠耳蝠（*Myotis formosus*）及其近似种进行了分类厘定。党飞红等（2016）经过形态学和分子方法研究显示，国内文献原鉴定的"绯鼠耳蝠"（学名错用为*M. formosus*）其实应为渡濑氏鼠耳蝠（*M. rufoniger*）。国内分布主要集中在中国东部，而近似种金黄鼠耳蝠（*M. formosus*）仅在台湾和江西有分布记录。

山东威海乳山 / 王瑞

高颅鼠耳蝠

Myotis siligorensis (Horsfield, 1855)
Himalayan Whiskered Myotis

翼手目 / Chiroptera ＞ 蝙蝠科 / Vespertilionidae

广西桂林 / 张礼标

　　形态特征： 体型小。头体长 33.7-43.3mm。尾长 31.4-39.3mm。前臂长 30-36mm。后足长 5.9-10.8mm。后足长约为胫骨长之半。尾长比头体长略短，翼膜附着于趾基，距有明显的距缘膜，尾膜和翼膜无毛。耳狭长，外耳缘微凹，耳背面无毛，耳屏直而细长，为耳长之半，顶端尖锐，基部具基叶。吻部被毛，具吻须。覆毛浓密，背毛深烟灰色，腹毛灰褐色而毛尖灰白色，翼膜黑色。颅全长约 13mm。头骨狭长，脑颅凸显饱满，颧宽略大于后头宽。上犬齿弱，下犬齿约与上颌第 4 枚前白齿等长；上颌第 3 枚前白齿很小，位于齿列中。

　　地理分布： 国内分布于云南、海南、福建、江西，以及广西、贵州。国外主要分布于印度、缅甸、尼泊尔、越南、老挝、马来西亚、印度尼西亚的加里曼丹岛。

　　物种评述： 越南的高颅鼠耳蝠体型变化大，因此关于该种的亚种划分有待研究。分布于中国的亚种为 *Myotis iligorensis sowerbyi* (Howell, 1926)。洞栖，有时候可集大群，多者可达上千。常与其他物种共栖，如长指鼠耳蝠、小菊头蝠、中华菊头蝠、中菊头蝠等。觅食高峰期在黄昏和凌晨，通常在高空中觅食小型昆虫。

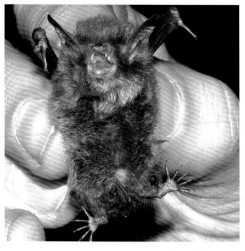

广西桂林 / 张礼标

宽吻鼠耳蝠

Submyotodon latirostris Kishida, 1932
Taiwan Broad-muzzled Bat

翼手目 / Chiroptera > 蝙蝠科 / Vespertilionidae

台湾 / 周政翰

形态特征：为较小型蝙蝠。体长35-40mm，前臂长33-36mm，尾长35-38mm。头部毛为褐色，吻端明显突出。背毛冗密，毛基黑色、尖端咖啡色；腹毛灰黑色。耳郭相对体型较短，有明显缺刻；耳长大于耳宽，顶端钝圆。耳屏长而窄。翼膜宽长，左右延伸连接到脚趾基部。

地理分布：为中国特有种。仅分布于台湾。

物种评述：目前该种栖息场所尚不十分明确。使用常频窄带的回声定位声波探测环境中的猎物。

台湾 / 周政翰

东亚伏翼

Pipistrellus abramus (Temminck, 1840)
Japan Pipistrelle

翼手目 / Chiroptera > 蝙蝠科 / Vespertilionidae

形态特征： 体型小。前臂长 31-35mm。耳小，略呈钝三角形，耳壳向前折达眼与鼻孔之间；耳屏小，端部钝圆，外缘基部有凹缺，向前微弯。第 5 指比第 3 或第 4 指长，翼膜止于趾基。尾长，仅尾尖从股间膜后缘穿出，股间膜呈椎状。后足短小。雄性成体可见明显而发达的阴茎，阴茎骨呈"S"形。毛色存在变异，一般为背毛深褐色，腹毛灰褐色。

地理分布： 最常见种类，广布全国各地，包括澳门、香港和台湾。国外分布于日本、朝鲜、韩国、老挝、缅甸和越南。

物种评述： 为城市及农村傍晚天空最常见的种类。通常栖息于建筑物（特别是瓦房）中，可集数只小群潜伏在天花板、瓦房的房檐下和墙缝内。傍晚飞出，以蚊等小型昆虫为食。有冬眠习性。

江西井冈山 / 吴毅

广东广州 / 吴毅

浙江衢州江山 / 周佳俊

印度伏翼
Pipistrellus coromandra (Gray, 1838)
Coromandel Pipistrelle

翼手目 / Chiroptera > 蝙蝠科 / Vespertilionidae

浙江淳安 / 吴毅

形态特征：体型小。前臂长31-34mm。体重4-6g。耳较小而薄，端部较圆，外侧基部无缺刻，耳屏为长条形。背毛端部赭黄或赭色，基部为黑褐色；腹毛褐色，后腹毛色更淡。尾长与体长相似，端突出股间膜外约1mm。

地理分布：国内分布于广东、海南、福建、云南、贵州、四川、浙江、西藏等地。国外分布于阿富汗、孟加拉国、不丹、柬埔寨、印度、缅甸、尼泊尔、巴基斯坦、斯里兰卡、越南等。

物种评述：栖息于山林、平原等地，出现在楼宇之间，在原始林区也有发现。西藏曾在树洞内捕获到。

爪哇伏翼
Pipistrellus javanicus (Gray, 1838)
Javan Pipistrelle

翼手目 / Chiroptera > 蝙蝠科 / Vespertilionidae

江西九连山 / 余文华

形态特征：体中等，前臂长30-36mm。耳壳短宽，耳壳外缘基部具凸形突叶；耳壳、耳屏黑褐色。耳屏较短，其高度约为耳壳之半，耳屏外缘基部具凹形缺刻；翼膜止于趾基；后足较小，超过胫骨长的1/2。体背烟褐色或深暗的褐黑色。腹毛浅淡，毛基黑褐色，毛尖淡黄灰色或淡黄红色，尤以颈侧、胸部和腹侧为甚。头骨趋扁平。吻部宽扁、短而略窄。脑颅顶最高处位于颧弓后部鳞状突的垂直线上方，无眶上突，矢状嵴和人字嵴甚弱。阴茎骨形态与棒茎伏翼相似但较短。

地理分布：国内报道分布于西藏东南部（察隅）、安徽、江西、广西和四川（张荣祖，1997），及云南西部（六库）（王应祥，2003）。国外分布于尼泊尔、阿富汗、巴基斯坦、印度、缅甸、越南、泰国、马来西亚和印度尼西亚。

物种评述：Hill & Harrison（1987）依据阴茎骨明显不同分为2个有效种：即爪哇伏翼阴茎骨长5.0-5.5mm，其茎秆近于平直；东亚伏翼阴茎骨长10-13mm，其茎秆有两个明显的弯曲，呈"S"形。

普通伏翼
Pipistrellus pipistrellus (Schreber, 1774)
Common Pipistrelle

翼手目 / Chiroptera > 蝙蝠科 / Vespertilionidae

广东广州 / 张礼标

形态特征： 体型小。头体长 40-48mm。尾长 29-35mm。前臂长 25-33mm。后足长 5-7mm。体重 4-5g 左右。体型比东亚伏翼略小，毛色相对较黑。毛纤细而绒密，毛被浅黑灰色，接近体侧较浅。头部和背部略显浅黄到栗褐色，毛基乌黑。喉部和腹部毛基亦乌黑，毛尖色稍浅。翼相对较窄。尾较短。吻鼻部的腺体明显。耳短宽，前缘稍外凸，顶端钝，后缘具一小凹刻。耳屏接近耳高之半。阴茎骨小，前端双叉，基部较为膨胀。头骨小，狭窄。吻突狭长，中央具一浅槽。前颌骨和上颌骨愈合。无矢状嵴，人字嵴弱。颧弓弱，稍微向外扩张。

地理分布： 国内分布于中国南部、东南部和台湾，包括云南、四川、江西、陕西、新疆、山东、浙江、广西和广东，也见于新疆。国外分布区从英国、爱尔兰，到欧洲大陆西部，再向东延续到中亚；向南到达印度和中南半岛。最北则到达俄罗斯西部。

物种评述： 隶属 *Pipistrellus* 亚属，该种曾认为与高音伏翼（*P. pygmaeus*）组成复合种，但后者已确定是独立种。普通伏翼和高音伏翼的界限仍需确定，因为二者只在分子和回声定位特征上有所不同。主要以小型鳞翅目、双翅目昆虫为食。栖息地很广，生境类型多种多样，但似乎更偏好人类居住地，如住宅区、农场、公园等地，日宿地常选择房屋内。8-9 月底交配。形成的母子群有专门的育幼地，此时领地意识增强。有延迟受精现象。妊娠期 35-51 天（45天较常见），6-7 月初产仔，每胎 1-2 仔。寿命已知可达 17 年。

小伏翼
Pipistrellus tenuis (Temminck, 1840)
Least Pipistrelle

翼手目 / Chiroptera > 蝙蝠科 / Vespertilionidae

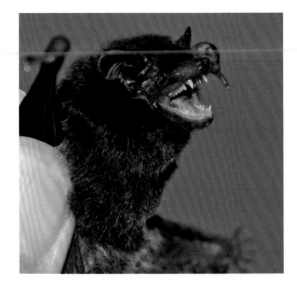

广东佛山 / 张礼标

形态特征： 体型很小。头体长 33-45mm。尾长 20-35mm。前臂长 25-31mm。后足长 4-6mm。体重 3-4g 左右，体型比普通伏翼略小。面部裸露，鼻略呈管状，鼻孔向两外侧倾斜；吻鼻和面部微具短毛、近乎裸出。耳较大，但前折不能触及吻部，顶端钝圆；耳屏不足耳长之半，前端稍向吻部弯曲，顶端钝圆。翼膜止于趾基，有距缘膜，但不明显。阴茎长 6-7mm。额毛致密，青黑色。颈背、背部和臀部较额部浅，深褐色，毛尖微棕，腹较背色淡，多浅灰色。头骨纤细，脑颅较小，扁平。颅全长约 12mm，吻狭窄，颅顶最高处位于听泡垂直线上方，枕骨后部高凸。

地理分布： 国内主要分布于南部，云南、四川、重庆、贵州、广西、海南、广东、福建、浙江。国外分布于阿富汗到印度尼西亚的摩鹿加群岛、老挝、越南、科科斯群岛和圣诞岛。

物种评述： 也叫侏伏翼。王应祥（2003）将倭伏翼（*Pipistrellus mimus*）作为独立种，但 Smith & 解焱（2009）则认为其为小伏翼的一个亚种（*P. t. minus*）。在低纬度分布较广。栖息地主要在建筑物裂缝内，包括房屋、桥梁等，偶尔还可见于树洞内或簇叶内。集小群或独居，黄昏和凌晨觅食空中小型昆虫，喜欢在林缘、空旷地、庄稼地、水域边等地觅食。

广东韶关乳源 / 张礼标

大黑伏翼

Arielulus circumdatus (Temminck, 1840)
Bronze Sprite

翼手目 / Chiroptera > 蝙蝠科 / Vespertilionidae

形态特征：体型中等。头体长46-58mm。前臂长39-44mm。与棕蝠相似，但是吻鼻部更宽而短，毛色特异。吻鼻部被短而稀的绒毛。耳中等，耳尖钝圆，深棕黑色，有的标本前后耳缘淡色至白色；耳屏宽阔，似高级伏翼属，其边缘色淡，不及耳长之半，端部钝或稍尖，前端稍凸，后部稍凹。第5指尖长，其指尖接近等于或超过第4掌骨加第1指节长度的总和。拇指较大，连爪长8-9mm。阴茎骨小，倒"Y"形，基部分叉，杆部较短。毛长度中等而密生，背毛黑色，毛尖有点橙色，头和背几乎均有橙色光泽；腹面为均一的棕色，比背毛色淡；毛略有双色，毛基比毛尖稍深。头骨大，额凹显著；吻突宽短。脑颅圆滑，颧弓粗，无矢状嵴。

地理分布：国内主要分布在云南、广东。国外主要分布于印度尼西亚、马来西亚、柬埔寨、泰国、缅甸、印度、尼泊尔。

物种评述：以前曾归入 *Pipistrellus* 属，Heller & Volleth（1984）将其视为 *P. societatis*，但是 Hill & Francis（1984）以及 Corbet & Hill（1992）均认为应为独立种 *P. circumdatus*。Csorba et al.（1999）将其从伏翼属中独立出来，建立金背伏翼属 *Arielulus*。王应祥（2003）把中国标本划归独龙江亚种 *A. c. drungicus*（Wang, 1982），但是 Wilson（2008）认为它只是在牙齿特征上与指名亚种有较小差异，在更充分地理差异研究前，可将其视为单型种。食虫蝙蝠，超声波为调频型。尼泊尔、缅甸等报道采集于海拔 1300-2100m 温润常绿林或原始林。云南的标本为 1984 年至 1986 年采集于海拔 1750-2000m 的水库边或者溪流边，广东南岭的标本捕捉于海拔 1000m 的林内道路上，旁边为一较大的溪流以及截流而成的水库。云南标本中，7 月份发现有亚成体。

福建武夷山 / 吴毅

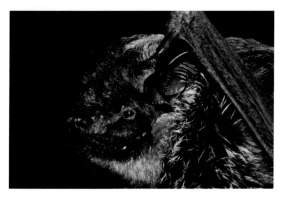

贵州黔南荔波 / 郭伟健

环颈蝠

Thainycteris aureocollaris (Kock and Storch, 1996)
Golden-collared Bat

翼手目 / Chiroptera > 蝙蝠科 / Vespertilionidae

形态特征：体型较大，前臂长47-52mm；后足长9-12mm，约为胫骨的一半。背毛较腹毛色浅，毛基偏黑，毛尖赭黄色，但腹毛的毛尖略显白。从耳基部到喉部，有明显赭黄色项圈。吻部短而宽，有稀疏的毛。矢状嵴较弱，但眶上嵴较发达。泪腺突较大。上颌第1和第2前臼齿的前尖和后尖突出。下颌前臼齿发育良好，有明显齿尖且位于齿列的主轴上。

地理分布：国内首次报道分布于贵州荔波（Guo et al., 2017），近期在福建武夷山再次发现。国外分布于老挝、泰国和越南。

物种评述：该种为 Kock and Storch（1996）在印度、马来西亚地区的偏远森林采集并发表为新种。Guo et al.（2017）依据贵州标本发表中国新记录种。数量很少，其生态资料极为稀少，已知栖息地为森林。

黄颈蝠

Thainycteris torquatus Csorba and Lee, 1999
Necklace Sprite

翼手目 / Chiroptera > 蝙蝠科 / Vespertilionidae

形态特征： 中等体型蝙蝠，体长48-65mm，前臂长40-50mm，尾长35-48mm。头部吻端明显。背毛基部为黑色到黑褐色，掺杂尖端具有金黄色的毛发。颈部至胸前形成一圈黄色或白色的毛带。耳郭大，耳长大于耳宽，顶端钝圆。耳屏长而窄，翼膜向两侧延伸连接到趾基部。

地理分布： 为中国特有种。目前仅分布于台湾。

物种评述： 典型的夜行性动物，但目前主要栖所不明。发出典型的短持续和宽带的回声定位声波。

台湾 / 周政翰   台湾 / 周政翰

台湾 / 周政翰

尼泊尔 / Sanjan Thapa

尼泊尔 / Sanjan Thapa

茶褐伏翼

Falsistrellus affinis (Dobson, 1871)
Chocolate Pipistrelle

翼手目 / Chiroptera > 蝙蝠科 / Vespertilionidae

形态特征：体型中等，前臂长38-42mm。耳壳宽而长，耳尖钝圆；耳屏较短，外缘基部有小的凹形缺刻。翼膜游离缘终止于趾骨基部。后足较小，为胫骨长的一半。体毛密软而较长，毛棕色，毛尖灰色，腹面浅灰白色；翼膜、耳以及吻鼻部裸露部位带黑或褐色。头骨颅基长14.1mm，吻突较强壮且延长，具明显的眶后突（但并未向后呈明显的三角形），脑颅低，基碟骨缺失，颧弓较弱，但在颧骨连接部位相对厚，约为9.6mm，上腭较窄，冠状突明显，在高度上超出下犬齿。阴茎骨基部稍显扩张，腹侧有一深凹槽，前端未扩张。

地理分布：我国为次要分布区，分布于西藏、云南和广西。国外分布于缅甸东北部、尼泊尔、印度和斯里兰卡。

物种评述：该种原属于伏翼属，但是Kitchener et al.（1986）将其从伏翼属划分到假伏翼属*Falsistrellus*，多数学者已接受此观点（Simmons, 2005）。

云南弥勒 / 张礼标

灰伏翼

Hypsugo pulveratus (Peters, 1871)
Chinese Pipistrelle

翼手目 / Chiroptera > 蝙蝠科 / Vespertilionidae

形态特征：体型相对较小。头体长40-48mm。尾长33-39mm，前臂长33-37mm。后足长6-8mm。耳相对狭中，耳缘稍微泛白（与金背伏翼属物种有点相似，但没有那么显著），耳屏短宽，高度为耳之1/3。翼膜附着于趾基。阴茎骨相对较短，粗壮杆状，基部和端部略微膨大。背毛色暗，近乎浅黑棕色，毛尖轻微的金黄褐色。腹面毛色相对较淡，近乎棕色，毛尖有点灰白。头骨低而长，但脑颅部凸出，后部区域宽，眶上部位不宽。吻突长但不宽，其前凹较浅，无中凹，浅后凹位于眶前上方。头盖骨略显突起，前颌骨并不缩短，颧弓发达，颧骨略微隆起；眶上突发达。上腭长度比宽度要大，上齿列不收敛，几乎平行。

地理分布：国内分布于安徽、上海、福建、广东、广西、香港、海南、云南、四川、重庆、陕西、湖南、贵州和江苏。国外主要分布于越南、老挝和泰国。

物种评述：Ellerman & Morrison-Scott（1951）把该种归入*affinis*种组，Corbet & Hill（1992）把*Pipistrellus pulveratus*归入*Hypsugo*亚属*savii*种组的*pulveratus*亚组。王应祥（2003）列为*P. pulveratus*。Simmons（2005）和潘清华等（2007）将其归入高级伏翼属*Hypsugo*。为单型种，无亚种分化。在水域或村庄附近捕食，以昆虫为食。栖息在房屋、桥梁等建筑物内，也发现栖息森林地区山洞内。

盘足蝠

Eudiscopus denticulus (Osgood, 1932)
Disk-footed Bat

翼手目 / Chiroptera > 蝙蝠科 / Vespertilionidae

形态特征： 体型小，前臂长 33.5-38.5mm。外观与鼠耳蝠（*Myotis*）相似，毛发浓密而柔软，背毛整体呈红褐色。耳郭直，且从基部往上明显地缩小，顶部呈现钝尖状；耳屏直而窄，顶端稍钝。第一指基部和后足腹面有一圆盘状的肉质垫，与扁颅蝠属（*Tylonycteris*）相似。头骨相对较宽，显著扁平，但其扁平程度不及扁颅蝠属（*Tylonycteris*）。上犬齿无附尖，第 1 上门齿比第 2 上门齿高；第 2 下前臼齿明显退化，移至齿列的舌侧。

地理分布： 国内记录仅分布于云南。国外分布于缅甸、泰国、老挝和越南。

物种评述： 数量相对稀有，外观与鼠耳蝠和扁颅蝠相似，但可以通过耳部结构予以区分。有研究报道其栖息在竹子的茎部结节空间。飞行方式独特，飞行速度很慢但灵活；悬停飞行和短暂的滑翔阶段交替进行。回声定位声波属于调频型。常在道路和灌木丛边缘的河床上觅食，繁殖季节可能在 4 月。

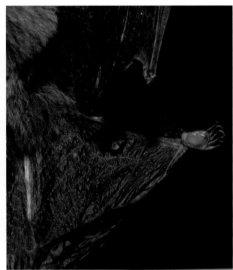

云南西双版纳 / 余文华　　　　　　　　　　　　　　　　　　　　　　　　云南西双版纳 / 余文华

云南西双版纳 / 余文华

四川宝兴 / 吴毅

浙江杭州天目山 / 汤亮

南蝠

Ia io Thomas, 1902
Great Evening Bat

翼手目 / Chiroptera > 蝙蝠科 / Vespertilionidae

形态特征： 体型大，为蝙蝠科中的大型种类。前臂长71-81mm。耳郭略呈三角形，耳屏较短，内弯，端部钝圆肾形。足粗大，足连爪总长超过胫长之半。面颊几乎裸露无毛，两耳前端内侧有密毛；下颌中央有一簇硬毛，其下有颌下腺开孔。背毛烟褐色，毛基深褐色，毛尖灰褐色，腹毛略浅。

地理分布： 国内分布于广东、广西、湖南、湖北、安徽、江苏、江西、浙江、陕西、四川、重庆、贵州、云南。国外分布于印度、尼泊尔、泰国、老挝、缅甸和越南。

物种评述： 栖息于高大岩洞中，3-5只或10余只潜伏在洞壁高处，多为单个个体悬挂。夜间出洞捕食飞虫，黎明前归洞。同洞常可见大群的亚洲长翼蝠（*Miniopterus fuliginosus*）和其他种蝙蝠，但不混群。

普通蝙蝠

Vespertilio murinus Linnaeus, 1758
Eurasian Particolored Bat

翼手目 / Chiroptera > 蝙蝠科 / Vespertilionidae

形态特征： 体型中等偏小，前臂长 41-46mm，头体长 55-66mm，耳长 14-16mm，后足长 8-10mm，尾长 40-48mm。背毛基部浅黑棕色，毛尖白色呈银白色光泽，腹毛较背毛颜色差异明显，腹毛淡黄色或者白色，耳短，呈钝三角状，翅狭窄。翼膜色深，附着在外趾基部，距与距缘膜均较发达，尾端伸出股间膜。雄性阴茎黑色且细长。头骨粗壮，缺少矢状嵴而人字嵴发达。

地理分布： 国内分布于黑龙江、内蒙古、新疆、甘肃。国外分布横跨亚洲北部并在欧洲广泛分布。

物种评述： 该种共 2 个亚种。指名亚种 *V. m. murinus*（Linnaeus, 1758）分布于内蒙古、甘肃和新疆；乌苏里亚种 *V. m. ussuriensis* Wallin, 1969 分布于内蒙古东部和黑龙江（乌苏里江地区）。该种为广布种，常见于建筑物周围，栖息于悬崖和山洞中，飞行快而高。每胎2仔，有时3仔，哺乳期6-7周，寿命可达14.5年。在交配季节会有独特的叫声。是已知的少数几个在欧洲进行长距离迁徙的物种之一，有记录其从俄罗斯到法国迁徙距离可达1780千米，双翅目昆虫是其主要的食物。IUCN 名录中被列为无危（LC）。

德国 / Dietmar Nill (naturepl. com)

东方蝙蝠

Vespertilio sinensis Peters, 1880
Asian Parti-colored Bat

翼手目 / Chiroptera > 蝙蝠科 / Vespertilionidae

形态特征： 中等大小体型。体重12-19g，前臂长46-51mm。背毛毛基棕褐色，毛尖淡棕褐色；腹毛毛基淡褐色，毛尖灰褐色。两臀基部、喉部和下腹部毛色灰黄褐。眼相对较大。耳短而宽，略呈三角形，耳屏尖端稍微圆钝。尾发达，突出股间膜约3mm。翼膜起始于趾基部，距缘膜较狭呈小弧形。体毛延伸至股间膜，超过胫骨长度的一半。

地理分布： 国内广泛分布于青海、陕西、甘肃、内蒙古、新疆、吉林、辽宁、黑龙江、山东、山西、云南、四川、湖南、湖北、广西、北京、江西、台湾、河南、天津、重庆、福建等地。国外分布于日本、朝鲜、韩国、蒙古和俄罗斯。

物种评述： 属于伴人动物，常栖息在各类人工建筑，如房屋或楼房顶架、天棚、门窗框

黑龙江哈尔滨 / 孙淙南

后和桥梁缝隙等，可匍匐或倒挂在棚顶栋梁的空隙间。种群数量变化较大，少有独居，常几十只形成小群，有时成百上千只聚居形成较大种群。发出短而宽且带多谐波的回声定位声波，用于在开阔环境中捕捉昆虫。在白昼栖息地，常发出人类可听见的通讯叫声，用于表达自身情绪或体质状况等。

黑龙江哈尔滨 / 江廷磊

戈壁北棕蝠

Eptesicus gobiensis Bobrinskii, 1926
Gobi Brown Bat

翼手目 / Chiroptera > 蝙蝠科 / Vespertilionidae

形态特征：中小型蝙蝠，较北棕蝠略大。前臂长43.0-45.5mm。背毛浅红黄色，毛基部深棕色。腹部浅棕白色。翼膜暗黄色。头骨相对低扁，颅全长16.0-16.8mm。吻突上面横向凸出，眶上嵴微弱；吻突、上颚和颧弓均窄，吻突上面横向凸出。听泡较小，具有基枕骨坑。上外门齿双尖形，明显低于上内门齿，约为后者长的1/2。

地理分布：国内分布于新疆。国外分布于俄罗斯、哈萨克斯坦、土库曼斯坦、阿富汗、伊朗、蒙古、巴基斯坦、印度、尼泊尔等。

物种评述：戈壁北棕蝠*Eptesicus gobiensis*曾被认为与*E. nilssonii*为同物异名或为其亚种*E. n. gobiensis*（Corbet, 1978）（王应祥，2003），但Corbet & Hill（1992）、Bates & Harrison（1997）等认为是不同种类。

新疆和田于田 / 陈文杰

新疆和田于田 / 陈文杰

新疆和田于田 / 陈文杰

大棕蝠

Eptesicus serotinus Schreber, 1774
Common Serotine

翼手目 / Chiroptera > 蝙蝠科 / Vespertilionidae

形态特征： 大体型蝙蝠。前臂长48-50mm。尾长30-55mm。体重21-31g。全身被短绒毛，背毛棕褐色，尖端稍有发光的短白毛，体被白黄褐色，翼膜为淡黄褐色。身体下部、胸部、腹部均被灰棕色绒毛。耳短，基部较厚，向前折叠超过吻端。耳屏较大，基部较宽，末端尖细。翼膜发达，止于趾基部。尾膜整体呈三角形，其上生有白毛。距缘膜呈三角形，尾发达，贯穿在尾膜内，仅末端略突出，约为体长2/3。

地理分布： 国内广泛分布于黑龙江、吉林、辽宁、河北、内蒙古、北京、上海、天津、河南、山东、山西、安徽、江苏、浙江、江西、福建、台湾、湖南、湖北、贵州、四川、云南、陕西、甘肃、宁夏、西藏、青海和重庆。国外遍布于整个欧亚大陆。

物种评述： 栖息地类型多样，包括山洞、岩石缝隙，房舍的屋檐以及门、窗、墙缝的空隙中。主要发出短而宽带的回声定位声波，以鞘翅目昆虫为食，也会捕食双翅目昆虫。在国内分布有4个亚种，即北方亚种*Eptesicus serotinus pallens*、南方亚种*E. s. andersoni*、台湾亚种*E. s. horikawai*和中亚亚种*E. s. turcomanus*。虽然大棕蝠在国内分布广泛，但种群数量较少，比较罕见。

福建武夷山 / 吴毅

河南南阳内乡 / 冯江

河南南阳内乡 / 冯江

新疆若羌罗布泊 / 邢睿

褐山蝠

Nyctalus noctula (Schreber, 1774)
Noctule

翼手目 / Chiroptera > 蝙蝠科 / Vespertilionidae

形态特征： 体较大。体长 67-77mm。前臂长 48-56mm。耳宽短，耳外缘延伸向下达口角下，耳屏明显，内缘弯转呈肾形。第 5 指很短，其长度略超过第 3 或 4 掌骨之长，形成狭长而尖的翼膜。背毛深褐色，腹毛色较浅；背腹侧毛沿翼膜和尾间膜向外延伸扩展，细密绒毛分布到前臂骨及第 5 掌骨基部。

地理分布： 国内分布于北京、新疆、甘肃、陕西、山东、河北等。国外分布于欧亚大陆的广泛区域，以及西亚和东南亚的伊朗、印度、越南、马来西亚等。

物种评述： 栖于建筑物的天花板、屋檐和墙缝等处，也有栖于树洞的报道。集小群生活。以鳞翅目等夜行性飞行昆虫为食。在中国为北方分布种类，主要分布新疆等西部地区，与欧亚大陆的分布区相连接。

四川南充 / 吴毅

中华山蝠

Nyctalus plancyi Gerbe, 1880
Chinese Noctule

翼手目 / Chiroptera > 蝙蝠科 / Vespertilionidae

形态特征： 体型中等。前臂长 50-55mm。耳短宽，呈钝三角形，耳端钝圆，耳部后缘抵达口角；耳屏短宽，略呈肾脏形。翼狭长，翼膜止于趾部；股间膜呈锥状，距缘膜较发达。第 5 指短，其长度仅略超过第 3 或第 4 掌骨之长。体毛短而绒密，具光泽。背毛色深褐或棕褐色，下体较浅淡，胸部毛稍带沙灰色。

地理分布： 为中国特有种。国内分布于安徽、北京、甘肃、广东、广西、贵州、河北、河南、湖北、江西、辽宁、山东、陕西、四川、新疆、云南、浙江、香港、台湾。

物种评述： 栖息于老式建筑物、树洞和山洞等处。通常集群潜伏在天花板夹层、房檐和墙缝内，有时与伏翼、棕蝠等同栖一处。怀孕期约 2 个月，哺乳期 6-7 周，每胎 1-2 仔，以 2 仔居多。有冬眠和迁徙习性。夜出捕食飞虫。中华山蝠曾使用过 *Nyctalus velutinus* 的学名，为同物异名。

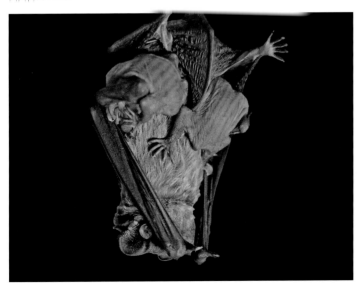

四川南充 / 石红艳

华南扁颅蝠

Tylonycteris fulvida (Blyth, 1859)
Indiamalayan Bamboo Bat

翼手目 / Chiroptera > 蝙蝠科 / Vespertilionidae

形态特征：体型小。前臂长22-28mm。头宽平扁。耳短小，端部钝圆。第1指基部和足掌具近圆形肉垫；鼻吻部宽短，头骨明显宽扁，脑颅高度仅为宽度之半，呈平缓的斜面。背毛褐色，毛基浅黄棕色，腹毛棕黄色，幼体或亚成体毛色暗褐色。

地理分布：国内分布于广西、广东、贵州、云南、香港和台湾。国外分布于文莱、柬埔寨、泰国、印度、越南和马来西亚等南亚和东南亚地区。

物种评述：以小巧的身体和扁平的体型通过竹茎上的虫洞或裂隙钻入直立的竹茎节间空腔内，并用足垫将身体固定在竹筒内。通常家族式群栖，可见多只成体雌蝠和幼蝠组成的种群，也见仅由雄体组成的小群或独栖的状况。食虫。数量较少，是一种较珍稀的蝙蝠。最新研究发现，分布我国的该种染色体核型（2n=30）与模式产地马来亚该种染色体的数量（2n=46）差异较大，因此Huang et al.（2014）认为本种是扁颅蝠（*T. pachypus*）的隐含种。Tu et al.（2017）用分子手段，从谱系地理学角度对分布于东南亚广泛区域的扁颅蝠属*Tylonycteris*进行了分类厘定，发现原有的两个种*T. pachypus*和*T. robustula*均为复合种，并将中国及邻近地区分布的原*T. pschypus*修订为*T. fulvida*。

广东广州 / 余文华

扁颅蝠栖息洞穴 / 广东广州 / 吴毅

托京褐扁颅蝠

Tylonycteris tonkinensis Tu *et al.*, 2017
Tonkin Greater Bamboo Bat

翼手目 / Chiroptera > 蝙蝠科 / Vespertilionidae

形态特征：体小，前臂长约25mm，体重仅4-5g。大拇指基部和足掌具肉垫。耳短小，端部钝圆，耳屏窄而钝。头颅扁平，颅高约为颅宽的1/2。体毛暗褐，背毛深褐色，腹毛偏淡。

地理分布：国内分布于云南、广西、海南、贵州、四川、江西和广东和香港等。国外分布区包括柬埔寨、泰国、印度、越南和印度尼西亚等南亚和东南亚地区。

广东广州帽峰山 / 余文华

物种评述：稀少种类。热带型蝙蝠，多栖息于被甲虫蛀食的竹洞中。自从2008年张礼标等报道海南等3省发现该种新记录后，张秋萍等（2014）和吴毅等（2015）又分别报道了该种在江西和广东分布新记录，使该种在我国的分布区由原来的云南和广西2省，扩大到目前的8个省区。随着调查的深入开展，该种的分布区可能进一步扩大。Tu et al.（2017）用分子手段，从谱系地理学角度对扁颅蝠属（*Tylonycteris*）进行了分类厘定，将原中国分布的*T. robustula*修订为*T. torkinensis*。

亚洲宽耳蝠

Barbastella leucomelas (Cretzschmar, 1826)
Asian Barbastelle

翼手目 / Chiroptera > 蝙蝠科 / Vespertilionidae

形态特征： 体型较小。前臂长约40mm。耳较宽大，双耳内缘基部与额部相连；耳外缘无突起，耳屏狭长，端部圆，呈长三角形，基部向外稍扩展。鼻孔朝上外方。第5指显然长于第3、4指之掌骨长。尾长，股间膜发达，呈盾形。背毛色黑棕色，毛尖灰到米黄色；腹毛色与上体相近，唯毛尖浅白色；股间膜近腹侧处覆毛白色。

地理分布： 国内分布于甘肃、内蒙古、青海、陕西、新疆、四川、重庆和云南。国外分布于印度、尼泊尔、俄罗斯、日本、乌兹别克斯坦等。

物种评述： Wilson & Mittermeier（2019）将亚洲宽耳蝠大吉岭亚种*Barbastella leucomelas darjelingensis* (Hodgson, 1855)恢复为种，即东方宽耳蝠*B. darjelingensis*，栖息于北方或高寒地区山洞、树皮或建筑物内。平时单只或小群活动，繁殖期聚集成群。有冬眠习性。以昆虫为食。对人类有益。

新疆石河子 / 王瑞

四川雅安宝兴 / 吴毅

新疆石河子 / 王瑞

斑蝠

Scotomanes ornatus (Blyth, 1851)
Harleguin Bat

翼手目 / Chiroptera > 蝙蝠科 / Vespertilionidae

形态特征：体型中等。前臂长 50-60mm。耳较长，呈椭圆形；耳屏较短，端部钝，外缘弧形内缘直。翼膜止于趾基部。体毛具光泽和独特的色彩，背部褐棕色，中央有白色条纹；头顶和两肩后有白色斑；腹部中央和颈部有一"V"字形的棕褐色斑纹；翼膜黑褐色，股间膜淡棕褐色。

地理分布：国内分布于安徽、福建、广东、广西、贵州、海南、四川、浙江、湖南、重庆和云南。国外分布于尼泊尔、泰国、印度、越南和孟加拉国等南亚和东南亚地区。

物种评述：较稀少的种类。栖息于山洞和树上，黄昏时分可见其在居民屋舍周围捕食飞虫。

湖北通山 / 余文华

浙江东阳 / 吴毅

浙江衢州开化 / 周佳俊

斑蝠 / 浙江衢州开化 / 周佳俊

大黄蝠

Scotophilus heathii (Horsfield, 1831)
Greater Asiatic Yellow House Bat

翼手目 / Chiroptera > 蝙蝠科 / Vespertilionidae

形态特征： 体型较大，粗壮。前臂长
58-69mm。耳短，端部圆，略呈圆形，耳屏
呈弯月形。头部粗壮，后足大，距缘膜狭长。
尾端从股间膜后缘稍微穿出。背部毛厚而
长，通常呈黄褐色；腹部毛土黄色，较鲜明。

地理分布： 国内分布于福建、广东、
广西、海南、云南、湖南和台湾。国外分
布于柬埔寨、泰国、印度、越南和印度尼
西亚等南亚和东南亚地区。

物种评述： 栖息房屋、古庙、古塔等
建筑物内，也发现栖于榕树树干的洞穴中。
通常单只或 2-3 只集小群，但多时也可百
只以上结群而栖。傍晚外出觅食昆虫。

广东惠州龙门 / 吴毅

109

小黄蝠

Scotophilus kuhlii Leach, 1821
Lesser Asiatic Yellow House Bat

翼手目 / Chiroptera > 蝙蝠科 / Vespertilionidae

形态特征：体明显小于大黄蝠（*Scotophilus heathii*），体型中等。前臂长为47-56mm。但其他外形特征与之相似。鼻孔稍微向外突出。吻鼻部宽且两侧肿胀，几乎无毛。与头部相比，耳较小，无毛，具有横向的皱褶，具对耳屏，且通过独特的刻痕与耳郭后缘分开。耳屏高约至耳郭之半，呈月牙形。背部呈黄褐色，腹毛土浅黄色，毛被短而紧密。

地理分布：国内分布于福建、广东、香港、海南、广西、云南和台湾。国外广泛分布于南亚和东南亚地区。

物种评述：从海平面至海拔1100m均有分布，是一种适应能力极强的蝙蝠种类。已知在寺庙、洞穴、中空的树、棕榈叶、建筑物的屋顶、墙壁、废弃建筑和树洞中均可聚集成数十只到几百只种群。在黄昏很早就飞出觅食，飞行较低。冬季来临前有迁飞到越冬地的习性。王应祥（2003）将海南与台湾的岛屿种群定为*Scotophilus kuhlii consobrinus*亚种，然而谱系

广东广州 / 吴毅

广东中山 / 吴毅

地理学研究显示：海南种群与广东地区的种群似乎为一个混杂的种群，不支持海南种群为一有效的亚种，故Yu et al.（2012）建议将云南以外的小黄蝠均划分至华南亚种*S. k. consobrinus*亚种。该种曾使用过*S. temmincki*的学名。

广西钦州 / 张巍巍

吉林延边汪清 / 冯利民

大耳蝠

Plecotus auritus (Linnaeus, 1758)
Brown Big-eared Bat

翼手目 / Chiroptera > 蝙蝠科 / Vespertilionidae

形态特征：体型较小。前臂长 39-42mm。耳长度达到或超过头体长。耳郭椭圆形，内有一侧狭长的皱褶。耳屏甚长，向前折超过吻端。鼻孔微朝上。尾很长，达到或超过体长，全部封在股间膜内，或仅尾端稍微穿出。背毛暗褐色；腹毛灰白色，毛尖浅褐色；翼膜灰褐色。

地理分布：国内分布于黑龙江、吉林、内蒙古、河北、山西等北方地区。国外分布于俄罗斯，一直延伸到欧亚大陆地区。

物种评述：近期，Wilson & Mittermeier（2019）将日本亚种 *Plecotus auritus ognevi* Kishida, 1927 提升为种，即奥氏长耳蝠 *P. ognevi*，他们认为 *P. auritus* 在中国无分布。显著特征为具有超过头体长的耳郭，也叫长耳蝠或兔耳蝠。栖息树洞和岩洞等。数量非常稀少，单只或集小群。有冬眠习性。以昆虫为食。

灰大耳蝠

Plecotus austriacus (Fischer, 1829)
Gray Big-eared Bat

翼手目 / Chiroptera > 蝙蝠科 / Vespertilionidae

形态特征：体型较小。前臂长40-46mm。耳极大，其长度达到或超过头体长。耳郭呈椭圆形；耳屏甚长，端部较尖，向前折超过吻端；耳壳内侧有一狭长的皱褶。鼻孔朝上。尾很长，有时甚至超过体长，但全部包在股间膜内，或仅尾端少许穿出。背毛灰褐色；腹毛灰白色，毛尖浅褐色；翼膜深褐色。

地理分布：国内分布于新疆、四川、青海、西藏、甘肃、宁夏、陕西等。国外分布区则从我国以北，一直延伸到英国、法国等欧亚大陆地区。

物种评述：Wilson & Mittermeier（2019）中已本种内亚种全部恢复为种，即四川长耳蝠 *Plecotus ariel* 和阿拉善长耳蝠 *P. kozlovi*。由于目前国内缺乏进一步分类研究，暂时保留灰长耳蝠种的设置。具有达到或超过头体长的耳郭，也有人叫大耳蝠或兔耳蝠。栖息于建筑物、树洞和岩洞中。数量非常稀少，单只或隼小群，有冬眠习性。以昆虫为食。

陕西西安周至 / 裴俊峰

陕西西安周至 / 裴俊峰

台湾长耳蝠

Plecotus taivanus Yoshiyuki, 1991
Taiwan Long-eared Bat

翼手目 / Chiroptera > 蝙蝠科 / Vespertilionidae

形态特征： 为小型蝙蝠。体长 40-50mm，前臂长 36-43mm，尾长 42-56mm。头部褐色，吻端明显突出，鼻孔大。背毛基部为深棕色到黑色，顶端黄褐色；腹毛颜色浅，常呈灰白色。耳郭巨大，耳长大于耳宽，顶端钝圆。耳屏宽长约为耳长一半。翼膜宽圆，连接到左右延伸到趾基部。

地理分布： 为中国特有种。仅分布于台湾。

物种评述： 典型的夜行性动物，曾发现利用树洞栖息。发出典型短持续的回声定位音波探测环境与猎物，还可以聆听猎物发出声音来锁定并猎捕在叶面上的猎物。

台湾 / 周政翰

台湾 / 周政翰

亚洲长翼蝠
Miniopterus fuliginosus (Hodgson, 1835)
Eastern Long-finger Bat

翼手目 / Chiroptera > 蝙蝠科 / Vespertilionidae

形态特征： 体型中等。前臂长46-50mm。耳短圆，耳屏小，长度不及耳长之半，端部钝圆，稍向内弯。翼狭长，第3指的第2指节为第1指节的3倍，且在静止时呈倒折状态。尾长等于或大于体长，但全部封在股间膜内，股间膜呈锥状。体被丝绒状短毛，背毛深褐色，腹毛较淡，毛基鼠灰色，被毛短而紧实。

地理分布： 国内分布于安徽、浙江、北京、河北、湖北、湖南、福建、江西、陕西、广东、广西、云南、贵州、四川、海南、澳门、香港及台湾。国外分布从阿塞拜疆、乌兹别克斯坦到南亚的印度、东南亚的印度尼西亚，以及东亚的日本和朝鲜、韩国等广大地区。

物种评述： 栖息于黑暗潮湿积水的大石灰岩溶洞内，集聚成数千只甚至上万只大群，层叠在洞顶岩壁上。具冬眠习性。以小飞虫为食，尤以膜翅目和双翅目居多。*Miniopterus schreibersii* 曾被认为广泛分布于亚欧大陆，近期分子系统学与形态学研究发现其内包括几个种，且将中国区域分布的 *M. s. fuliginosus* 亚种提升为种 *M. fuliginosus*（Tian et al., 2004; Li et al., 2015）。

浙江杭州淳安 / 吴毅

浙江杭州 / 周佳俊

浙江杭州淳安 / 周佳俊

113

南长翼蝠

Miniopterus pusillus Dobson, 1876
Small Long-fingered Bat

翼手目 / Chiroptera > 蝙蝠科 / Vespertilionidae

形态特征：体型较小。前臂长 40-41mm。体重 7-9g。耳壳短宽，耳屏细长。翼狭长；第 5 掌骨较短；第 3 掌骨较长，其第 2 指节长度为第 1 指节的 3 倍，静止时折转放置。背毛黑褐色，腹毛棕褐色。

地理分布：国内分布区较狭窄，包括广东、海南、云南、福建、澳门及香港。国外分布于泰国、尼泊尔、印度、越南和印度尼西亚等南亚和东南亚地区。

物种评述：在我国的分布较亚洲长翼蝠偏南，栖息于岩石洞穴内，常聚集成几十上百只的种群。同栖于一洞穴内的有大蹄蝠、中华菊头蝠、鞘尾蝠等。

云南昆明 / 余文华

云南临沧永德 / 欧阳德才

南长翼蝠

香港 / 刘少英提供

云南西双版纳 / 谢慧娴

云南西双版纳 / 谢慧娴

大长翼蝠

Miniopterus magnater Sanborn, 1931
Large Long-Fingered Bat

翼手目 / Chiroptera > 长翼蝠科 / Miniopteridae

形态特征： 在长翼蝠中体型较大，前臂长 43-53mm。背毛长且柔软，毛发黑色到深棕色，腹毛呈均匀的淡灰色；头部呈圆球状，耳廓短圆，耳屏短钝，向前弯曲；翼狭长，第 3 指第 2 指节长度为第 1 指节的 3 倍；头骨鼻吻部较短，脑颅骨呈球型，上门齿与上犬齿的距离较远，上犬齿特别细长，第 1 上前臼齿较小。

地理分布： 国内分布于广东、福建、云南、海南、香港。国外分布于东南亚大部分地区、印度尼西亚、印度、新几内亚。

物种评述： 常栖息在山洞，在树冠上方觅食，也在溪流等低空飞行，有迁徙习性。王应祥（2003）将中国的 *M. magnater* 列为独立种 *M. macrodens*，而其他学者认为应该为中国亚种 *M. m. macrodens*。但根据最新文献几内亚长翼蝠 *M. magnater* 独立为一种。IUCN 名录中被列为无危（LC）。

四川宝兴 / 吴毅

四川宝兴 / 吴毅

金管鼻蝠

Murina aurata Milne-Edwards, 1872
Little Tube-nosed Bat

翼手目 / Chiroptera > 蝙蝠科 / Vespertilionidae

形态特征： 体型小，前臂长 28-32mm。鼻孔呈管状，较细而长，向上翘。耳壳卵圆形较宽，后缘无凹刻，耳屏狭窄，末端尖细。背毛毛基灰黑色，毛尖为金色，胸下上腹部淡出，以此为白色。翼膜较宽，无毛。肋膜、股间膜、尾和后足上披稀疏的长毛。翼膜游离缘终止于后足第1趾的爪垫基部的外缘，而股间膜后缘始于后距，无距缘膜。尾端略突出于股间膜外约1mm左右。胫骨短，后足小，趾细长，爪小而弯曲尖锐。头骨的吻部狭长，吻突不粗壮，中线具一浅凹槽，可达眼眶部位。上颌第1前臼齿甚小于第2前臼齿。下颌犬齿齿冠较低，约与第1前臼齿等高。

地理分布： 国内分布于四川、甘肃、海南、广西等。国外分布于印度东北部、尼泊尔、缅甸、泰国。

物种评述： 王应祥（2003）将西藏和云南的列为 1 个亚种 *M. a. feae* Thomas, 1891（王应祥拼写为 *feai*），但 Maeda（1980）认为它是 *M. aurata* 的同物异名。本种容易与艾氏管鼻蝠（*M. eleryi*）混淆，后者为 2009 年发表的新种，模式产地为越南北部。

黄胸管鼻蝠

Murina bicolor Kuo *et al.*, 2009
Yellow-chested Tube-nosed Bat

翼手目 / Chiroptera > 蝙蝠科 / Vespertilionidae

台湾 / 周政翰

形态特征： 为中型蝙蝠。体长 47-50mm，前臂长 36-42mm，尾长 40-45mm。头部褐色，吻端明显突出，鼻孔延长成短管状。背部毛发为褐色或灰褐色，顶端夹杂红褐色的长毛，腹毛颜色黄色或白色，背腹毛颜色对比明显。面部毛发暗褐色，毛厚而柔软，耳郭相对大，且具有缺刻，耳长大于耳宽，顶端钝圆；耳屏长而窄。翼膜宽圆，连接到趾基部。尾膜及足上均有细而密的毛。

地理分布： 为中国特有种。目前仅分布于台湾。

物种评述： 典型的夜行性动物，其主要栖息环境尚不十分明确，可见在林间空地捕食昆虫。冬天曾在高海拔坑道发现其冬眠。能发出典型的短持续和宽带的回声定位声波。

台湾 / 周政翰

金毛管鼻蝠

Murina chrysochaetes Eger and Lim, 2011
Golden-haired Tube-nosed Bat

翼手目 / Chiroptera > 蝙蝠科 / Vespertilionidae

云南哀牢山 / 梁晓玲

形态特征： 体型小，体重 3-4.20g，前臂长 26.35-31.19mm。背毛基部黑色、中部浅棕色、毛尖金黄色且具金属光泽。腹部毛发基部黑色，中部开始过渡至灰白色。鼻孔呈短管状向外突出且，鼻孔基部、嘴部和额部呈中褐色。耳廓宽而圆，后端边缘无凹痕，耳屏端部尖而细长、基部稍宽。颅全长 13.25-15.01mm，颧弓纤细，脑颅膨大圆润，无矢状嵴和人字嵴。两枚上门齿高度约为上犬齿的 2/3，第 1 上前臼齿小，高度仅为第 2 上前臼齿的 1/2，齿冠面积为后者 1/3。下犬齿与下颌第 1 前臼齿等高，但齿冠面积较大。

地理分布： 国内目前分布于广西（模式产地为广西靖西底定，Eger & Lim, 2011）、广东、云南和四川（钟韦凌等，2021）。国外仅越南有过报道。

物种评述： 栖息于远离人烟、植被较好的亚热带常绿阔叶林。飞行状态下的回声定位声波属于调频型，一次完整的回声定位仅含一个谐波，主频率为 90.7-110.1kHz。推测该种可能在枝叶茂盛、灌木丛等复杂环境中捕食体型较小的昆虫。

四川卧龙 / 梁晓玲

圆耳管鼻蝠

Murina cyclotis Dobson, 1872
Round-eared Tubed-nosed Bat

翼手目 / Chiroptera > 蝙蝠科 / Vespertilionidae

广东肇庆封开 / 余文华

形态特征： 为中等体型的管鼻蝠。前臂长33-38mm。鼻部管状，有纵沟。耳壳近圆形，耳屏外缘薄，尖端圆锥状。股部、胫部和尾基部多毛，足背毛厚，且超出脚趾。背毛鲜赤褐色，毛基多为棕褐色。尾尖游离。尾膜、腿部、后足背面覆毛，但是腹面几近裸露。雌性略比雄性大。

地理分布： 国内分布于江西、海南、广东。国外分布于中南半岛（缅甸、老挝、越南）、小巽他群岛、斯里兰卡、印度、菲律宾以及马来西亚的苏门答腊和加里曼丹岛等西部地区。

物种讲述： 夜行性。以小型昆虫为食。生活在热带或亚热带地区，海拔高度250-1500m的森林和农林地区。在东南亚，主要栖息在热带雨林，沿海地区也较为常见。多栖居于树叶中，如躲藏在豆蔻的死叶或干叶下，也曾被采自小山洞和岩石隐蔽处。与中管鼻蝠（*Murina huttoni*）非常相似，标本相对少。

艾氏管鼻蝠

Murina eleryi Furey, 2009
Elery's Tube-nosed Bat

翼手目 / Chiroptera > 蝙蝠科 / Vespertilionidae

广东肇庆封开 / 吴毅

形态特征： 为管鼻蝠中体型最小的种类之一。前臂长30-33mm。耳短宽，近似卵圆形。耳屏较窄，端部尖细。鼻孔呈管状，稍长。翼膜较宽，止于趾基外缘。股间膜始于距基处，其尾从股间膜后缘伸出约1mm。背面覆以柔软的短毛，杂有细长毛，呈暗黄褐色，毛尖沾金黄色调。腹面无细长毛，毛色灰白。翼膜前臂处和股间膜覆有黄色短毛；足背腹短毛均为黑色。

地理分布： 国内分布于广东、广西、湖南、贵州。国外仅见于模式产地越南。

物种评述： 数量稀少的树栖蝙蝠。栖息于山区森林或枯叶簇中，单只或集小群生活。以昆虫为食。该种为 Furey et al.（2009）发表的新种，Francis & Eger（2012）将采集了广西和贵州的标本作为中国新记录种予以报道。传统上将体型较小、体被金色毛发的管鼻蝠种类鉴定为金（小）管鼻蝠（*Murina aurata*）。而艾氏管鼻蝠与金管鼻蝠在形态上极为相似，但二者在牙齿形态存在差异：前者上犬齿高度明显超过第2前臼齿，而后者上犬齿高度略等于或低于第2前臼齿；艾氏管鼻蝠的下颌长和下齿列长要大于金管鼻蝠。

梵净山管鼻蝠
Murina fanjingshanensis He *et al.*, 2015
Fanjingshan Tube-nosed Bat

翼手目 / Chiroptera > 蝙蝠科 / Vespertilionidae

形态特征： 体型中等大小，前臂长 40-42mm。鼻部呈短管状突出，开向两侧，其后方有疣粒突起，鼻吻部及下唇均具毛；背毛棕黄，腹毛污白，翼膜黑褐色，股间膜及后足密生棕黄色长毛，无距缘膜，距尖端和尾椎突出尾膜。头骨隆起，矢状嵴和人字嵴不明显，鼻吻部较宽，鼻间沟明显，额弓细长。上门齿明显，外尖高于内尖。

地理分布： 该种为 He et al.（2015）发表的新种，模式产地为贵州梵净山。黄太福等（2018）报道湖南新记录，也是该种在模式产地外的第一次发现。

物种评述： 梵净山管鼻蝠和白腹管鼻蝠、黄胸管鼻蝠较为相似，但体长、腹部毛色、上门齿、颅全长等形态特征有一定差异（He et al., 2015）。湖南采集的梵净山管鼻蝠样本的体型较小，体长、尾长和颅全长等多项外形指标均小于白腹管鼻蝠而更接近于模式产地的梵净山管鼻蝠和黄胸管鼻蝠，但黄胸管鼻蝠胸腹部毛色棕黄（Kuo et al., 2009）。

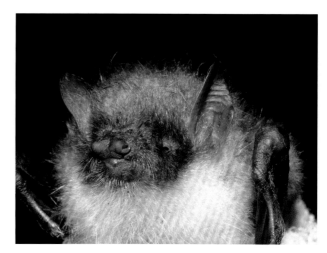

贵州荔波 / 吴毅

菲氏管鼻蝠
Murina feae Thomas, 1891
Fea's Tube-nosed Bat

翼手目 / Chiroptera > 蝙蝠科 / Vespertilionidae

形态特征： 体型小，前臂长约 29mm；鼻孔前端突出延长成短管状，鼻吻部深灰褐色。耳圆无缺刻，耳屏尖长，长度约为耳郭之半。背毛基部黑色、中部浅灰色，毛尖深灰褐色，使背部整体毛色呈灰褐色。腹部呈灰白色，腹毛基部黑色或灰黑色、毛尖银白色。后足背面及股间膜覆盖稀疏的灰褐色毛发。股间膜呈浅灰褐色，腹面毛色比背部浅，膜边缘的毛向后延伸游离可见。翼膜延至第 1 趾中部。头骨较小，颅全长 15.06-16.01mm，脑颅稍膨大，吻突窄，凹陷较发达。矢状嵴与人字嵴不明显，颧弓相对发达，且下颌骨冠状突较高且宽。

广东肇庆封开 / 余文华

地理分布： 该种首次由 Thomas（1891）在缅甸发现并描述，其后老挝、越南等报道有分布。Francis 和 Eger（2012）首次报道该种分布我国广西和贵州，吴梦柳等（2017）报道了广东和江西分布新记录。国内分布于广西（十万大山和靖西）、贵州（荔波）、广东（封开）和江西（九连山）。

物种评述： Francis 和 Eger（2012）认为 *M. feae* 与 *M. cineracea* 为同物异名。吴梦柳等（2017）采集标本与模式标本（MSNG 44037；Thomas, 1891）毛色存在一定差异。

姬管鼻蝠

Murina gracilis Kuo *et al.*, 2009
Taiwanese Little Tube-nosed Bat

翼手目 / Chiroptera > 蝙蝠科 / Vespertilionidae

形态特征：体小型，体长33-45mm，前臂长27-33mm，尾长26-36mm。吻端明显突出，鼻孔延长成短管状。背毛夹杂金属光泽的毛发，其余毛发基部黑色，尖端为浅褐色；腹毛颜色浅，呈灰白色。耳郭相对较短，耳长大于耳宽，顶端钝圆；耳屏长而宽。翼膜宽圆，连接到趾基部。尾膜及足上均富有细而密的毛。

地理分布：为中国特有种。仅分布于台湾。

物种评述：典型的夜行性树栖型蝙蝠，但其栖息环境尚不十分不明。能发出典型的短持续和宽带的回声定位声波，用于在林间空地上捕食昆虫。

台湾 / 周政翰

台湾 / 周政翰

哈氏管鼻蝠
Murina harrisoni Csorba & Bates, 2005
Harrison's Tube-nosed Bat

翼手目 / Chiroptera > 蝙蝠科 / Vespertilionidae

形态特征：为中等体型的管鼻蝠。前臂长约36mm。体重5g。吻鼻部管状突出，鼻孔开向两侧；体侧翼膜止于脚趾基部。耳壳后缘无微刻，耳屏为本属典型特征，略微向后弯曲，高度约为耳长之半。尾膜上部密生毛，最后1节尾椎骨露出尾膜。背毛红棕色，毛尖颜色略黑；腹部（包括喉部）毛色全部为灰白而不分段显色。

地理分布：国内分布于海南、广东和江西。国外仅见于模式产地柬埔寨。

广东广州帽峰山 / 余文华

物种评述：为Csorba & Bates（2005）利用采集于柬埔寨基里隆国家公园的标本发表的新种，被归入"*cyclotis*"族群，Wu et al.（2010）报道了在海南尖峰岭发现的中国新记录。模式标本为薄雾网捕获于有许多非成年阔叶林小河边（Csorba & Bates，2005）；江西、广东标本均为竖琴网采集；海南标本采于2008年9月，利用蝙蝠竖琴网捕获于尖峰岭国家森林公园内，气候湿润的热带雨林狭窄山谷小溪边，表明该种蝙蝠为树栖型蝙蝠。

中管鼻蝠
Murina huttoni (Peters, 1872)
Hutton's Tube-nosed Bat

翼手目 / Chiroptera > 蝙蝠科 / Vespertilionidae

形态特征：中等体型管鼻蝠。前臂长 29-38mm。颅全长 18mm。体型稍比圆耳管鼻蝠大。鼻部具管鼻蝠属的典型特征，鼻孔为管状入心。耳短而宽。体毛显得长而柔软，背毛为棕红褐色，腹毛苍白，但中间部与体侧无显著的界限。与圆耳管鼻蝠类似，耳后缘圆滑的凸起而没有凹刻。尾膜和足有毛。

地理分布：国内分布于福建、江西、广西、湖北、浙江、广东。国外分布于印度西北部、越南、泰国、马来西亚西部。

物种评述：夜行性。食虫。栖于中低海拔林地，但适应多种栖息地，在林区、农业区活动。拉丁学名有时拼写为 *Murina huttonii*，中文名也称大管鼻蝠。曾经有学者将 *M. tubinaris* 归入本种的亚种，但 *M. tubinaris* 应为独立种。

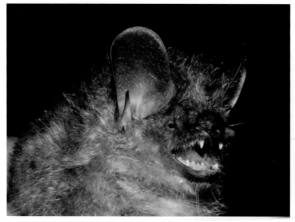

湖南株洲炎陵 / 余文华

江西井冈山 / 吴毅

四川卧龙国家级自然保护区 / 吴毅

四川卧龙国家级自然保护区 / 余文华

锦矗管鼻蝠

Murina jinchui Yu, Csorba, Wu, 2020
Jinchu's Tube-nosed Bat

翼手目 / Chiroptera > 蝙蝠科 / Vespertilionidae

形态特征：体型小，前臂长约35mm；鼻孔前端突出延长成短管状，鼻吻部黑色。耳小且圆，无缺刻，耳屏尖长。背毛基部黑色、中部棕灰色，毛尖深褐色，使背部整体毛色呈棕灰色，并散布较长的暖灰色毛发。腹毛毛基黑色，毛尖呈冷灰色，并散布金色毛发。后肢和尾膜尤其是沿尾部和股骨被深棕色毛。翼膜延至第1趾基部，前臂和掌骨没有毛，短的金色毛在拇指的背表面。头骨较小，颅全长15-17mm，脑颅稍膨大，吻突及其凹陷较发达。矢状嵴与人字嵴不明显，颧弓纤弱，左右上颌齿向前收拢。

地理分布：为中国特有种。系Yu et al.（2020）发表的新种，现仅记录于模式产地——四川汶川卧龙黑桃坪。

物种评述：该物种体型较小，可与在系统发育分析中亲缘关系较近的东北管鼻蝠、白腹管鼻蝠和梵净山管鼻蝠明显区分；水甫管鼻蝠和榕江管鼻蝠虽然与本种形态大小相近，但前二者背毛棕红色，腹毛金黄色，耳更小，前臂长更短（Yu et al., 2020）。

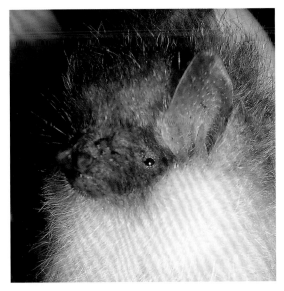

四川绵阳平武 / 石红艳

白腹管鼻蝠

Murina leucogaster Milne-Edwards, 1872
Greater Tube-nosed Bat

翼手目 / Chiroptera > 蝙蝠科 / Vespertilionidae

形态特征：较大体型管鼻蝠。体长 42-53mm，前臂长 37-43mm，尾长 34-49mm。头部褐色，吻端明显突出，鼻孔延长呈短管状。背毛红褐色或灰褐色，腹部毛色浅，常呈灰白色。面部暗褐色，毛厚而柔软，较长，可达 13mm。体毛颜色在不同地理区域变化较大。耳相对体型较短，耳长略大于耳宽，顶端钝圆。耳屏长而窄，基部有缺刻。翼膜宽圆，连接到趾基部。尾膜及足上均覆有细而密的毛。

地理分布：国内广泛分布于黑龙江、吉林、辽宁、北京、山西、陕西、四川、福建、西藏、贵州和云南等地。国外分布于印度、越南、朝鲜、韩国、日本、尼泊尔、不丹及泰国等。

物种评述：白腹管鼻蝠社群结构复杂，是典型的群居性夜行动物，常与其他蝙蝠种类共同栖息在同一山洞。有时也栖息在树洞和建筑物中，冬季在山洞和岩缝中集群冬眠。白腹管鼻蝠发出典型的短持续和宽带的回声定位声波，用于在林间空地上捕食昆虫。白腹管鼻蝠通讯叫声也十分复杂，常随着发声背景的改变而变化。

白腹管鼻蝠 / 吉林通化集安 / 郭东革

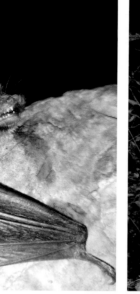

白腹管鼻蝠 / 吉林通化集安 / 江廷磊

白腹管鼻蝠 / 吉林通化集安 / 江廷磊

罗蕾莱管鼻蝠
Murina lorelieae Eger & Lim, 2011
Lorelie's Tube-nosed Bat

翼手目 / Chiroptera > 蝙蝠科 / Vespertilionidae

云南普洱市中山镇/李锋

形态特征： 小型管鼻蝠。前臂长32.57mm（29.77-34.44mm）。鼻部延长呈管状，吻端较尖。耳郭大而圆，无缺刻。背毛长6-8mm，呈红褐色，其毛基黑色，中段为浅灰色；靠近头部背毛毛尖呈红色，而肩至尾部背毛，毛尖为褐色；腹毛毛基棕黑色，毛尖灰白色，其间有长6-7mm的白色针毛。尾膜背面靠躯干部、尾部、脚和翼膜的边缘均具有较长红色毛发；且尾膜的边缘有灰黑色的短毛。股间膜与后足第一趾相连接。头骨较小，无矢状嵴和人字嵴。鼻吻部中间有一明显凹槽。脑颅表面光滑。

地理分布： 国内仅分布于广西（瓜亮为模式产地）、云南。国外分布于越南。

物种评述： Eger & Lim（2011）利用广西底定的一个标本发表新种后，Tu et al.（2015）在越南王岭自然保护区捕获3只管鼻蝠，根据其体型大小和线粒体COI基因的差异，描述为越南亚种（*Murina lorelieae ngoclinhensis*）。黎舫等（2017）报道了云南该种管鼻蝠新记录，应属指名亚种（*M. l. lorelieae*）。

台湾管鼻蝠
Murina puta Kishida, 1924
Taiwanese Tube-nosed Bat

翼手目 / Chiroptera > 蝙蝠科 / Vespertilionidae

形态特征： 为中等偏小型蝙蝠。体长40-53mm，前臂长33-39mm，尾长32-46mm。头部毛为褐色，吻端明显突出，鼻孔延长成短管状。背毛浅褐色或灰褐色，腹毛颜色较浅，常呈灰白到灰褐色，被毛厚而柔软。耳郭较大，耳长大于耳宽，顶端钝圆。耳屏长而窄。翼膜宽圆，延伸连接到趾基部。尾膜及足上均覆盖有细而密的毛。

地理分布： 为中国特有种。仅分布于台湾。

物种评述： 曾发现利用香蕉枯叶栖息。发出典型的短持续和宽带的回声定位声波，用于在林间空地上捕食昆虫。

台湾 / 周政翰

台湾 / 周政翰

隐姬管鼻蝠

Murina recondita Kuo *et al.*, 2009
Faint-clored Tube-nosed Bat

翼手目 / Chiroptera > 蝙蝠科 / Vespertilionidae

形态特征：为较小型蝙蝠。体长34-44mm，前臂长31-35mm，尾长27-39mm。头部毛为褐色，吻端明显突出，鼻孔延长成短管状。背毛金黄色并杂有金属光泽毛发，腹毛基部黑色尖端灰白，毛厚而柔软。耳郭相对于体型较短，耳长大于耳宽，顶端钝圆。耳屏窄而尖长。翼膜宽圆，向后延伸连接到趾基部。尾膜及足上均被覆有细而密的毛。

地理分布：为中国特有种。仅分布于台湾。

物种评述：典型的夜行性动物，其主要栖息场所未明，偶发现零星个体利用洞穴。发出典型的短持续和宽带的回声定位声波，用于在林间空地上捕食昆虫。

台湾 / 周政翰

台湾 / 周政翰

水甫管鼻蝠

Murina shuipuensis Eger and Lim, 2011
Shuipu's Tube-nosed Bat

翼手目 / Chiroptera > 蝙蝠科 / Vespertilionidae

形态特征：体型小，前臂长30-35mm。鼻孔突出延长成短管状，分别朝向左右两侧，鼻部和额部为黑色，面部其他部位颜色较浅。耳小而圆且后段边缘具凹痕，耳屏尖长，耳郭后部毛为米黄色。背毛呈3色带状：基部暗灰色，中部浅黄色，毛尖黑色。腹部橘黄色，咽喉部毛较短，毛基灰白色，毛尖浅黄色到橘黄色；腹部其他部位呈2色带状基部为黑色，毛尖为灰白色到橘黄色。翼膜延至第1趾基部。头骨较小，前额吻突显著，矢状嵴缺失，人字嵴不明显；上颌门齿紧密但与犬齿之间形成明显的缝隙，前者高度为后者的1/2。

地理分布：为中国特有种。分布于贵州（模式产地：黔南荔波水甫村）。

物种评述：为2011年Eger和Lim依据采集于贵州荔波水甫村（Shuipu Village, Yuping Town, Libo County, Guizhou, China，海拔650m）一雄性管鼻蝠标本描述的新种。王晓云等（2016）报道了广东和江西的新分布，但该新记录似乎应为Chen et al.（2017）描述的榕江管鼻蝠（*Murina rongjiangensis*）。值得注意的是，水甫管鼻蝠外形和头骨与榕江管鼻蝠极为相似，亲缘地理学研究提示二者极可能为同一种。

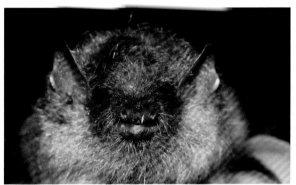

贵州黔南荔波 / 王晓云

贵州黔南荔波 / 王晓云

金芒管鼻蝠

Harpiola isodon Kuo et al., 2006
Formosan Tube-nosed Bat

翼手目 / Chiroptera > 蝙蝠科 / Vespertilionidae

台湾 / 周政翰

台湾 / 周政翰

形态特征：小型蝙蝠。体长45-47mm，前臂长30-36.5mm，尾长30-33mm，雌性较雄性大。头部褐色，吻端明显突出，鼻孔延长成短管状，头部侧面观齿列几乎等高。背毛为褐色但夹杂有金属光泽，腹毛颜色浅，常呈灰白色。面部暗褐色，毛厚而柔软，耳郭相对于体型较短，耳长大于耳宽，顶端钝圆。耳屏长而窄。翼膜宽圆，连接到趾基部。尾膜及足上均富有细而密的毛。

地理分布：国内分布于台湾。国外分布于越南。

物种评述：为典型的夜行性森林型蝙蝠，但主要栖所还不太明确，偶发现零星个体栖于洞穴。发出典型的短持续和宽带的回声定位声波，常在林间空地捕食昆虫。

毛翼管鼻蝠

Harpiocephalus harpia (Temminck, 1840)
Lesser Hairy-winged Bat

翼手目 / Chiroptera > 蝙蝠科 / Vespertilionidae

形态特征： 为蝙蝠科中体型较大的种类。雌性前臂长为49-53mm，雄性为45-50mm，具明显的性二型现象。鼻部前端呈短管状。耳壳卵圆形，耳屏披针形，较长，且有一基凹。背部毛基黄褐色，毛尖褐栗色；翼膜淡黑褐色；后足、股间膜及尾膜密生黄褐色细毛。后足相对较短。

地理分布： 国内分布于台湾、云南、广东、福建、浙江、湖北、湖南、海南、江西和广西等。国外分布于马来半岛、新几内亚等亚洲东部。

物种评述： 该种为森林性蝙蝠，以甲虫等为食。在相同的环境中还采集到暗褐彩蝠（*Kerivoula furva*）、大耳菊头蝠和中管鼻蝠等。稀少种类。但近年随着调查的深入，该种的分布范围不断扩大，不同学者分别报道了湖北、湖南、浙江、海南和贵州分布新记录，使该种在我国的分布区扩大到整个华南地区。因该种雌雄性之间存在性二型，早期常将其误认为2个不同的种 *Harpiocephalus harpia* 和 *H. mordax*（Corbet & Hill, 1992；Simmons, 2005），但Matveev（2005）通过对雌雄标本的采集和分析发现，上述两种实为同一物种，并统一确认为 *H. harpia*。

广西北流 / 吴毅

浙江台州仙居 / 周佳俊

浙江杭州淳安 / 周佳俊

海南陵水 / 吴毅

海南海口 / 陈忠

彩蝠

Kerivoula picta (Pallas, 1767)
Painted Woolly Bat

翼手目 / Chiroptera > 蝙蝠科 / Vespertilionidae

形态特征：体型较小，颜色艳丽。前臂长 37-49mm。体重 8-10g。耳壳较大，耳基部管状，略似漏斗状，耳内缘凸起，耳屏细长披针形。翼膜与趾基相连。第 5 掌骨长于第 3、4 掌骨，翼显得短而宽。足背有黑色短毛；背腹毛橙黄色，但腹毛较淡。前臂、掌和指部及其附近为橙色，但指间的翼膜为黑褐色。

地理分布：国内分布于广东、海南、广西、浙江、福建、贵州。国外分布于柬埔寨、泰国、印度、越南和印度尼西亚等南亚和东南亚地区。

物种评述：数量非常稀少，在茶树林、香蕉林、荔枝园及房屋附近飞行觅食，近年有人在海口和三亚香蕉园的嫩叶中捕捉到该种蝙蝠。以昆虫为食。

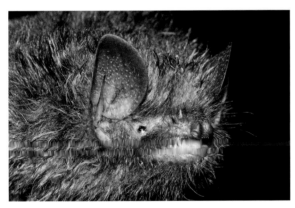

江西九江武宁 / 吴毅

广东肇庆封开 / 余文华

暗褐彩蝠

Kerivoula furva Kou *et al.*, 2017
Dark Woolly Bat

翼手目 / Chiroptera > 蝙蝠科 / Vespertilionidae

形态特征：体型较小，前臂长 30-34mm，颅全长 14-15mm。无鼻叶，耳郭呈漏斗状，耳屏略呈披针形。翼膜和尾间膜呈灰色，被覆稀疏浅毛。翼膜后缘末端延伸至后足第 1 趾基部；尾间膜前缘末端止于脚踝。背毛总体近灰色，毛基部黑色，毛尖端深褐色，腹毛的基部为黑色，毛尖稍白而略带灰褐色。

地理分布：国内分布于海南、台湾、广东和江西。国外分布于柬埔寨、缅甸、越南和印度尼西亚等南亚和东南亚地区。

物种评述：为森林性蝙蝠，标本使用蝙蝠竖琴网采集捕获于毛竹林与常绿阔叶林混交林之中的通道。稀少种类。Wu et al.（2012）曾利用海南和台湾采集的标本，报道了泰坦尼亚彩蝠（*Kerivoula titania*）为中国的蝙蝠新记录；李锋等（2015）报道了泰坦尼亚彩蝠为江西的蝙蝠新记录；而我国台湾学者 Kuo et al.（2017）发表了

暗褐彩蝠新种。Yu et al.（2018）依据分子结果，分析了海南、江西等地的彩蝠标本，结果与台湾的暗褐彩蝠新种聚在一支，且形态特征也十分相似，认为属于同一种蝙蝠。该种与哈氏彩蝠（*K. hardwickii*）的分类地位尚待进一步探讨。

克钦彩蝠

Kerivoula kachinensis Bates *et al.*, 2004
Kachin Woolly Bat

翼手目 / Chiroptera > 蝙蝠科 / Vespertilionidae

形态特征：较大体型的彩蝠，前臂长 39.87-41.97mm。背毛整体呈棕色，毛基暗灰色，毛中棕灰色，毛尖浅棕色。腹毛毛基暗灰色，毛尖呈混杂的浅白和浅棕色。耳大，耳屏长且尖。翼膜后缘末端延伸至后足第一趾基部。头骨较大而扁平，颅全长 17.01-17.84mm，脑颅宽 8.23-8.79mm，颅高为 5.19-5.68mm。上颌第 1、2 上门齿排列紧凑；第 2 上前臼齿的长宽接近；第 3 上臼齿的后附尖缺失。下颌的前臼齿排列紧凑，第 1 下前臼齿的宽度超过长度，齿冠面积稍大于第 2 下前臼齿；第 2 下前臼齿、第 3 下前臼齿的长稍大于宽。

地理分布：国内目前仅发现于云南。国外分布于缅甸北部（模式产地为 Kachin State, Myanmar）、泰国北部、老挝、越南北部和中部、柬埔寨东南部。

物种评述：该种体型较大、颅骨扁平，容易与彩蝠属其他物种区别。有报道其在树皮裂缝或树洞中栖息。为近期发表的中国蝙蝠分布新纪录（Yu et al., 2022），目前研究较少，《中国生物多样性红色名录（2020）》尚未列入。

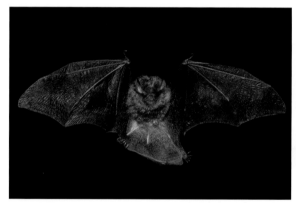

云南西双版纳 / 吴毅

云南西双版纳 / 吴毅

泰坦尼亚彩蝠

Kerivoula titania Bates *et al.*, 2007
Titania's Woolly Bat

翼手目 / Chiroptera > 蝙蝠科 / Vespertilionidae

形态特征：中等大小彩蝠，前臂长 32.67-34.79mm。背毛整体灰棕色，颜色呈不均匀三段色，毛基黑色，中部浅灰色，毛尖暗灰色。腹毛毛基浅黑色，毛尖白色。耳大，耳屏狭长且尖。头骨宽阔、扁平，颅全长 15.44-15.90mm，脑颅宽 7.70-8.07mm，颅高 5.27-5.83mm。上颌第 1 上门齿为单尖形；第 1 上门齿与上犬齿的齿冠面积相近；3 枚上前臼齿宽度均大于长度。下颌

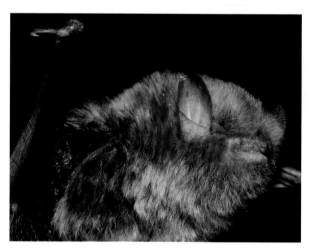

云南西双版纳 / 黄正澜懿

的所有前臼齿长度均大于宽度；第 1 下臼齿的齿冠面积略大于第 2 下臼齿的齿冠面积。

地理分布：目前在中国确认仅分布于云南。国外分布于缅甸东部、泰国北部、老挝、越南、柬埔寨东部。

物种评述：之前在海南（Wu et al., 2012）、广东（李锋等，2016）和广西（李锋等，2015）分布暗褐彩蝠被误判为泰坦尼亚彩蝠，根据 Yu et al.（2022）最新研究结果，泰坦尼业彩蝠在中国仅分布于云南。

灵长目

Primates Linnaeus, 175

灵长目（Primates）为动物界哺乳纲的 1 个目，共 19 科 78 属 480 余种，主要分布于亚洲、非洲和美洲温暖地带，是动物界最高等的类群。

我国拥有灵长类动物（本文特指非人灵长类）共 3 科 8 属 28 种，其中特有种 7 种。

该类动物大脑发达；眼眶朝向前方，眶间距窄；手和脚的指（趾）分开，大拇指灵活，多数能与其他指（趾）对握。分为原猴亚目（Prosimii）和猿猴亚目（Anthropoidea）：原猴亚目颜面似狐，无颊囊和臀胼胝，前肢短于后肢，拇指与人趾发达，能与其他指（趾）相对，尾不能卷曲；猿猴亚目颜面似人，大都具颊囊和臀胼胝，前肢大都长于后肢，人趾有的退化；尾长，有的能卷曲、有的无尾。按区域分布或鼻孔构造，猿猴亚目又分为阔鼻猴（新大陆猴）类和狭鼻猴（旧大陆猴）类。大多为杂食性，选择食物和取食方法各异。每年繁殖 1-2 次，每胎 1 仔，少数可多到 3 仔。幼体生长较慢。高等种类性成熟的雌性有月经，雄性能在任何时间交配。大多栖息林区。灵长目的体型变化很大，最大的是大猩猩，体重可达 200kg，最小的是倭狨（Marmoset），体重只有 70g 左右。灵长目的多数种类鼻子短，其嗅觉次于视觉、触觉和听觉。仰鼻猴属和豚尾叶猴属的鼻骨退化，形成上仰的鼻孔，长鼻猴属的鼻子则大又长。多数种类的指和趾端均具扁甲，跖行性。长臂猿科和猩猩科的前肢比后肢长得多。猿类和人无尾。在有尾的种类中，其尾长差异很大，卷尾猴科大部分种类的尾巴具抓握功能。一些旧大陆猴（如狒狒）的脸部、臀部或胸部皮肤具鲜艳色彩，在繁殖期尤其显著；臀部有粗硬皮肤组成的硬块，称为臀胼胝。

灵长类动物大多是社会性动物，社会结构复杂，行为模式和生存方式多样。在众多灵长类动物种类中，与人类亲缘关系更近的是东南亚的猩猩、非洲的大猩猩和黑猩猩，它们与人类基因组的相似度分别达到了 96.4%、97.7% 和 98.6%。由于灵长目动物与人类的亲缘关系很近，且其生活方式可能与最早的人类相似，因此对人类祖先的研究有很大的帮助。

蜂猴

Nycticebus bengalensis (Lacépède, 1800)
Slow Loris

灵长目 / Primates > 懒猴科 / Lorisidae

形态特征：体型较小的一种原猴类。体长 26-38cm，尾长 22-25cm。耳小，眼圆而大。四肢短粗而等长，手的大拇指和其他 4 指相距的角度甚大，第 2 指、趾极短或退化，除后足第 2 趾保留着钩爪外，其他指、趾的末端有厚的肉垫和扁平的甲。尾短而隐于毛丛中。身体被毛浓密而柔软，体背棕灰色或橙黄色，正中有一深褐色脊纹自头顶延伸至尾基部。腹面棕色。眼、耳均有黑褐色环斑。眼间距很窄，眶间至前额为逐渐加宽的亮白色线纹。

地理分布：国内分布于云南西南部（西双版纳和临沧）和广西南部。国外分布于东南亚和南亚东北部。

物种评述：该种为典型的东南亚热带和亚热带森林中的树栖性动物，活动、觅食、交配、繁殖及休息等均在树上度过。严格的夜行性，白天蜷缩成球形在茂密的植被中或树洞中睡觉，夜晚出来觅食，以植物的果实为食，也捕食昆虫、小鸟及鸟卵。手肘部有毒腺，分泌的毒液有防御敌害的作用。蜂猴在中国为边缘分布区，仅在广西南部和云南中部无量山和哀牢山地区有少量残存，数量已非常稀少。

保护级别：国家一级重点保护野生动物。

云南德宏盈江 / 韦铭

云南德宏盈江 / 黄秦

倭蜂猴

Nycticebus pygmaeus Bonhote, 1907
Pygmy Slow Loris

灵长目 / Primates > 懒猴科 / Lorisidae

云南大围山自然保护区 / 张琦

形态特征：中国体型最小的一种原猴类。体长 19-26cm，体重约 0.75kg。外貌颇似蜂猴，但体型更小，仅是蜂猴的 1/3 至 1/2。头圆，眼大而圆。口小齿利，无颊囊。几乎没有尾巴。身体被毛较稀疏，缺乏柔软感，呈红褐色。冬季毛色偏灰，有明显的深色脊纹和卷曲的毛，夏季没有深色脊纹，毛微卷。鼻、唇部白色，面部和颈肩部大部为橙棕色。

地理分布：主要分布于中南半岛，分布范围狭窄。国内分布于云南南部的河口、金平、绿春、麻栗坡、马关、屏边等地区。国外分布于越南、老挝和柬埔寨东部。

物种评述：栖息环境、生活习性与蜂猴相似。一般选择热带、亚热带雨林、常绿阔叶林，竹林等作为生活环境。是一种夜行性动物，树栖性，以果实、昆虫、蜗牛、小型哺乳动物等为食，倾向于食虫性，并且有特化的刨树皮和食用树胶的取食行为。属于极为稀有且尚未深入进行研究的低等猴类，其分布范围十分狭窄，受人为活动干扰相当严重，亟待加强保护。

保护级别：国家一级重点保护野生动物。

云南大围山自然保护区 / 张琦

云南大围山自然保护区 / 张琦

云南大围山自然保护区 / 张琦

短尾猴
Macaca arctoides (I. Geoffroy, 1831)
Stumptail Macaque

灵长目 / Primates > 猴科 / Cercopithecidae

云南大围山国家级自然保护区 / 张琦

形态特征：体型较大的一种猕猴类动物。雄性体长 70-82cm，体重 8-16kg；雌性体长 50-58cm，体重 5-11kg。尾巴很短，其长度仅 6-8cm，还没有后脚长，且被毛稀少，因此又有"断尾猴"之称。前额部分裸露无毛，几乎全部秃顶，呈灰黑色。颊部的毛也较为稀少。胸部、腹部以及四肢内侧的毛稀疏且颜色较浅。肩部、颈部和背部的毛较为粗糙。胼胝的周围也是裸露无毛。短尾猴的成体颜面鲜红色，老年紫红色，幼体肉红色。体背毛色棕褐，披毛较长，腹面略浅。头顶毛较长，由中央向两侧披开。

地理分布：主要分布于南亚和东南亚地区。国内分布于西南部和南岭以南的华南地区，包括云南、广西、贵州南部、江西南部、湖南南部、广东及福建南部。国外分布于印度、老挝、马来西亚、缅甸、泰国、越南和柬埔寨。

物种评述：主要栖息于 1500-3000m 的原始阔叶林、针阔混交林或竹林地带。食性较杂，既取食野果、树叶、竹笋，也捕食蟹、蛙等小动物。影响该种生存的主要因素是栖息地被破坏，包括伐木、烧炭、修建公路、水坝、铺设电源线和渔业等，也包括纵火、栖息地碎片化、水土流失。在中国，狩猎和栖息地的丧失减少了该物种的种群数量，一些地方已局部灭绝。

保护级别：国家二级重点保护野生动物。

云南大围山国家级自然保护区 / 张琦

熊猴

Macaca assamensis (McClelland, 1839)
Assam Macaque

灵长目 / Primates > 猴科 / Cercopithecidae

西藏日喀则樟木 / 王昌大

形态特征：体型大小与猕猴相似。体长 50-70cm，尾长约为体长的 1/3。体重 10-15kg。与猕猴的不同在于颜面部相对较长，眉弓较高而突出。吻部突出。腮须和胡子都相当发达，具有颊囊。面部呈肉色，老年的个体脸上还有黑色的斑点。眼下皮的颜色较深。头顶的毛发从中央向四周辐射，呈现一个"漩涡"。

地理分布：国内分布于广西、贵州、云南北部地区和西藏在内的喜马拉雅山南麓一带。国外分布于印度、尼泊尔、不丹、缅甸北部、泰国北部、老挝、越南和马来西亚。

物种评述：主要栖于季风常绿阔叶林、落叶阔叶林、针阔混交林或高山暗针叶林地带。栖居生境和习性与短尾猴等有些相似之处，但熊猴栖居生境相对较高，在西藏东南部和云南西北部，栖居生境的海拔多在 2500m 左右，更具耐寒性，而且分布的纬度偏北。主要以野果及植物的鲜枝嫩叶为食物，也食部分昆虫、两栖动物和小型鸟类。熊猴在国内的分布区相对较小，数量远不及猕猴多。在中国，熊猴数量减少的因素主要是栖息生境的森林被砍伐和破坏以及被偷猎。

保护级别：国家二级重点保护野生动物。

广西崇左龙州 / 广西弄岗国家级自然保护区管理局

云南德宏盈江 / 牛蜀军

西藏日喀则樟木 / 袁屏

台湾猕猴

Macaca cyclopis (Swinhoe, 1862)
Taiwan Macaque

灵长目 / Primates > 猴科 / Cercopithecidae

形态特征：体型与猕猴相似。雄性体长44-54cm，雌性体长36-45cm。体重5-12kg。体毛多为蓝灰石板色或灰褐色，面部呈肉红色。额部裸露无毛，颜色灰黄。头部圆且具厚毛。两颊密生浓须。顶毛向后披。手足均为黑色，故又名"黑肢猴"。尾基部橄榄色，其端部灰色，中部具明显的黑色条纹。

地理分布：为中国特有种。仅分布于中国台湾的南部和中部，以高雄的寿山密林中最多。

物种评述：栖息于岩壁和山林之中，为昼行性、半地栖动物。取食各种野果、树叶、昆虫，有时也盗食农家的谷物和瓜果。多结成一雄多雌的家族群，以一体魄强壮的成年雄性作为首领。全年均发情，交配的季节性不强，5-6岁性成熟。自1984年，台湾提出保护策略，先后建立了"二水""台东""垦丁"等以保护台湾猴为主的自然保护区，有效地保护了这一特有物种。

保护级别：国家一级重点保护野生动物。

台湾 / 李锦昌

台湾台北动物园 / 何鑫

台湾 / 李锦昌

北豚尾猴

Macaca leonina (Blyth, 1863)
North Pig-tailed Macaque

灵长目 / Primates > 猴科 / Cercopithecidae

云南南滚河自然保护区 / 冯利民

形态特征：体型较粗大。体长 44-62cm。尾长 12-18cm。尾毛稀疏，尾通常下垂，高度兴奋时竖起。身体一般为黄褐色。性二型显著，雄性脸部周围有一个宽的浅灰色带。垂直毛发较短，使其头顶部有一个凹的暗斑。

地理分布：国内分布于云南西南部、南部和中部。国外分布于亚洲南部的孟加拉国、柬埔寨、老挝、马来西亚、缅甸、泰国和越南等地。

物种评述：主要栖息于热带和亚热带丘陵的常绿和半常绿森林中。昼行性。树栖，食性杂，较易驯养。在云南的 6 个自然保护区，包括西双版纳自然保护区、纳版河自然保护区、临沧大雪山自然保护区、南滚河自然保护区、景东无量山自然保护区和新平哀牢山自然保护区等，都有分布。

保护级别：国家一级重点保护野生动物。

泰国 / 张永

白颊猕猴

Macaca leucogenys Li et al., 2015

White-cheeked Macaque

灵长目 / Primates ＞ 猴科 / Cercopithecidae

形态特征：体型较大。体长 58-75cm。尾长 28cm。雌雄差异明显，雄性明显大于雌性。背部毛色呈黄褐色至巧克力褐色，从上到下颜色一致。腹部毛发呈白色或灰白色。脸颊部毛发通常灰白色，与周围毛发形成明显色差；随着年龄的增大，头部白毛会越来越多；脖子部位毛发长而浓密，像是带了个围脖；尾巴长度适中，相对少毛，通常成年个体尾根部位较粗而尾尖部位较细，部分个体尾尖弯曲。

地理分布：为中国特有种。主要见于西藏东南部的墨脱。

物种评述：该种是近年来由我国学者发现命名的新物种，模式产地定于墨脱县格当乡的岗日嘎布山。2015 年，由影像生物调查所（Imaging biodiversity expedition, IBE）摄影师李成、西南林业大学赵超和大理大学范朋飞合作撰写的"西藏墨脱发现猕猴属一新种——白颊猕猴"在《American Journal of Primatology》杂志网站正式在线发表（Li et al., 2015），标志着这一新物种得到国际学术界的正式承认。这是近几十年来第一个正式由中国人命名发表的灵长目新物种。目前，有关白颊猕猴的种群数量及详细分布等还知之甚少。

保护级别：国家二级重点保护野生动物。

西藏林芝墨脱 / 李成

西藏林芝墨脱 / 李成

西藏林芝墨脱 / 李成

猕猴

Macaca mulatta (Zimmermann, 1780)
Rhesus Macaque

灵长目 / Primates > 猴科 / Cercopithecidae

形态特征：体长47-64cm。尾长19-30cm。雄性体重7.7kg，雌性体重5.4kg。在同属猴类中个体稍小，颜面瘦削，裸露无毛，轮廓分明；头顶没有向四周辐射的漩毛，呈棕色；额略突，眉骨高，眼窝深，具颊囊；肩毛较短，尾较长，约为体长之半。身上大部分毛色为灰黄色、灰褐色，背部棕灰或棕黄色，腰部以下为橙黄色或橙红色，腹面淡灰黄色，有光泽，胸腹部、腿部的灰色较浓。面部、两耳多为肉色，臀胼胝发达，多为肉红色。

地理分布：国内分布于南方诸省（区），以广东、广西、云南、贵州等地分布较多，福建、安徽、江西、湖南、湖北、四川次之，陕西、山西、河南、河北、青海、西藏等局部地点也有分布。国外分布于阿富汗、孟加拉国、不丹、印度、老挝、缅甸、尼泊尔、巴基斯坦、泰国和越南。

物种评述：该种是我国最常见的一种猴。主要栖息于石山峭壁、溪旁沟谷和江河岸边的密林中或疏林岩山上。群居。以树叶、嫩枝、野菜等为食，也吃小鸟、鸟蛋、各种昆虫等。适应性强，容易驯养繁殖。生理上与人类较接近，常用于进行各种医学试验。我国是猕猴资源的富产国，60%以上的省（区）都有分布，虽然分布不均、分布区不连续，但分布面积仍相当广。据各地对猕猴资源不完全的估算统计综合，中国的猕猴数量约20万只。其中主要产区之一的广东省约1万只；广西3-5万只；贵州3-5万只；云南5-6万只；其他地区共3-4万只。从一些地区的调查结果分析，猕猴资源最多仅及20世纪中期的20%-30%。以广东、广西、湖南、福建、河南等地的猴源下降最甚，许多地区甚至连猴迹都断绝多年了。乱捕滥猎是猕猴致危的主要因素。

保护级别：国家二级重点保护野生动物。

陕西汉中洋县 / 牛蜀军

四川甘孜色达 / 袁屏

云南西双版纳自然保护区 / 李晟

西藏林芝 / 邢睿

西藏山南加查 / 许明岗

西藏山南错那 / 齐硕

藏南猕猴
Macaca munzala Sinha *et al.*, 2005
Southern Tibet Macaque

灵长目 / Primates > 猴科 / Cercopithecidae

形态特征：体型粗壮，雌性比雄性要小。成年雄性体长 51-63cm，尾长约 26cm，体重约 15kg。头部棕灰色，身体背部呈暗巧克力色或暗褐色，躯干上部和四肢的颜色比背面浅（浅褐色到橄榄色），腹面淡灰黄色。脸颊黝黑，额顶有一小撮独特的黄色旋毛，包含一个黑色的中央螺纹。耳朵黑暗，鼻子蓬松，眼睛周围皮肤光亮。尾相对较短，成年雄性尾较粗，尾根到接近尾尖只略微变细，但在尾尖处突然变细，亚成年和青少年猴的尾则由尾根向尾尖均匀变细而呈鞭状。最鲜明的特点是脖子上有浅色的毛发，额头和面部有黑斑，眼睛上方有黑色条纹。

地理分布：为中国特有种，目前仅见于西藏南部的错那及其邻近的部分高海拔地区。

物种评述：曾被认为是熊猴的一个亚种，2005 年才被确定为猕猴属（*Macaca*）的一个新种。主要生活在海拔 2000-3000m 的山地喜马拉雅冷杉林（*Abies densa*）中。种群数量十分稀少，据估计目前仅有约 550 只，已被《世界自然保护联盟濒危物种红色名录》（Red List）和《中国生物多样性红色名录—脊椎动物卷》收录，均被列为濒危物种（Endangered）。

保护级别：国家二级重点保护野生动物。

西藏山南错那 / 齐硕

西藏山南错那 / 齐硕

西藏山南错那 / 齐硕

西藏山南错那 / 齐硕

藏酋猴

Macaca thibetana (Milne-Edwards, 1870)
Tibetan Macaque

灵长目 / Primates > 猴科 / Cercopithecidae

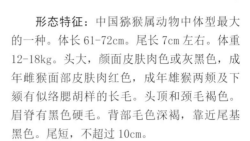

形态特征：中国猕猴属动物中体型最大的一种。体长61-72cm。尾长7cm左右。体重12-18kg。头大，颜面皮肤肉色或灰黑色，成年雌猴面部皮肤肉红色，成年雄猴两颊及下颏有似络腮胡样的长毛。头顶和颈毛褐色。眉脊有黑色硬毛。背部毛色深褐，靠近尾基黑色。尾短，不超过10cm。

地理分布：为中国特有种。分布于国内中部地区，东至浙江、福建，西至四川，北达秦岭南部，南界为南岭。

物种评述：主要生活在高山深谷的阔叶林、针阔叶混交林或稀树多岩的地方。栖息地海拔高度1500-2500m。喜食性，但以多种植物的叶、芽、果、枝及竹笋，以及昆虫、蛙、鸟卵等动物性食物为食。4-5岁时发情，一年中都可见到有交配现象，但其高潮期多在10-12月。由于人类的盲目开垦导致阔叶林遭到破坏，使藏酋猴的生存区域日渐狭窄。

保护级别：国家二级重点保护野生动物。

四川唐家河自然保护区 / 马文虎

四川贡嘎山自然保护区 / 黄耀华

四川喇叭河风景区 / 姚永芳

四川 / 张永

四川唐家河自然保护区 / 张永

四川喇叭河自然保护区 / 黄泰

四川唐家河自然保护区 / 王昌大

四川唐家河自然保护区 / 李晟

喜山长尾叶猴

Semnopithecus schistaceus Hodgson, 1840
Nepal Grey Langur

灵长目 / Primates > 猴科 / Cercopithecidae

形态特征： 体形纤细，以身长或尾部长得名。体长 58-64cm。尾长达 100cm 以上。体重约 20kg。体毛主要为黄褐色（有的毛色暗些），额部有一些灰白色的毛，呈旋状辐射。面颊上有一圈白色的毛。头顶冠毛。颊毛和眉毛发达，眉毛向前长出，且很长。头、面、额、喉都长有白毛。

地理分布： 国内分布于西藏南部的墨脱、亚东、樟木口岸和吉隆等地林区。国外分布于印度、尼泊尔、斯里兰卡和巴基斯坦等。

物种评述： 栖息于热带或亚热带森林中，主要以树叶为食。尾很长，适于树栖，白天活动，夜晚树栖，并有季节性垂直迁移现象。结群生活，多时可达几十只。1985 年始，在西藏墨脱、樟木、吉隆等地，建立了以保护综合自然生态系统为主的自然保护区或以保护珍稀野生动物为主的保护区，使该种得到了较好的保护。

保护级别： 国家一级重点保护野生动物。

西藏 / 张明

西藏日喀则樟木 / 邢睿

西藏日喀则樟木 / 袁屏

印支灰叶猴

Trachypithecus crepusculus (Elliot, 1909)
Indochinese Gray Langur

灵长目 / Primates ＞ 猴科 / Cercopithecidae

形态特征：体长约 50cm，尾长超过 80cm，体重 6-10kg。身体和尾巴毛发都为亮灰色，腹部颜色更浅，新生儿为淡黄色。面部皮肤为深灰色，眼睛周边和嘴唇的皮肤缺乏色素，形成白色的眼圈和嘴斑，眼圈较窄，有时不明显。唇斑仅限于上下唇中部。头顶前部无毛漩，顶部有直立、尖锥状的簇状冠毛。脸颊毛发向两侧伸出，不卷曲。

地理分布：国内分布于云南耿马、孟连、勐腊、绿春、河口、屏边、景东、新平等地，怒江是其分布的西限。国外分布于缅甸南部、泰国北部、越南北部、老挝北部和中部。

物种评述：该物种主要生活在热带或亚热带的雨林、季雨林和常绿阔叶林中。树栖，昼行性。主要以植物的果实、种子、嫩芽、叶和花为食。喜群居，群体大小差异较大，能形成 20 只以内的小群，也可形成超过 100 只的大群。种群数量尚未得到全面调查，只有个别地区做过局部性调查，如云南景东无量山的山脊两侧皆有印支灰叶猴分布，种群数量大约为 2000 只，可能是国内最大的印支灰叶猴种群。印支灰叶猴曾被认为是菲氏叶猴（*T. phayrei*）的一个亚种，遗传学研究表明二者的遗传距离已达到物种的水平。

保护级别：国家一级重点保护野生动物。

云南普洱无量山 / 徐永春

云南普洱无量山 / 刘业勇

云南普洱无量山 / 刘业勇

中缅灰叶猴

Trachypithecus melamera (Elliot, 1909)
Burmachinese Gray Langur

灵长目 / Primates > 猴科 / Cercopithecidae

形态特征：体长40-60cm。尾长70-90cm。体重5.7-9.1kg。身披银灰色毛发，新生儿淡黄色。面部皮肤为深灰色。眼睛周围有明显的白色眼圈，眼眶内侧比外侧的褪色更为明显。白色唇斑延伸至鼻中隔。头顶前部有毛漩，顶部毛发向后倾斜，没有明显的尖锥状冠毛；脸颊毛发向前卷曲。前后足窄长，拇指（趾）短而其他指（趾）细长。

地理分布：国内分布于云南西部，怒江是其分布的东限。国外分布于孟加拉国东部、印度东北部和缅甸西部。

物种评述：主要栖息于原始或次生的常绿、半常绿阔叶林，少数种群生活在退化的林地和茶叶种植园。高度树栖，昼行性，喜群居，每群10-30只不等，也能形成80只以上的大群。主要以植物的种子、叶、果、花为食，也食苔藓和树皮。栖息地丧失，特别是热带、亚热带原始森林的退缩，是造成该种数量下降的主要因素。中缅灰叶猴以前是菲氏叶猴的一个亚种。即滇西亚种（*T. p. shanicus*），Roos等（2020）基于线粒体基因组序列的系统发生分析结果认为，滇西亚种应为独立物种，定名为中缅灰叶猴（*Trachypithecus melamera*）。

保护级别：国家一级重点保护野生动物。

云南保山隆阳 / 徐永春　　　　　　　　　　　　　　　　云南高黎贡山自然保护区 / 吴秀山

云南高黎贡山自然保护区 / 吴秀山

149

黑叶猴

Trachypithecus françois (Pousargues, 1898)
François's Langur

灵长目 / Primates > 猴科 / Cercopithecidae

形态特征：体型纤瘦，头部较小，尾巴和四肢细长。体长为 48-64cm。尾长 80-90cm。体重 8-10kg。头顶有一撮竖直立起的黑色冠毛，枕部有 2 个毛漩。眼睛黑色。两颊从耳尖至嘴角处各有一道白毛，形状好似两撇白色的胡须。全身（包括手脚）的体毛均为黑色（少数个体有白化现象）。背部较腹面长而浓密，所以又被叫乌猿。臀部的胼胝比较大，尾端有时呈白色。雌猴在会阴区至腹股沟的内侧有一块略呈三角形的花白色斑，使之成为区别雌雄的主要特征之一。

地理分布：国内分布于广西西南部、贵州铜仁麻阳河及重庆南川金佛山等地。国外分布于越南和老挝。

物种评述：是比较典型的东南亚热带和南亚热带的树栖叶猴，主要栖息于江河两岸和低山沟谷地带的热带雨林、季雨林和南亚热带季风常绿阔叶林。栖息生境的海拔高度不及 1200m。生活于分布区北部的黑叶猴体毛较长而密，到了冬季在皮下聚积有较厚的脂肪，因此具有较强的抗寒性。喜群居，每群一般为 3-10 只，较大的群体约有 20 只左右。发情交配期多在秋冬季节，雌兽的生育期多在从 12-3 月的冬春季节，4-5 岁性成熟，成年个体一年四季都有交配行为，受孕率较高是在夏秋季，孕期 180 天左右，多在春季产仔。哺乳期约 6 个月。贵州是该种分布最集中的地区，在核心 60km² 多范围内，就分布有 58 群 560 余只。人类活动（如森林砍伐和农耕地开垦）造成大量的热带原始林被砍伐和破坏，使得栖息生境大多破碎化，影响其存活状况。

保护级别：国家一级重点保护野生动物。

贵州麻阳河自然保护区 / 冯江（二马兵）

贵州野钟黑叶猴自然保护区 / 罗冬玮

150

贵州野钟黑叶猴自然保护区 / 罗冬玮

广西恩城自然保护区 / 赵家新

广西恩城自然保护区 / 赵家新

白头叶猴

Trachypithecus leucocephalus Tan, 1957
White-headed Langur

灵长目 / Primates > 猴科 / Cercopithecidae

形态特征：雌雄体型大小差别不甚显著。体长 50-70cm。尾长 60-80cm。体重 8-10kg。与黑叶猴在形态和体型大小上都差不多。头部较小，躯体瘦削，四肢细长，尾长超过身体长度。体毛以黑色为主，与黑叶猴不同的是，头部高耸着一撮直立的白毛，形状如同一个尖顶的白色瓜皮小帽。颈部和两个肩部为白色。尾巴的上半部为黑色，下半部为白色。手和脚的背面也有一些白色。

地理分布：为中国特有种。仅分布于广西西南的左江以南和明江以北的崇左江洲、扶绥、龙洲、宁明共 4 个区（县）的范围内。

物种评述：栖息地位于广西南部的亚热带植被繁茂的岩溶地区，具有典型的喀斯特地形；以树叶和水果为食。主要在秋季交配，春季产仔。20 世纪 80 年代初，广西所有的白头叶猴加起来估计仅 200 多只。经过多方面持续努力，目前白头叶猴的总数已经达到了 1100 只左右，大多分布在崇左白头叶猴国家级自然保护区，少量分布在弄岗国家级自然保护区内，避免了即将灭绝的危险。

保护级别：国家一级重点保护野生动物。

广西崇左 / 陈久桐

广西崇左 / 陈久桐

广西崇左 / 韦晔

广西崇左 / 陈久桐

广西崇左 / 吴志华

153

戴帽叶猴

Trachypithecus pileatus (Blyth, 1843)
Capped Langur

灵长目 / Primates > 猴科 / Cercopithecidae

形态特征： 体长 53-71cm，尾长 60-95cm，体重 9-14kg。身体背部浅灰色或略带棕色，喉、胸、腹部及四肢的内表面毛发呈棕红色，与背部的灰色调形成鲜明对比；脸部为黑色，颊部胡须白棕色；顶毛蓬松，无旋毛，冠顶色深，如头顶戴了一顶"小帽"。

地理分布： 国内分布于西藏南部的错那。国外分布于孟加拉国、不丹、印度和缅甸。

物种评述： 栖息于热带、亚热带森林，河谷地区密林，为昼行性群居动物，每群 2-15 只不等，树栖，以各种鲜嫩树叶、枝芽、花朵、水果为食。自萧氏乌叶猴（*Trachypithecus shortirdgei*）从戴帽叶猴（*Trachypithecus pileatus*）中独立为一个种后，戴帽叶猴在中国是否有分布就处于一个争议状态。Hu 等（Hu et al., 2017）于 2013 年至 2015 年在西藏定结县、亚东县、洛扎县、错那县以及墨脱县等地进行乌叶猴属（*Trachypithecus*）动物的专项调查中，在错那县获得了戴帽叶猴的照片，从而确认了戴帽叶猴在中国的分布。

保护级别： 国家一级重点保护野生动物。

印度 / Sylvain Cordier (naturepl. com)

肖氏乌叶猴

Trachypithecus shortridgei (Wroughton, 1915)
Shortridge's Langur

灵长目 / Primates > 猴科 / Cercopithecidae

云南怒江州独龙江 / 刘爱华

形态特征：体长 109-160cm。尾长 70-120cm。体重 17-40kg。体银灰色。手和足深灰色。尾颜色更深直到尾尖。腿略微淡灰色，下腹更灰。面部皮肤亮黑色，眼睛黄橙色。狭窄的黑色眉带在两侧末端上翘成"麦穗尖"，颊须在嘴角两边下弯成"麦穗尖"。幼体橙色。

地理分布：国内主要分布于云南西北部贡山的独龙江河谷地带。国外分布于缅甸北部。

物种评述：该物种主要栖息于浓密的常绿阔叶季雨林和半常绿森林中，分布的海拔高度为 600-1200m。为昼行性。群居动物，每群 2-15 只不等。树栖，以各种鲜嫩树叶、枝芽、花朵、水果为食。繁殖交配期在 9-1 月进行，次年 2-4 月产仔，妊娠期200天，哺乳期约为 4 个月。野生种群稀少，在中国分布很局限，估计中国的种群不超过 500-600 只，主要威胁源自该物种被人工捕获，农业和木材的开采使栖息地损失和碎片化也是主要威胁之一。

保护级别：国家一级重点保护野生动物。

云南怒江贡山 / 彭建生

155

滇金丝猴

Rhinopithecus bieti Milne-Edwards, 1897
Black Snub-nosed Monkey

灵长目 / Primates > 猴科 / Cercopithecidae

形态特征： 体长 51-83cm。尾长 52-75cm。体重 9-17kg。皮毛以灰黑、白色为主。头顶上有尖形黑色冠毛。眼周和吻鼻部青灰色或肉粉色。鼻端上翘呈深蓝色。身体背侧、手足和尾均为灰黑色。背后具有灰白色的稀疏长毛。身体腹面、颈侧、臀部及四肢内侧均为白色。

地理分布： 为中国特有种。仅分布于川滇藏三省区交界处，喜马拉雅山南缘横断山系的云岭山脉当中，澜沧江和金沙江之间一个狭小地域，包括云南丽江、德钦、维西、剑川、兰坪、云龙等县以及西藏芒康县境内。

物种评述： 栖息于海拔 3000m 以上的高山暗针叶林带，活动范围可从 2500-5000m 的高山，仅在中国的云南和西藏高山针叶林有分布，是世界上栖息海拔高度最高的灵长类动物。主食松萝针叶树的嫩叶和越冬的花苞及叶芽苞，食植物嫩芽及幼叶，也食桦树的嫩芽及幼叶，7-8 月还吃箭竹的竹笋和嫩竹叶，冬季也吃漆树的果子。该种多是在 7-8 月出生，由于栖息地高海拔季候晚的原因，要比川金丝猴产仔迟 2-3 月。是典型的一夫多妻制，成年雄猴和雌猴比例约为 3:1，雌猴两年生 1 胎，孕期约为 7 个月。

该种被人类正式命名和科学记载已经有一百多年的历史。1890 年，法国的一支动物采集队到达中国云南德钦，在中国云南省西北部的白马雪山获得了 7 只滇金丝猴的标本，并将它们运回到法国的巴黎自然历史博物馆。1897年，著名的法国动物分类学家 Milne-Edwards 对这些标本进行了分类研究，将该物种定名为：*Rhinopithecus bieti*，对这一物种给出了完整的科学描述。我国科学家对滇金丝猴的研究始于 1960 年，当时在云南德钦收集到了 8 张滇金丝猴的皮才证实它的存在。但真正对它的实地科学考察则始于 20 世纪 70 年代末，才首次获得 3 个完整的标本，从而揭开了它神秘的面纱。从那以后，滇金丝猴保护引起了我国政府的高度重视，于 1983 年建立了第一个滇金丝猴保护区——云南白马雪山国家级自然保护区，从而拉开了对这一珍稀濒危动物的保护行动序幕。后来又先后成

云南迪庆香格里拉 / 王昌大

云南迪庆香格里拉 / 王昌大

立了西藏红拉山国家级自然保护区和云南云岭省级自然保护区。1992年夏天，中国科学院昆明动物研究所研究员龙勇诚和美国加州大学博士Craig Kirkpatrick在白马雪山深处一个叫崩热贡嘎的地方建立了营地，对滇金丝猴进行了3年的野外研究。1993年5月，摄影师奚志农跟随考察小组深入滇金丝猴的活动区域，历尽艰辛，终于在3个月后等待到机会，在200米的距离内，拍摄到了滇金丝猴，这是最早的滇金丝猴影像资料。此后几十年来经过中国科学家前赴后继的科研努力及各种媒体的宣传报道，其全球生物多样性保护意义得到了世人的认可。

保护级别： 国家一级重点保护野生动物。

云南迪庆香格里拉 / 王昌大

云南白马雪山 / 丁宽亮

黔金丝猴

Rhinopithecus brelichi Thomas, 1903
Guizhou Snub-nosed Monkey, Gray Snub-nosed Monkey

灵长目 / Primates > 猴科 / Cercopithecidae

形态特征：体长 67-69cm。尾长 84-91cm。体重 13-16kg。脸部皮肤浅蓝色。上、下眼睑及鼻中隔肉色。鼻翼灰蓝色。唇窄而光滑，粉红肉色，有不规则的青斑。成年个体全身毛色为黑褐色，其头顶、背部、体侧、四肢外侧直至尾部的毛色最深，呈较浓的黑褐色。肩部、胸部及腹部的毛色浅。胸部及腹部的毛稀而略短。面部毛短，白色有光泽。额部毛基金黄色。

地理分布：为中国特有种。仅分布于贵州境内武陵山脉之梵净山。

物种评述：栖息于 700-2200m 之间的常绿、落叶阔叶混交林中，通常以阔叶树叶、种子和果实为食，是典型的叶食性动物。食物包括多种植物的根、茎、叶、花果、实及无脊椎动物等，对植物和植物的不同部位都具有选择性和季节性转变：春季，主要以叶和花为食；夏季以叶为主兼食未成熟的果实；秋季以植物的果实和叶为食；冬季以树芽为主，也采食树皮和花苞等。在一年中，都有采食昆虫等无脊椎动物的记录。该种的行为模式与它们的食性紧密相关。当食物较丰富且质量较好的时候，猴群会移动比较长的距离以获得质量高的食物，这时猴群采取"高成本－高收益"能量平衡策略；而当食物相对匮乏并且食物质量差的时候，猴群通常采取"低成本－低收益"的能量平衡策略，它们只需要移动很短的距离就可以满足取食需求。该种群有季节性的聚合和分散现象。夏季和秋季猴群规模较大，常以几百只聚群活动。冬季和春季猴群规模多以小群（几

贵州铜仁梵净山 / 向左甫

158

十只）为主，尤其以冬季最为明显。在 8 月，果实多，特别是灯台树果实成熟，猴群呈大群分布。

梵净山区域有 4 群约 750 只黔金丝猴，均分布在海拔 700-2200m 的常绿阔叶林和常绿、落叶阔叶混交林中，其中有一小群约 50 只在保护区外活动。种群数量在过去 30 年中基本稳定，可能已经达到其环境容纳量。偷猎误伤、栖息地退化与破坏是面临的主要威胁因素。对于该种的长期保护，应该以建立可持续发展的生态系统为目的。

保护级别　国家一级重点保护野生动物。

贵州铜仁梵净山 / 向左甫

贵州铜仁梵净山 / 向左甫

川金丝猴

Rhinopithecus roxellana (Milne-Edwards, 1870)
Golden Snub-nosed Monkey

灵长目 / Primates > 猴科 / Cercopithecidae

形态特征：为体型中等猴类。体长 57-76cm。尾长 51-72cm。雄性体重 15-39kg，雌性体重 6.5-10kg。鼻孔向上仰。颜面部为蓝色。无颊囊。颊部及颈侧棕红。肩背具长毛，色泽金黄。尾与体等长或更长。

地理分布：为中国特有种。仅分布于四川、甘肃、陕西和湖北。四川主要分布于岷山、邛崃山、大雪山和小凉山山系，包括九寨沟、松潘、黑水、平武等 22 个县境内的部分林区；甘肃主要分布于文县、舟曲和武都等县部分林区，属岷山和邛崃山向北伸延的山地；陕西主要分布于秦岭南坡，包括佛坪、洋县、周至、太白、宁陕等县的部分林区；湖北主要分布于神农架山区，包括房县、兴山和巴东等 3 个县的部分林区，属大巴山东段。

物种评述：是典型的森林树栖动物，常年栖息于海拔 1500-3300m 的森林中，其植被类型和垂直分布带属亚热带山地常绿、落叶阔叶混交林、亚热带落叶阔叶林和常绿针叶林以及次生性的针阔叶混交林等 4 个植被类型。随着季节的变化，它们不向水平方向迁移，只在栖息的生境中做垂直移动。食性很杂，但以植物性食物为主，所食的主要植物种类达 118 种。在卧龙自然保护区，它们春季主要采食假稠李、花楸、栎、槭、冬青、野樱桃、构树等植物的芽苞、枝芽、花蕾以及木姜子、杜鹃等花瓣；夏季主要采食桦、假稠李、紫花卫茅、野樱桃、花楸、板栗、桑、构树、冬青、

陕西汉中佛坪 / 王昌大

山楂、山葡萄等；秋季以各种花楸、海棠、山楂、猕猴桃、拐枣等果实和松、板栗、高山栎等种子；冬季主要是在林中啃食多种树皮、藤皮以及残留的花序、果序、树干上的松萝、苔藓等。群栖生活，每个大的集群是按家族性的小集群为活动单位。每个小家族集群由一强健的成年雄猴为首领猴，和3-5只雌猴及3岁以下的幼猴及哺乳的仔猴所组成。性成熟期雌性早于雄性，雌猴4-5岁，雄猴迟到7岁左右。全年均有交配，但8-10月为交配盛期。孕期6个月左右，多于3-4月产仔，个别也有在2-5月产仔的。

　　该种的金色毛皮十分美丽，对其捕猎主要是为了获取皮毛；另一方面是一些人错误地认为川金丝猴的肉和骨在某些方面有药用价值。这都使川金丝猴成为人们捕猎获取的对象，破坏最严重的1963年至1974年期间，仅四川境内的不完全统计就有300只被猎杀。森林砍伐、农牧业生产，人类的毁林开荒和林中放牧，造成其分布区缩小、分割，干扰了川金丝猴的正常生活，因此在一些地方逐渐被消灭。由于栖息地与大熊猫重叠，为保护大熊猫建立的保护区开展保护工作较早，对群众的宣传教育也开展得较早，所以许多地方的川金丝猴种群得到了恢复，相比与其他仰鼻猴属的物种，川金丝猴的数量最多。随着全面禁止砍伐天然林，川金丝猴的栖息地得到了保护。

保护级别：国家一级重点保护野生动物。

陕西西安周至／丁宽亮　　　　　　　　　　　　　　　　　　　　　陕西西安周至／丁宽亮

陕西汉中洋县 / 向定乾

陕西西安周至 / 丁宽亮

四川王朗自然保护区 / 李晟

陕西西安周至 / 丁宽亮

怒江金丝猴

Rhinopithecus strykeri Geissmann *et al.*, 2010
Nujiang Snub-nosed Monkey

灵长目 / Primates > 猴科 / Cercopithecidae

形态特征：体长 55cm。尾长 78cm。体重 20-30kg。全身毛几乎全黑。头顶有一撮细长向前卷曲的黑毛。耳部和颊部有小撮白毛。面部皮肤呈淡粉色。下巴上有独特的白色胡须。会阴部为白色且容易分辨。

地理分布：国内仅分布于云南怒江州高黎贡山国家级自然保护区。国外主要分布于缅甸克钦州东北部。

物种评述：栖息于海拔 1700-3100m 的原始林中。夏天在高海拔的混交林和针叶林活动；冬天由于积雪的影响，则会下到较低海拔的栖息地以躲避大雪。以植物为食，主要吃嫩枝、幼芽、鲜叶、竹叶和各种水果。营树而居，主要活动在高大乔木树冠的顶层。该种是 2010 年初野生动植物保护国际（Fauna & Flora International, FFI）组织的缅甸全国灵长类动物野外调查中发现的新物种，

云南泸水片马 / 六普

是继川、滇、黔与越南金丝猴外发现的世界上第 5 种金丝猴。2011 年 10 月，在中国高黎贡山首次拍摄到野生怒江金丝猴照片，证实了该种在中国境内的分布。目前国内总数不超过 200 只，处于极度濒危状态，保护刻不容缓。

保护级别：国家一级重点保护野生动物。

云南泸水片马 / 董磊

云南泸水片马 / 陈奕欣

云南泸水片马 / 六普

云南泸水鲁掌 / 董邵华

165

云南泸水片马 / 六普

云南泸水片马 / 陈奕欣

西白眉长臂猿

Hoolock hoolock (Harlan, 1834)
Western Hoolock Gibbon

灵长目 / Primates > 长臂猿科 / Hylobatidae

形态特征：体长为45-65cm，体重10-14kg。无尾，前肢明显长于后肢。雌雄异色，雄性褐黑色或暗褐色，具白色眼眉；雌性大部灰白或灰黄色，眼眉更为浅淡。白眉长臂猿是长臂猿中体型较大的一种，头很小，面部短而扁。

地理分布：国内分布于西藏南部。国外分布于印度、孟加拉国、缅甸。

物种评述：栖息于热带或亚热带的高山密林之中。树栖，不筑巢，很少下地活动。以多种野果、鲜枝嫩叶、花芽等为主要食物，亦食昆虫和小型鸟类。春末夏初产仔，平均每3年产1胎，怀孕期为7-7.5个月，每胎1仔，7-9年性成熟。

保护级别：国家一级重点保护野生动物。

印度 / Bernard Castelein (naturepl. com)

印度 / Kevin Schafer (naturepl. com)

高黎贡白眉长臂猿

Hoolock tianxing Fan *et al.*, 2017
Skywalker Hoolock Gibbon

灵长目 / Primates > 长臂猿科 / Hylobatidae

形态特征： 体长60-90cm。体重6-8.5kg。无尾。雌雄异色，成年雄性褐黑色或暗褐色。有两条明显分开的白色眼眉。头顶的毛较长而披向后方，故头顶扁平，无直立向上的簇状冠毛，与冠长臂猿属（*Nomascus*）相区别。虽然都有着标志性的白色眉毛，但高黎贡白眉长臂猿的眉毛并没有东部白眉长臂猿那么厚重。雄性的下巴上没有和眉色配套的白胡子，而雌性的白眼圈也不像东部白眉长臂猿的那么浓密。

地理分布： 为中国特有种。仅分布于怒江以西的高黎贡山南段保山隆阳区、腾冲和德宏州盈江。

物种评述： 又称天行长臂猿，是典型的树栖性灵长类动物。栖息于中山湿性常绿阔叶林、季风常绿阔叶林、山地雨林。其栖息地海拔跨度很大，从海拔500-2000m都有分布。以多种野果、鲜枝嫩叶、花芽等为主要食物，亦食昆虫和小型鸟类。为单雄单雌配偶系动物，集小的一夫一妻的家庭群。同自己的幼仔组成一个小的群体，通常3-5只为一群。每年9月至次年2月发情交配。雌兽平均每3年产1胎，每胎1仔，怀孕期为7-7.5个月。作为典型树栖小型类人猿，该种面临着盗猎、非法贸易和栖息地干扰威胁。中国高黎贡白眉长臂猿数量约150-200只，高黎贡山国家级自然保护区是高黎贡白眉长臂猿保护的重点区域。20世纪50-60年代，该种在云南西部有较广泛的分布和较多数量，仅腾冲就有数百群，总数不少于500只。80年代末，数量已大大下降，估计仅有100-150群，250-400只。兰道英等（1994）重新复查时认为有50-100群，200余只，其中高黎贡山自然保护区（腾冲和保山）20-50群，100-150只；腾冲尖高山（古永和苏典）一带30-50群，陇川（户撒）4-8群。古永、苏典和户撒的高黎贡白眉长臂猿多在中缅边境两侧分布。2008年和2009年两年，范朋飞和高黎贡山国家级自然保护区、云南盈江及腾冲两县的林业局合作，调查了高黎贡山保护区及周围区域的长臂猿分布状况，发现高黎贡白眉长臂猿的种群数量不超过200只。

保护级别： 国家一级重点保护野生动物。

云南保山 / 董磊

云南高黎贡山自然保护区 / 李彬彬

云南高黎贡山自然保护区 / 李彬彬

云南 / 唐万玲

云南高黎贡山自然保护区 / 李彬彬

白掌长臂猿

Hylobates lar (Linneaus, 1771)

White-handed Gibbon

灵长目 / Primates > 长臂猿科 / Hylobatidae

形态特征：体长42-64cm，后肢长10-15cm，体重4.2-6.8kg，无尾。全身体毛密而长，较为蓬松，两性均有暗、淡两种色型。暗色型毛色黑褐，阴毛黑棕色；淡色型呈淡黄或奶油黄色，阴毛红棕色。不同亚种之间色泽有所变化。颜面部为棕黑色，其边缘经面颊到下颌有一圈白毛形成的白色面环，把脸部勾勒得十分醒目，雌性面环近似封闭，雄性多不封闭（被白色眉纹断开）。手、足从腕部和踵部以下的毛色均很淡，远望时近似白色，故称白掌长臂猿。

地理分布：国内仅分布于云南西南部的沧源、西盟和孟连等。国外分布于越南、老挝、柬埔寨、缅甸、泰国、马来西亚和印度尼西亚的苏门答腊等。

物种评述：主要栖于南亚热带季风常绿阔叶林，海拔一般在1000-2000m。常以各种热带浆果、核果和多种嫩树叶、芽、花等为食。听觉和嗅觉灵敏，性胆怯，怕冷。四季均可繁殖，年产1胎，怀孕期为7-8个月，每胎产1仔。部分家庭结构中有长期的一妻二夫现象。曾经分布于中国云南的沧源、西盟和孟连等县，为该种分布的北限。1985年，在中国的数量仅为5群19-27只，2000年以后再也没有人听到过白掌长臂猿的叫声，在中国野外可能已灭绝。

保护级别：国家一级重点保护野生动物。

台湾动物园 / 李健

台湾动物园 / 李健

台湾动物园 / 李健

西黑冠长臂猿
Nomascus concolor (Harlan, 1826)
Western Black Crested Gibbon

灵长目 / Primates > 长臂猿科 / Hylobatidae

形态特征： 体长 40-55cm。体重 7-10kg。前肢明显长于后肢。无尾。毛被短而厚密。雄性全为黑色，头顶有短而直立的冠状簇毛；雌性体背灰黄，棕黄或橙黄色，头顶有菱形或多角形黑褐色冠斑。胸腹部浅灰黄色，常染有黑褐色。

地理分布： 国内分布于云南的西部、南部和中部地区，包括沧源、耿马、双江、永德、临沧、云龙、绿春、屏边、河口、金平、红河、元阳、新平和景东等地。国外分布于老挝西北部。

物种评述： 主要栖于热带雨林和南亚热带山地湿性季风常绿阔叶林，其栖息地海拔约从 1000-2500m，是已知长臂猿中分布海拔最高的一个种。活动与觅食均在约 15m 的高大乔木的树冠层或中层中穿越进行，很少下至 5m 以下的小树上活动，活动范围大多在 1km² 以上。喜食成熟的多糖且多汁的果实，在云南无量山大寨子的西黑冠长臂猿取食 38 种不同植物的果实。食性具有明显的季节性变化，在果实丰富季节喜食果实，在某些月份森林中果实匮乏时，转而取食叶和芽来弥补果实的不足，花也是西黑冠长臂猿的一种重要食物。该种与其他长臂猿不同之处是在于它的群体较大，一夫一妻与一夫二妻配偶制共存。西黑冠长臂猿社群的活动范围大多在 1km² 以上，远大于其他长臂猿。该种是我国长臂猿中分布最广且数量最多的一个种，种群数量 1100-1400 只，云南中部的无量山和哀牢山是西黑冠长臂猿的主要分布区。栖息地退化和破碎化是威胁西黑冠长臂猿生存的主要因素。

保护级别： 国家一级重点保护野生动物。

云南普洱无量山 / 董磊

云南普洱无量山 / 董磊

云南普洱无量山 / 董磊

云南普洱无量山 / 董磊

东黑冠长臂猿

Nomascus nasutus (Kunkel d'Herculais, 1884)
Eastern Black Crested Gibbon

灵长目 / Primates > 长臂猿科 / Hylobatidae

形态特征：体长 40-55cm。体重 7-10kg。前肢明显长于后肢。无尾。被毛短而厚密。雄性全为黑色，胸部有部分浅褐色毛色，头顶冠毛不长；雌性体背灰黄、棕黄或橙黄色。脸周有白色长毛。头顶冠斑面积较大，通常能超过肩部，达到背部中央。

地理分布：国内分布于广西西南部靖西县与越南北部重庆县（Trung Khanh）相连的一片喀斯特森林中。国外分布于越南北部地区。

物种评述：栖息于热带、亚热带茂密森林中，家族式生活，每群 10 只左右。性格警惕。晨昏活动。在固定的范围内有一定的活动路线。全球数量大约 110 只，中国分布约 33 只左右。被世界自然保护联盟列为全球极度濒危物种；被认为是全球 25 种最濒危灵长类之一。历史上曾分布于红河以东的中国南部和越南北部，自 20 世纪 50 年代起一度被认为已经从中国灭绝。2006 年 9 月在中国广西靖西县与越南重庆县（Trung Khanh）交界的森林中发现有 3 个群体。截至 2015 年，在中国发现 4 群 26 只东黑冠长臂猿。由于该物种目前仅存一个种群，约 100 只，有限的栖息地可能是限制东黑冠长臂猿新群体形成的主要因素之一，因而栖息地恢复对东黑冠长臂猿种群数量增长尤为重要。

保护级别：国家一级重点保护野生动物。

广西靖西邦亮长臂猿自然保护区 / 赵超

海南长臂猿

Nomascus hainanus (Thomas, 1892)
Hainan Gibbon

灵长目 / Primates > 长臂猿科 / Hylobatidae

形态特征：中型猿类。体长40-50cm。体重7-10kg。前肢明显长于后肢。无尾。两性间毛色差异很大：雄性全身为黑色，顶多在嘴角边有几根白毛，头上有一簇毛；雌性毛色从黄灰色到淡棕色，头的顶部和腹部有一黑斑。

地理分布：为中国特有种。仅分布在海南昌江和白沙交界的霸王岭林区。

物种评述：主要栖息于热带山地季雨林和沟谷雨林，喜欢海拔600m以下低地热带雨林，但因低地雨林早在20世纪已经破坏殆尽，现分布也只能退到海拔600-1200m间的山地季雨林中。以多种热带野果、嫩叶、花苞为主要食物，偶尔也会吃昆虫、鸟蛋等动物。雄性7-8岁性成熟，雌性9岁性成熟，妊娠期7-8个月，2-3年生1胎，每胎1仔。寿命可达30余年。种群数量极少，2022年恢复至36只，是唯一不到100只的灵长类动物。对生存环境依赖性强，但原始森林不断遭到破坏，是该种不断减少的重要原因。

保护级别：国家一级重点保护野生动物。

海南 / 赵超

海南 / 唐万玲

海南 / 唐万玲

云南西双版纳 / 王昌大

北白颊长臂猿

Nomascus leucogenys (Ogilby, 1840)
Northern White-cheeked Gibbon

灵长目 / Primates > 长臂猿科 / Hylobatidae

形态特征：体长 45-62cm。体重 5-7kg。腿短。手掌比脚掌长，手指关节长。身体纤细，肩宽而臀部窄。有较长的犬齿。体毛长而粗糙。雄性以黑色为主，混有不明显的银色，面颊的两旁从嘴角至耳朵的上方各有一块白色或黄色的毛；雌性体毛为橘黄色至乳白色，腹部没有黑色的毛，从而区别于黑冠长臂猿。

地理分布：中国、越南、老挝三国交界地区的特有种。国内仅分布于云南南部。国外分布于越南北部红河流域马江以西和老挝北部湄公河以东。

物种评述：栖息于热带雨林和亚热带季雨林。树栖。白天活动。栖息的海拔高度通常不超过 900m。分布区非常狭窄，分布总面积可能不足 400km²。以物种的所有总数估计不足 350 只，已成为一个高度濒危的物种。20 世纪 60 年代初期在云南勐腊尚有一定数量，甚至在县城中每天清晨都能听到它们的叫声，总数有 500-600 只。从 20 世纪 70 年代起就已经逐渐绝迹，目前国内未见有野外确认分布记录，仅在西双版纳有少量半散养个体。即使在森林中，也很难听到它们的叫声了。为保护这种珍贵动物，国内已经建立了以保护白颊长臂猿为主的云南勐腊自然保护区。

保护级别：国家一级重点保护野生动物。

云南西双版纳野象谷 / 冯利民

云南西双版纳 / 王昌大

云南西双版纳自然保护区 / 李晟

云南西双版纳 / 王昌大

鳞甲目

Pholidota Weber, 1904

哺乳纲下的一个目。该目只有1个科，穿山甲科，现存共8个物种，统称为穿山甲或有鳞的食蚁兽。分布在亚洲东南部和非洲的热带和亚热带森林、灌丛和稀树大草原生境，是哺乳纲一个比较小的目。曾被列入贫齿目，但与食蚁兽等贫齿动物有许多特征完全不同，并无真正的亲缘关系，只是形态相似而已，据此另立鳞甲目，成一独立分支。现代分子生物学证据表明，鳞甲目与食肉目有较近的亲缘关系。鳞甲目动物已有8000万年进化历史，最早化石发现于欧洲晚始新世，但进化程度低，比较原始特化，如体被鳞甲、无牙齿、食性特化（仅食蚁类）、体温低（一般31℃-35℃）、体温调节能力差。

马来穿山甲

Manis javanica Desmarest, 1822
Malayan Pangolin, Sunda Pangolin

鳞甲目 / Pholidota ＞ 鲮鲤科 / Manidae

形态特征： 外部形态与中华穿山甲较相似，非专业人士很难区别，但体更修长。除腹面和四肢内侧披稀疏毛发外，其余部分均披覆瓦状鳞甲，甲间杂生有束状硬毛露出甲外，围绕体背和体侧的鳞片列数 17-19 列。体长 40-62cm。体重 2-6kg。头小圆锥状，鼻吻部尖细。无牙齿。舌长，通常在 20cm 以上。眼小。外耳瓣状不发达，比中华穿山甲的更小。尾长 30-53cm，长于中华穿山甲的尾；尾侧缘鳞片 20-30 枚，比中华穿山甲的多。四肢短而粗壮，前后肢均有 5 趾，中趾及第 2、4 趾爪强大、锐利，但前肢中爪短于中华穿山甲，没有中华穿山甲强大。

地理分布： 国内分布于中国南部，近年来仅在云南西部有野外确认记录。国外分布于缅甸、老挝、泰国大部分地区、越南中部和南部、柬埔寨、马来西亚半岛以及印度尼西亚的苏门答腊岛、爪哇岛和加里曼丹岛。

物种评述： 又名穿山甲、鲮鲤。吴诗宝等（2005）首次报道了该物种在中国云南西南部与缅甸、老挝接壤的孟连和勐腊有分布。与中华穿山甲生态习性相似，栖息于各种山林草莽甚至果园农耕地，喜温暖湿热的环境。食性特化，也以蚂蚁和白蚁为食，但猎物种类可能与中华穿山甲有所不同。嗅觉发达，通过嗅觉搜寻定位蚁巢，用长舌舔舐猎物。比中华穿山甲更善于爬树栖居，用尾巴缠绕树干往上爬直达树上的蚁巢，是爬树能手。独居。白天睡在树洞里或树根部，不像中华穿山甲那样挖洞栖居。夜晚活动，家域 0.07km² 左右，每天活动 2 小时左右。全年都可发情交配、产仔，没有明显的繁殖季节。每胎 1 仔，怀孕期 6 个月左右。幼仔骑在母兽尾背部，随之外出活动，哺乳期 4 个月左右。猛兽、猛禽是它们的天敌。目前，对中国云南境内的马来穿山甲的生态习性研究完全空白。

过度猎杀利用、栖息地破坏和保护措施不力是马来穿山甲濒危的主要原因。20 世纪 90 年代前马来穿山甲曾经是印度尼西亚、马来西亚等东南亚国家常见的动物，不过受经济利益驱使，马来穿山甲这类经济价值较大的动物遭受大量捕猎，种群结构已受到严重破坏。中国云南境内的马来穿山甲种群现状完全不清楚，但应该不会很好，它同样会被当作中华穿山甲猎杀利用。

2014 年被世界自然保护联盟物种生存委员会列为极度濒危动物，2016 年被列入 CITES 附录 I。当前最迫切的任务是查清中国云南境内的马来穿山甲种群现状，加强穿山甲就地保护，打击非法狩猎。

保护级别： 国家一级重点保护野生动物。

华南师范大学穿山甲人工救护与保育研究基地 / 吴诗宝

华南师范大学穿山甲人工救护与保育研究基地 / 吴诗宝

华南师范大学穿山甲人工救护与保育研究基地 / 吴诗宝

中华穿山甲

Manis pentadactyla Linnaeus, 1758
Chinese Pangolin

鳞甲目 / Pholidota > 鲮鲤科 / Manidae

浙江衢州开化 / 周佳俊

形态特征： 体形较细长。背面自额直到尾部的背腹面以及四肢外侧均被覆瓦状鳞甲，似鱼鳞排列，故又称为"鲮鲤"。鳞甲间夹有数根刚毛，鳞片多为黑褐色和棕褐色两类型。体背侧鳞与体轴平行，15-18 列，腹和四肢内侧无鳞而着生毛发。体长 33-59cm。体重 33-59cm。头小，圆锥状。无牙齿。舌长，通常在 20cm 以上。眼小。外耳瓣状，不发达。尾长 21-40cm，扁平，背部略隆起，尾侧缘鳞片 14-20 枚。四肢短而粗壮，前后肢均有 5 趾，爪强大、锐利，特别是前肢的中趾及第 2、4 趾有强大的挖掘能力，因此又叫穿山甲。

地理分布： 主要分布在中国长江以南地区的广东、广西、海南、云南、湖南、湖北（咸宁地区、鄂东南）、安徽（长江以南皖南各地）、福建、浙江、贵州、四川（筠连、马边、西昌、米易）、重庆（秀山、南川、酉阳、涪陵）、西藏（察隅、芒康）、香港、江苏（苏南宁镇山脉、茅山山脉、老山山脉、宜溧山脉等低山丘陵）、上海（金山、奉贤）、河南（豫西南淅川）、江西与台湾。国外少数见于与我国毗邻的尼泊尔喜马拉雅山麓，不丹南部，印度北部和东北部，孟加拉国西北、东北以及东南部，缅甸北部和西部，老挝北部，越南北部，泰国西北部等。

物种评述： 分 3 个亚种，指名亚种（*M. p. pentadactyla*）、海南亚种（*M. p. pusilla*）和华南亚种（*M. p. aurita*）。栖息于丘陵、山麓、平原的树林潮湿地带。喜炎热。能爬树。主要以蚂蚁和白蚁为食，故又被称为食蚁兽，以长舌舐食白蚁、蚁、蜜蜂或其他昆虫。穴居生活，善于挖掘，能在地面下挖掘深达 1-5m、洞道口径 20-30cm、末端巢径可达 1m 的洞穴用于居住。夜晚出洞活动 1-3 小时，一天大部分时间在洞中度过。独居，性温顺，遇敌害时将身体蜷曲成球状。视听觉退化，嗅觉发达。春末夏初是发情交配季节，冬季产仔，怀孕期 6-7 个月，通常每胎 1 仔，新出生幼仔体重通常 100-150g，幼仔伏于母兽尾背部，随之外出活动。猛兽、猛禽为天敌。中华穿山甲能控制白蚁对森林的危害，维护生态平衡。当前最迫切的任务是打击偷猎和非法利用；加强穿山甲就地保护；开展人工驯养技术研究，减轻野外捕捉压力。

保护级别： 国家一级重点保护野生动物。

广东梅州 / 陈久桐

食肉目

Carnivora Bowdich, (1821)

食肉目的祖先出现于古近纪的古新世，至渐新世时大部分现有的科都已出现，并一直繁荣至今。现生食肉目包括16科129属286-294种，为现生哺乳动物中的第5大目（仅次于啮齿目、翼手目、劳亚食虫目和灵长目）（Vaughan et al., 2015）。现生食肉目物种分属2个亚目：（1）猫型亚目（Feliformia），包括7个科，即猫科、灵猫科、林狸科、獴科、鬣狗科、食蚁狸科与双斑狸科；（2）犬型亚目（Caniformia），包括9个科，即犬科、熊科、小熊猫科、鼬科、臭鼬科、浣熊科、海象科、海狮科与海豹科，其中后3个科为水生食肉类，传统上有时被列为单独的鳍脚目 Pinnipedia。

食肉目为大多数物种营捕食性生活的动物类群，脑颅扩大，额顶缝靠前，眼眶与颞孔窝通常融为一体。鼻骨与鼻腔内表面一般较为宽阔，嗅觉灵敏，门齿小，犬齿发达，多数种类的第4颗上前臼齿（P^4）与第1颗下白齿（M_1）尤为发达，特化为剪刀状，称为裂齿，上下嵌合适于撕咬、切割肉食。四肢发达，指（趾）末端具爪，为趾行性（犬类、鬣狗与猫科动物）或跖行性（熊类及浣熊）（刘志霄，2017）。

我国的食肉目物种多样性水平较高，在《中国哺乳动物多样性（第2版）》（蒋志刚等，2017）中，列有10科40属63种。本书以此名录为参考，根据最新的分类修订，撤去原大熊猫科（Ailuropodidae），把大熊猫（*Ailuropoda melanoleuca*）归入熊科（Ursidae）；把斑林狸（*Prionodon pardicolor*）从灵猫科（Viverridae）中划出，归入林狸科（Prionodontidae）。本书共收录在我国有确认分布记录的食肉目哺乳动物计10科60种。

狼

Canis lupus (Linnaeus, 1758)
Grey Wolf

食肉目 / Carnivora > 犬科 / Canidae

形态特征：狼是全世界犬科动物中体型最大的物种，头体长 87-130cm，尾长 35-50cm，雄性体重 20-80kg，雌性体重 18-55kg。不同区域种群或亚种间体型会存在较大差异。与其他犬科动物相比，狼的吻鼻部相对比例较长，双耳及双眼朝向正前方。作为一种大型犬科动物，狼的四肢相对身体的比例较长。狼的典型毛色为沾棕的灰色，但具有多种多样的毛色变化，包括棕黄色、棕灰色及灰黑色，通常背部毛色较深而腹部稍浅。冬毛比夏毛更为浓密、厚实，毛色通常更深。尾巴蓬松，尾上的毛色较为均一。

地理分布：狼广泛分布于北半球欧亚大陆大部与北美洲大陆北部。在我国，狼历史上曾经广布于台湾、海南以外的大陆各省区，但其当前的分布区则大为缩减，主要集中在青藏高原至蒙古高原及周边地区，包括新疆、西藏、青海、四川、甘肃、宁夏、陕西、内蒙古和东北部分地区。

物种评述：狼的亚种非常多，分类较为复杂且混乱。狼是家狗的祖先，二者至今仍可杂交。家狗有时被列为单独的 *C. familiaris*。近期有基于分子生物学的研究认为分布于青藏高原的喜马拉雅狼（Himalayan Wolf，*Canis lupus chanco*）与周边地区的狼相比存在明显的遗传差异，并具有低氧适应性遗传特征，应将该种群作为一个独立的演化显著性单元（ESU，evolutionary significant unit）予以考虑。

狼可以利用多种多样的生境，包括森林、灌丛、草原、高山草甸、荒漠等，可分布在从海平面到上至 5000m 的宽广海拔范围内。狼主要捕食大型有蹄类动物，包括鹿类、岩羊、原羚、野猪、野驴等，但同时也会捕食其他体型较小的猎物，例如旱獭、野兔和鸟类。狼的耐力极佳，可以长途奔跑（超过 10km）以追逐大型猎物。它们偶尔食腐，或抢夺同域分布的雪豹、豹或棕熊等其他大型食肉动物猎杀的猎物。狼偶尔会攻击家畜，可在局地引起严重的人兽冲突。狼是社会性群居动物，以小的家庭群或家族群为单位集体活动和捕食，在群内每个个体均有严格的等级地位。在多雄多雌群里，通常只有主雄和主雌两只个体参与繁殖。每窝产仔可多达 6 只，由家庭群体共同抚养照料。在狼的社群内，狼嚎是一种独特的行为，多用于宣示领地；狼在追捕猎物时，有时会发出类似犬吠的响亮叫声——这两种声音均可在远距离之外听到。母狼在洞穴中产仔和育幼，这些洞穴有时是其自己挖掘的，有时是利用其他动物留下的，而有时则利用天然的岩洞或岩隙。狼的食物中，家畜占有较大的比重。长期以来，狼在中国均被作为危害畜牧业的害兽，同时也被作为一种传统的毛皮兽，承受着较大的被人类捕杀的压力。

保护级别：国家二级重点保护野生动物。

西藏羌塘 / 严学峰

青海 / 张永

四川甘孜白玉 / 张永

西藏日喀则 / 杜卿

西藏羌塘 / 严学峰

新疆准格尔盆地 / 武家敏

内蒙古锡林郭勒盟东乌珠穆沁旗 / 孙万清

青海三江源自然保护区 / 董磊

西藏那曲申扎 / 武亦乾

四川格西沟自然保护区 / 李晟

青海果洛 / 李锦昌

新疆乌鲁木齐 / 黄亚慧

新疆 / 邢睿

四川甘孜白玉 / 张永

亚洲胡狼

Canis aureus (Linnaeus, 1758)
Golden Jackal

食肉目 / Carnivora > 犬科 / Canidae

形态特征：亚洲胡狼为中等体型的犬科动物，头体长 74-105cm，尾长 20-26cm，体重 6.5-15.5kg。体型似豺而略显纤细，吻部较尖长，尾毛蓬松。背部、体侧和尾巴毛色棕黑，尾尖色黑。四肢外侧及头部毛色浅棕红。头吻部两侧、喉部至胸腹和四肢上部内侧污白色，与背侧毛色对比明显。双耳直立，呈三角形，内缘的内侧具较长的白毛。

地理分布：亚洲胡狼广泛分布在从非洲中东部、北部到欧洲西南部、小亚细亚、阿拉伯半岛及欧亚大陆南部（包括伊朗高原、南亚次大陆、东南亚中南半岛部分地区等）的广大地区。在我国，亚洲胡狼于 2018 年首次被记录于西藏吉隆县的喜马拉雅山脉南坡。

物种评述：近期有基于形态学和线粒体 DNA 的研究指出，分布于非洲北部的亚洲胡狼实际与狼（*C. lupus*）的关系更近，应列为狼的亚种或独立种，即非洲狼（*C. lupaster*）。亚洲胡狼在我国为边缘分布。

亚洲胡狼具有较强的环境适应能力，可栖息于多种生境，包括干旱半干旱荒漠、草原、稀树草原、森林、高山草甸灌丛以及人类农业区和城镇周边等，活动范围可上至海拔 3800m。它们为杂食性动物，食性广泛，甚至可进入人类居住区搜寻垃圾为食。当与体型更大的狼或豺同域分布时，亚洲胡狼会受到其压制。

保护级别：国家二级重点保护野生动物。

西藏日喀则吉隆 / 董磊

赤狐

Vulpes vulpes (Linnaeus, 1758)
Red Fox

食肉目 / Carnivora > 犬科 / Canidae

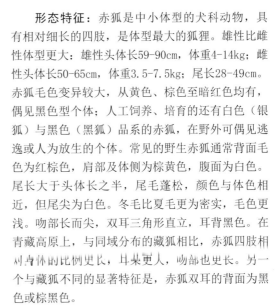

形态特征：赤狐是中小体型的犬科动物，具有相对细长的四肢，是体型最大的狐狸。雄性比雌性体型更大：雄性头体长59-90cm，体重4-14kg；雌性头体长50-65cm，体重3.5-7.5kg；尾长28-49cm。赤狐毛色变异较大，从黄色、棕色至暗红色均有，偶见黑色型个体；人工饲养、培育的还有白色（银狐）与黑色（黑狐）品系的赤狐，在野外可偶见逃逸或人为放生的个体。常见的野生赤狐通常背面毛色为红棕色，肩部及体侧为棕黄色，腹面为白色。尾长大于头体长之半，尾毛蓬松，颜色与体色相近，但尾尖为白色。冬毛比夏毛更为密实，毛色更浅。吻部长而尖，双耳三角形直立，耳背黑色。在青藏高原上，与同域分布的藏狐相比，赤狐四肢相对身体的比例更长，且体更大，吻部也更长。另一个与藏狐不同的显著特征是，赤狐双耳的背面为黑色或棕黑色。

地理分布：赤狐是全球分布范围最广的陆生食肉动物，遍布北半球欧亚大陆（除东南亚热带区）和北美洲大陆，并被人为引入至澳大利亚等地。在我国，赤狐历史上广泛分布于除台湾、海南以外的大陆各省区，但其当前的具体分布范围缺乏系统研究，在华北山地（例如山西、河北）、青藏高原至横断山（例如西藏、青海、四川西部、云南西北部）、蒙古高原（例如内蒙古）和西北地区（例如新疆）仍较为常见。

物种评述：赤狐分布范围广，被描述的亚种众多。近期基于全球赤狐样品的分子生物学研究结果显示，赤狐最早起源于中东地区，然后向外辐射扩散；现今分布在北美洲大陆的赤狐具有较大的遗传差异，应列为独立种美洲赤狐（*V. fulva*）。

赤狐适应能力极强，可生活于森林、灌丛、草地、半荒漠、高海拔草甸、农田甚至人类定居点周边等各种生境。其分布的海拔范围可上至4500m。赤狐为机会主义杂食性动物，食物包括小型啮齿类、野兔、鼠兔、鸟类、两栖类、爬行类、昆虫、植物果实、植物茎叶等。在冬季与早春，赤狐食腐的比例会增加，相当程度地依靠取食死亡动物尸体来应对食物短缺。白天、夜晚均较为活跃，没有特定的活动高峰。赤狐常掘洞栖息或产仔育幼，也会利用旱獭等动物的旧洞。通常为独居，但母狐携带幼崽活动的母幼群也可经常见到。繁殖模式为单配制，公狐也会参与照顾幼崽。母狐在3-5月产仔，窝仔数1-10只。历史上，赤狐曾被广泛猎杀，以获取其毛皮用作衣料与装饰。

保护级别：国家二级重点保护野生动物。

内蒙古牙克石乌尔其汗 / 陈久桐

西藏阿里 / 郭亮

青海格尔木乌图美仁 / 廖小青

黑龙江 / 张永

新疆乌鲁木齐永丰 / 张也

新疆乌鲁木齐 / 严学峰

内蒙古呼伦贝尔 / 张岩

藏狐

Vulpes ferrilata Hodgson, 1842
Tibetan Fox

食肉目 / Carnivora > 犬科 / Canidae

形态特征：藏狐为体型矮壮的狐狸，头体长 49-70cm，尾长 22-29cm，雄性体重 3.2-5.7kg，雌性体重 3-4.1kg。背部毛色为浅棕红色，腹部白色，体侧为较宽的铅灰色至银灰色。吻部、头部、颈部与四肢均为棕红色。冬毛比夏毛更长、更密实，且体侧的银灰色区块更明显。两耳较小，耳背为浅棕色，耳郭内毛色白。尾长而蓬松，前 1/2 至 2/3 为铅灰色，末端 1/2 至 1/3 为灰白色。尾长略短于头体长之半。与同域分布的赤狐相比，藏狐脸部正面更为宽扁（从正面看头部外廓略呈长方形），双耳更小，身体更为矮壮，四肢相对身体比例更短。

地理分布：藏狐为青藏高原特有种，分布区主要位于我国，也见于尼泊尔与印度部分地区。在我国，藏狐分布在我国青藏高原及周边，包括青海、甘肃、四川西部、西藏与新疆。

物种评述：藏狐见于青藏高原的多种生境，包括草甸、草地、半干旱草原与干旱荒漠等，可上至海拔 5000m。藏狐与赤狐、兔狲在体型及捕食生态位上相近，分布区也有部分重叠。藏狐最主要的猎物是小型啮齿类与鼠兔，但也会捕食蜥蜴、兔子、旱獭、鸟类，并取食鹿类、岩羊、家畜等大型动物的尸体（食腐）。藏狐为日行性动物，独居，偶尔可见到雌雄成对活动或母幼一起活动，通常在山坡基部或旧河道岸基打洞而居。在 2 月下旬前后交配，母兽通常每胎产 2-5 只幼崽。历史上作为毛皮兽而常被捕猎。

保护级别：国家二级重点保护野生动物。

青海玉树 / 杜卿

青海玉树隆宝 / 雷进宇

青海 / 张永

青海 / 张永

青海玉树 / 张铭

青海三江源自然保护区 / 董磊

西藏羌塘 / 严学峰

沙狐

Vulpes corsac (Linnaeus, 1768)
Corsac Fox

食肉目 / Carnivora > 犬科 / Canidae

形态特征：沙狐为中等体型的狐狸，头体长45-60cm，尾长19-34cm，雄性体重1.7-3.2kg，雌性体重1.6-2.4kg。尾长约为头体长之半。整体毛色从灰白、沙黄至棕灰，胸部与四肢内侧基部为白色。耳短，耳后灰白色，尾尖黑色，区别于赤狐。

地理分布：沙狐主要分布在欧亚大陆中部，即中亚至蒙古高原的干旱、半干旱地带，西至里海沿岸，东至蒙古高原东侧和兴安岭。在我国，沙狐主要分布在中国北方部分省份，包括新疆、青海、甘肃、宁夏、内蒙古。

物种评述：沙狐通常分为4个亚种，其中2个在我国有分布，包括分布于新疆的卡尔梅克亚种*V. c. turcmenicus*，以及分布于甘肃、内蒙古、宁夏、青海的指名亚种（*V. c. corsac*）。

沙狐的栖息地局限于北方的荒漠草原及半荒漠地带，非常适应夏季干旱炎热和冬季寒冷的气候，通常不会出现在森林和农耕区。机会主义杂食性，食物主要是啮齿类、鸟类和爬行类动物，亦食腐或捡食其他大型食肉动物捕猎后留下的猎物残骸，尤其是在冬季食物短缺的季节。以夜行性为主，比赤狐更偏好夜间活动。栖于旱獭或其他动物遗弃的洞穴，多在白天隐匿于巢穴。营独居生活，冬季可见家庭群集体活动。雌雄单配制，1-3月交配，初夏产仔，窝仔数3-6只；亚成体或有辅助抚育幼崽的"助家"行为。来自蒙古的研究结果显示，雌雄对的活动范围3.5-11.4km²，而在质量较差、食物资源贫乏的地区，可达35-50km²。种群数量可能会受到同域分布赤狐的压制。我国野生沙狐缺乏可靠的种群数量评估。在近几十年内，中国北方各省沙狐的半荒漠栖息地，被"开荒"等人类活动侵占严重，对沙狐种群的威胁较大。

保护级别：国家二级重点保护野生动物。

新疆博乐 / 杨新业

内蒙古锡林郭勒盟东乌珠穆沁旗 / 孙万清

新疆博乐 / 杨新业

新疆昌吉 / 张员源

内蒙古锡林郭勒盟东乌珠穆沁旗 / 孙万清

内蒙古锡林郭勒盟东乌珠穆沁旗 / 孙万清

内蒙古锡林郭勒盟东乌旗 / 孙万清

内蒙古锡林郭勒盟东乌旗 / 孙万清

貉

Nyctereutes procyonoides (Gray, 1834)
Raccoon Dog

食肉目 / Carnivora > 犬科 / Canidae

上海 / 孙晓东

形态特征： 貉头体长49-71cm，尾长15-23cm，体重3-12.5kg。整体形态更类似于浣熊而不是典型的犬科动物，主要是由于其身体矮壮，四肢与尾均较短，双耳小而圆，头吻部较短，且具有黑色或棕黑色"眼罩"。从正面看，貉的两眼周围为黑色，双耳也为黑色，而额部和吻部为白色或浅灰色，毛色的明显对比形成深色"眼罩"状的面部特征，与浣熊相似。貉两颊至颈部的毛发较长，形成明显的环颈鬃毛。身体和尾巴的毛发为棕灰色，毛尖黑色；四肢和足的毛色为较暗的棕黑色。尾长小于头体长的1/3，尾毛长而蓬松。

地理分布： 貉历史上广泛分布于东亚与东北亚，包括日本列岛与库页岛，并被人为引入欧洲。在我国，貉广泛分布于从东北经华北至华中、华东、华南与西南的广大地区。

物种评述： 貉属 *Nyctereutes* 为单型属，传统观点认为，其祖先为犬科内较为原始的支系。种下共分为 6 个亚种。近年有观点认为，分布于日本列岛的貉应列为独立种日本貉 *N. viverrinus*，包含 2 个亚种（即 *viverrinus* 和 *albus*）。部分早期历史文献中把貉归入犬属，记为 *Canis procyonoides*。

貉常见于开阔和半开阔生境，例如稀疏的阔叶林、灌丛、草甸、湿地，且常接近水源。貉喜好在下层植被丰富的开阔林地觅食。虽然貉的主要食物为啮齿类小兽，但与其他犬科动物相比，貉的食性更杂。它们会捕食啮齿类、两栖类、软体动物、鱼类、昆虫、鸟类（包括鸟卵）等动物，并取食植物的根、茎、种子和各类浆果与坚果。貉为夜行性动物，通常独居，但有时也可见到成对活动或家庭群集体活动。貉为单配制，在春季繁殖，每窝产仔 5-8 只。历史上，貉被人类广泛捕猎以获取肉食或毛皮。同时，由于貉会捕食家禽和采食农作物，也是造成人兽冲突的野生动物之一。貉被作为毛皮兽而广泛养殖，因此在中国和国外均可见到养殖个体逸为野生的现象。

保护级别： 国家二级重点保护野生动物（仅限野外种群）。

北京 / 猫盟 CFCA

黑龙江齐齐哈尔拜泉 / 王勇刚

上海长宁 / 武亦乾

上海松江 / 武亦乾

豺

Cuon alpinus (Pallas, 1811)
Dhole

食肉目 / Carnivora > 犬科 / Canidae

形态特征：豺是中等体型的犬科动物，头体长 80-113cm，尾长 32-50cm，雄性体重 15-21kg，雌性体重 10-17kg。身体背部与体侧的毛色为砖红色或棕红色至红褐色，腹部毛色稍浅；嘴周及下颌具白毛。头吻部较短，双耳较圆，相对头部比例较大，耳郭内侧为白色。耳背面与颈、背部毛色一致，区别于赤狐（赤狐双耳背面为黑色）。尾长而蓬松，为灰黑色至黑色，与身体毛色对比明显。

地理分布：豺广泛分布于中亚、南亚、东南亚、东亚与俄罗斯，但分布区分为多片，之间可能存在不同程度的隔离。历史上，豺曾分布于中国除台湾与海南之外的大陆大部分省区；但近 30 年来，仅有少量确认的分布记录。豺当前在中国境内的具体分布区未有系统研究与报道，推测可能呈高度破碎化分布。在华东、华中、华南的大部分地区，豺可能已经区域性绝灭。近年来确认的记录主要来自于我国西部与西南部，散见于甘肃南部和西部、四川中部和西部、陕西南部、云南南部西部与西北部、西藏东南部及青海部分地区。

物种评述：豺最初被分为南北两个物种，即北部的 *C. alpinus* 与南部的 *C. javanicus*，后被合并为 1 个物种（即 *C. alpinus*）。豺属 *Cuon* 成为单型属。基于形态特征，豺被分为多达 11 个亚种，但许多亚种的划分仍存在疑问，有待进一步研究。

豺可利用多种生境，包括茂密的森林、开阔的草地以及半干旱荒漠等。豺集小群生活，群内个体数可达 12 只甚至更多，群体合作捕食大型有蹄类猎物。猎物包括野猪、鹿科动物、牛科动物等大型动物，也有体型较小的啮齿动物、野兔等。豺还经常取食动物尸体残骸（食腐）。豺通常在春

青海海西天峻 / 刘炎林

西藏林芝墨脱 / 刘务林

季繁殖，母兽每胎产 4-6 只，由群内成年个体共同抚育。在过去 30 年间，中国境内豺的野生种群经历了严重、快速的种群下降和分布区缩减。豺捕食家畜后被人为报复性毒杀或猎杀，以及由家养动物携带扩散的高传染性疫病（例如犬瘟热和狂犬病），可能是其中的主要原因。

保护级别：国家一级重点保护野生动物。

棕熊

Ursus arctos Linnaeus, 1758
Brown Bear

食肉目 / Carnivora > 熊科 / Ursidae

形态特征： 棕熊为体型壮硕的熊科动物，雄性头体长160-280cm，体重135-725kg；雌性头体长140-228cm，体重55-277kg；尾长6.5-21cm。棕熊是在我国分布的体型最大的陆生食肉目动物，但不同地理种群或亚种间体型具有较大变异。其中，在青藏高原、蒙古高原地区分布的棕熊亚种体型相对较小。棕熊的毛色多变，包括灰黑色、棕黑色、深棕色、棕红色、浅棕黄色及灰色，偶见白化个体。在青藏高原及周边地区分布的棕熊，不管主体基调是什么颜色，通常毛色显得斑驳，四肢色深，身体和头部色浅，许多个体颈部一周有白色或污黄色的浅色带，并会延伸至肩部和胸部，但其尺寸变化很大，在部分个体中甚至完全缺失。棕熊肩部具有发达的肌肉，使得其肩部外观高高隆起，是与黑熊的最显著区别特征之一。此外，与黑熊相比，棕熊的头部相对身体比例更为硕大，吻部更长，四肢更为粗壮，爪也更长。

地理分布： 棕熊是全世界熊科动物中分布范围最广的物种，包括北半球欧亚大陆大部和北美洲大陆北部与西部。在我国，棕熊现今主要分布在东北地区、青藏高原及周边高于或接近树线的区域，以及西北天山至中亚高原地区，包括黑龙江、吉林、辽宁、内蒙古、新疆、甘肃、青海、西藏、四川。

物种评述： 由于分布范围广大且存在较大的形态变异，棕熊被命名有非常多的亚种，较为复杂和混乱，需要进一步研究厘清。在我国，棕熊亦称马熊，其中生活在青藏高原的棕熊青藏亚种（*U. a. pruinosus*）又称藏马熊或藏熊。

在世界范围内，棕熊生活于大部分的陆地生境类型中，包括森林、草原甚至戈壁荒漠。在青藏高原区域，棕熊可分布到上至海拔5000m的地区，一般利用高寒草原、高山灌木生境和针叶林边缘区域。随着栖息地内不同季节可获取的食物种类的不同，棕熊的食性也随之变化。其食谱中包含相当比例的植物成分，包括各类草本植物、

新疆阿尔金山 / 严学峰

植物球茎、块茎、储藏根等。鼠兔和旱獭是棕熊常见的动物猎物，棕熊会花费大量的时间与精力来挖掘其洞穴。它们也经常掠夺雪豹、狼等其他食肉动物捕杀的有蹄类猎物，或食腐。在东北，棕熊长期以来面临人类的捕猎压力，过去半个世纪以来种群数量下降尤为剧烈。青藏高原的棕熊种群相对较为稳定，但近一二十年来，随着青藏高原上人类生活方式逐渐由游牧向定居和半定居转变，棕熊与人之间的人熊冲突事件不断增长，棕熊会破门翻窗进入无人的房屋搜寻食物，偶尔也会捕杀家畜。棕熊一般在10月末开始冬眠，然后在次年5月初复苏。但近年来的记录显示，其冬眠开始时间有所延迟，可能是由于高原上气候变暖，或者是由于夏秋季食物短缺造成其身体状况变差。棕熊通常在5月初至7月间交配，但母熊体内的胚胎则延迟到10-11月才着床，然后在冬眠期间产仔。雌性在4.5-7岁期间首次生育，平均每2年1胎，每胎1-3（平均2）只。青藏高原的棕熊具有广大的活动范围，已有研究显示，单个个体一年内的活动区域面积可达2000km^{2}以上。

保护级别：国家二级重点保护野生动物。

新疆天山 / 邢睿

吉林长白山自然保护区 / 武耀祥

吉林长白山自然保护区 / 朴龙国

青海可可西里自然保护区／冯江（二马兵）

四川甘孜／张铭

青海海西大峻／刘炎林

黑熊

Ursus thibetanus G. [Baron] Cuvier, 1823
Asiatic Black Bear

食肉目 / Carnivora > 熊科 / Ursidae

形态特征：黑熊是毛色以黑色为主的大型熊科动物，雄性头体长120-190cm，体重60-200kg；雌性头体长110-150cm，体重40-140kg；尾长5-16cm。整体毛色为黑色，在东南亚地区偶见棕色或金黄色的毛色变异。头吻部灰黑色至棕黑色。成年个体颈部具有浓密的黑色长毛，形成一圈或两个半圆形的明显的鬃毛丛，使得其颈部看起来十分粗壮。最显著的形态特征是胸部具有一个显眼的"V"字形白斑，因其形状近似新月，黑熊有时也被称为"月熊"。胸部白斑的大小与形状具有个体特异性，因此可用作黑熊个体识别的标志。黑熊身体结实壮硕，四肢较短但强壮有力，具有宽大的足掌与长爪，双耳较圆。相对于体长，其尾巴较短，甚不显眼。

地理分布：黑熊历史上广泛分布于亚洲的热带、亚热带与温带地区（包括接近大陆的大型岛屿），但现今只呈片段化地分布在东亚、东南亚、南亚与中亚的部分地区，包括俄罗斯、日本、朝鲜、韩国、中国、越南、老挝、柬埔寨、泰国、缅甸、孟加拉国、不丹、尼泊尔、印度、巴基斯坦、阿富汗、伊朗。在我国，黑熊目前主要分布在东北、华中与西南（大横断山、云贵高原至喜马拉雅）。华东、华南地区的黑熊种群已呈高度破碎化的零星分布；在近陆岛屿上，台湾中央山脉仍有野生种群分布，但海南上的原有种群已接近灭绝或已经灭绝。

物种评述：黑熊亦称亚洲黑熊，历史上曾被归入单独的*Selenarctos*属。在柬埔寨曾记录到一例黑熊与马来熊的野生杂交个体。

黑熊在其分布区内利用多种森林生境，既包括阔叶林也包括针叶林，活动的海拔跨度可从接近海平面上至4000m，也可能偶尔出现在高海拔的开阔草甸。黑熊为杂食动物，食性可随季节和食物资源的不同而有很大变化。食谱包括春季时柔嫩多汁的植物，夏季时的昆虫和乔木、灌木的果实，以及秋季的各类坚果。黑熊具极佳的爬树能力，秋季时阔叶林中结实的坚果在黑熊秋季的营养摄入中具有重要作用，可帮助它们积累下足够多的脂肪储存

四川王朗自然保护区 / 李晟

四川老河沟自然保护区 / 李晟

用于越冬。黑熊会搜寻野生和人工饲养的蜂巢以取食蜂蜜。当遇到大型野生兽类的尸体或残骸时，它们也会食腐。黑熊偶尔会捕食家畜，此外还会经常进入农田取食农作物，给当地居民造成可观的作物损失，从而引起严重的人熊冲突。在气候寒冷的地区（北方或海拔超过2500m的高海拔区），冬季食物资源匮乏时，黑熊的雌雄个体均会寻找岩洞、岩缝或树洞进行冬眠。它们最早可以在秋季10月下旬进洞，最晚在春季5月上旬复苏。但成年雄性个体可以在整个冬季保持活动状态。黑熊是独居动物，发情期在6-7月。母兽冬季11月至次年3月间在冬眠洞穴中产仔。雌性个体4-5岁时首次生育，之后每2年产1胎，每胎1-3只。在野外经常能够见到包括2-4个个体的母幼群，带仔的母熊极具攻击性。受惊扰或受伤后的成年黑熊会对人类发起狂暴的攻击，造成严重的人员伤亡事件。在其分布区内，黑熊是人类偷猎的主要对象之一，以获取熊肉、熊掌用于非法野味贸易，身体器官（例如熊胆、熊油）用作传统中药，以及活体幼崽用于非法驯养和交易。在人熊冲突频发的地区，报复性猎杀及毒杀也非常普遍。

保护级别：国家二级重点保护野生动物。

四川卧龙自然保护区 / 李晟

四川老河沟自然保护区 / 李晟

四川广元青川 / 武亦乾

云南西双版纳 / 肖诗白

陕西长青自然保护区 / 李晟

马来熊

Helarctos malayanus (Raffles, 1821)
Sun Bear

食肉目 / Carnivora > 熊科 / Ursidae

形态特征：马来熊为全世界熊科动物中体型最小者，头体长100-140cm，尾长3-7cm，雄性体重34-80kg，雌性体重25-50kg。与其他熊科动物（例如亚洲黑熊、懒熊）相比，马来熊体型瘦小，四肢相对身体比例较长，头部较小，吻部短，全身被毛短而柔软。整体毛色为黑色，吻部及颊通常为污白色至浅黄色，双耳非常小。胸部具一块大型的白色至乳黄色块斑，边缘清晰，形状多变，可作为个体识别的依据。四肢修长，爪甚长。具极长的舌，可灵活舔取昆虫和蜂蜜。

地理分布：马来熊为典型的热带物种，历史上广泛分布于东南亚的中南半岛、苏门答腊和加里曼丹岛，北至我国的云南；现分布区退缩严重，且甚为破碎，见于印度东北部、孟加拉国、缅甸、泰国、柬埔寨、老挝、中国、越南、马来西亚、文莱与印度尼西亚。在中国，马来熊近年来仅在云南西部有确认记录。

物种评述：马来熊属（*Helarctos*）为单型属。马来熊亦称"太阳熊"（得名于其胸前的块状白斑），在我国为边缘分布。过去40年间，我国仅在云南盈江接近中缅边界地区有数例确认报道（发现地距离边境极近），其余来自西藏南部和云南南部西双版纳的数次报道均为亚洲黑熊的误判或尚存疑问。中国的马来熊原生适宜栖息地已所剩不多。据推测，在中国境内可能已不存在马来熊的完整繁殖种群。

马来熊栖息于热带雨林、季雨林和部分亚热带山地森林生境中，是极度依赖森林的物种，偶见于林缘的灌丛、农田与种植园区。它们通常在海拔1200m以下的区域活动，但亦有记录可上至海拔3000m。马来熊为杂食性，食物种类多样，主要包括白蚁、蚂蚁、甲虫幼虫、蜜蜂幼虫（包括蜂蜜）等无脊椎动物和各类植物果实，偶尔捕食爬行类、鸟类等小型脊椎动物和鸟卵。具有极强的爬树能力，爪长而有力，用来扒开树皮和树干搜寻昆虫。马来熊在白天和夜晚均可保持活跃，通常独居，家域面积7-27km²，偶见母幼一起活动。母熊一般在立木或倒木的树洞中产仔，每胎产1只，偶见2只。栖息地丧失和人类的偷猎（主要用于获取熊胆、熊掌，以及幼年活体）是对其野生种群的最大威胁。

保护级别：国家一级重点保护野生动物。

马来西亚沙巴州马来熊保育中心 / 黄秦

云南盈江铜壁关自然保护区 / 李学友

大熊猫

Ailuropoda melanoleuca (David, 1869)
Giant Panda

食肉目 / Carnivora > 熊科 / Ursidae

形态特征：大熊猫是体型结实的大型熊类，头体长 120-180cm，尾长 8-16cm。成年雄性体型大于雌性，雄性体重 85-125kg，雌性体重 70-100kg。毛色为分明的黑白两色，头部大而圆，与其他熊类物种相比头吻部较短而钝。大熊猫的四肢、肩部、耳朵及眼圈为黑色，身体其余部分为白色。在陕西秦岭地区，分布有罕见的棕色型大熊猫：与普通黑白色型相比，棕色型大熊猫身体上的黑色部分变为浅棕色或咖啡色。大熊猫幼年个体与亚成体的体色与成体相仿，但体型更圆。2019 年，在四川邛崃山系的卧龙保护区野外记录到 1 只大熊猫白化个体，全身被毛为白色或金白色，眼睛红色。

地理分布：大熊猫为中国特有种，化石记录显示其历史上广泛分布于华南、华东、华中至西南地区，北至华北中部。现今分布于中国西南地区 3 个省（陕西、甘肃、四川）内的 6 大山系（秦岭、岷山、邛崃山、大相岭、小相岭、凉山），分布区高度破碎化。2015 年在云南东北部金沙江以南区域发现一只被猎杀的野生大熊猫，据推测为零星扩散个体，需进一步深入调查以明确此物种在这片区域的分布现状。

物种评述：大熊猫属（*Ailuropoda*）为单型属。IUCN 把大熊猫归入熊科（Ursidae），国内文献传统上把其归入单列的大熊猫科（Ailuropodidae）。有分子生物学研究结果显示，秦岭地区的大熊猫与四川、甘肃的种群已有长期的隔离与分化，具有遗传上的独特性；有观点认为应把秦岭种群列为单独的亚种，但还未被广为接受。

大熊猫主要分布在海拔 1200-3200m 之间、具有浓密林下箭竹的温性山地森林栖息地中。它们的食性特化，几乎 100% 以竹子为食，但可以取食的竹子种类繁多。大熊猫每天需要花费 12-14h 进食，消耗 10-15kg 的竹子，因此会在其活动区域内留下大量明显的粪便和取食痕迹。在野外，大熊猫偶尔会取食死亡野生动物的残骸（食腐）。伴随着不同海拔段竹子的物候变化，大熊猫有季节性的垂直迁徙。单个个体的活动范围为 4-29km²（平均约 10km²），依据食物资源可获得性的高低而变化。大熊猫，尤其是幼年个体，偶尔会爬树来休息或躲避敌害。在交配季节，成

陕西长青自然保护区 / 李晟

年个体，主要是雌性，也会爬到树上，观察、等待其雄性个体相互打斗以争夺交配权。除了母子结伴活动以外，成年大熊猫是独居动物，个体之间一般通过气味标记来相互联络。大熊猫通过喷射尿液，或把肛周腺分泌物涂抹在树干上的方式，进行气味标记。成年大熊猫在春季（3-5月）发情交配，雄性需通过打斗来争夺发情的雌性。成年雌性每2-3年繁殖1胎，通常在夏季中段至末段（8-10月初），在精心选择的树洞、岩洞或岩石裂隙中产仔。每胎大多1只，偶尔2只。在野外，如果遇到出生2只的情况，母熊猫会放弃其中之一，仅哺育1只。在幼崽初生后的头2-4天内，母熊猫会一直怀抱幼崽，不离开洞穴；在之后到幼崽2周大之间，母熊猫会周期性地离开洞穴，在附近排便、觅食。大熊猫幼崽将在洞穴中待到3-4个月大，但期间如果受到干扰或洞穴被雨水打湿、淹没，母熊猫将会携带幼崽更换不同的洞穴。大熊猫在大约4.5岁时达到性成熟。与其他生活在温带和寒带的熊类不同，大熊猫在冬季不冬眠。

保护级别：国家一级重点保护野生动物。

四川王朗自然保护区 / 李晟

陕西牛尾河自然保护区（棕色型）/ 王放

206

四川成都大熊猫基地 / 董磊

陕西汉中佛坪 / 刘思阳

四川成都大熊猫基地 / 董磊

四川唐家河自然保护区 / 马文虎

207

懒熊

Melursus ursinus (Shaw, 1791)
Sloth Bear

食肉目 / Carnivora > 熊科 / Ursidae

形态特征：雌性体重 55-95kg。雄性体重 80-140kg。成年雄性肩高 60-90cm。体型瘦长。额部被覆黑色短毛，脸部眼睛以下被覆灰黄棕色短毛，显得光秃。白齿宽而平。舌头长、大。鼻长，鼻孔可以关闭。被毛长、粗糙、蓬松，颈部有鬃毛。背部被毛纯黑。有个体被毛杂有棕色和灰色毛发。胸部有一个白色、黄色或栗色毛发组成的"U"或"Y"形斑块。四肢粗壮，爪大，锋利。

地理分布：国内分布于西藏藏南。国外主要分布于印度、尼泊尔和斯里兰卡，在孟加拉国已绝迹，在不丹是否有分布仍有待确认。

物种评述：懒熊主要在夜间活动，白天在洞穴中或是其他隐蔽的地方睡觉。懒熊善于攀爬。嗅觉极好，可视力和听觉很差。通常没有攻击性。杂食性动物，主食白蚁等昆虫，也吃树叶、花朵、水果、谷物和小型脊椎动物。3-6月多采食水果，但更喜欢白蚁或蜂巢，也会捡食腐肉。懒熊领域性不强。大多数幼熊在 9 月至次年 1 月出生，通常每胎 1 仔或双仔，一胎 3 仔罕见。幼熊与母熊一起生活到完全成年。

保护级别：国家二级重点保护野生动物。

印度 / Yashpal Rathore (naturepl. com)

喜马拉雅小熊猫

Ailurus fulgens F. G. Cuvier, 1825
Himalayan Red Panda

食肉目 / Carnivora > 小熊猫科 / Ailuridae

形态特征： 喜马拉雅小熊猫是形似浣熊的小型食肉目动物，头体长51-73cm，尾长28-54cm，体重3-6kg。整体毛色为红棕色，具有一条粗长的尾巴，尾长超过体长之半。四肢与腹面的毛色比背面更深，为棕黑色。尾巴是小熊猫最明显的特征之一，蓬松粗壮且较长，上面有多个深色的环纹。头部较圆，吻部较短。双耳较大，呈三角形竖起，耳缘具白毛。脸颊、吻部和眼周均具白毛，眼下至嘴基具两条深色带，从而形成独特的"眼罩"状面部斑纹。相比于分布在中国西南至喜马拉雅山脉东段的中华小熊猫，喜马拉雅小熊猫的毛色更浅，尤其是面部与头部毛色总体呈现较浅、略为泛白的污黄色或棕黄色。

地理分布： 喜马拉雅小熊猫仅分布在喜马拉雅山脉中段，分布区包括尼泊尔、印度北部、不丹和中国。在中国，喜马拉雅小熊猫分布于西藏南部。

物种评述： 小熊猫属*Ailurus*历史上曾被归入浣熊科Procyonidae，之前曾被认为是单型属，即属下仅有1个物种小熊猫*A. fulgens*，其下包括2个亚种：分布在喜马拉雅山脉的指名亚种*A. f. fulgens*，与分布在青藏高原东缘横断山的*A. f. styani*。最新的研究基于基因组与形态方面的证据将这2个亚种均提升为独立种，即喜马拉雅小熊猫*A. fulgens*和中华小熊猫*A. styani*。雅鲁藏布江可能是这两个物种分布范围之间的天然分界线。

喜马拉雅小熊猫栖息于喜马拉雅山脉南麓的茂密森林生境中，有时也会在接近树线的高海拔区域活动。中国分布的喜马拉雅小熊猫的研究总体上较为匮乏，关于其生态、习性与生活史所知甚少。圈养个体的记录显示，喜马拉雅小熊猫对外界干扰较为敏感，容易受到惊吓而应激。

保护级别： 国家二级重点保护野生动物。

尼泊尔 / Arjun Thapa (naturepl. com)

中华小熊猫
Ailurus styani Thomas, 1902
Chinese Red Panda

食肉目 / Carnivora > 小熊猫科 / Ailuridae

形态特征： 中华小熊猫头体长50-75cm，尾长30-50cm，体重3-6kg。整体毛色、体型、斑纹等均与喜马拉雅小熊猫整体形态相近，但毛色更深，尤其是面部与头部的棕红色比喜马拉雅小熊猫更浓，与脸颊、吻部和眼周的白毛形成更为明显的颜色对比，"眼罩"更为凸显。

地理分布： 中华小熊猫分布在喜马拉雅山脉东段至横断山脉的狭长区域内，分布区包括印度北部、缅甸北部和中国西南地区的山地森林区域。在中国，中华小熊猫分布于四川北部与西部的岷山、邛崃山、凉山、大相岭与小相岭山系，以及云南西北部和西藏东南部。

物种评述： 小熊猫属*Ailurus*历史上曾被归入浣熊科Procyonidae，之前曾被认为是单型属，即属下仅有1个物种小熊猫*A. fulgens*，其下包括2个亚种：分布在喜马拉雅山脉的指名亚种*A. f. fulgens*，与分布在青藏高原东缘横断山的*A. f. styani*。最新的研究基于基因组与形态方面的证据将这2个亚种均提升为独立种，即喜马拉雅小熊猫*A. fulgens*和中华小熊猫*A. styani*。雅鲁藏布江可能是这两个物种分布范围之间的天然分界线。

中华小熊猫亦称红熊猫、九节狼、山闷墩儿，栖息于长有浓密林下竹丛的温性森林环境中，有时也会在树线附近的高海拔区域（上至海拔4100m）活动。中华小熊猫以竹子为主食，食谱包括竹叶与竹笋（占其食物总量的95%以上）、植物坚果、浆果、根茎、柔嫩草叶和地衣，也会捕食一些小型脊椎动物，偶尔取食鸟蛋、昆虫和昆虫幼虫等。四川地区的研究显示，中华小熊猫偏好倒木较多的微生境，可能是易于借助倒木以避免在地面浓密竹丛中穿行，从而更方便地获取新鲜竹叶。研究表明，在中华小熊猫的栖息地选择中，水源的可获取性也是一个重要的影响因子。中华小熊猫善于爬树，在野外经常可见到其在树枝上休息。常独居，偶尔可见成对活动。关于其生活史所知甚少，但圈养记录显示，窝仔数为1-4，幼体可在10个月大时达到性成熟。

保护级别： 国家二级重点保护野生动物。

四川雅安天全 / 黄耀华

四川卧龙自然保护区 / 董磊

四川鞍子河保护区 / 付强

四川雅安宝兴 / 黄耀华

黄喉貂

Martes flavigula (Boddaert, 1785)
Yellow-throated Marten

食肉目 / Carnivora > 鼬科 / Mustelidae

形态特征： 黄喉貂为大型鼬科动物，头体长45-65cm，尾长37-45cm，体重1.3-3kg。具有一条显眼的粗大尾巴，尾长可达头体长的70%-80%。与其他鼬科动物相比，黄喉貂四肢相对身体的比例较长，后肢较前肢更长且更为粗壮。黄喉貂具有鲜亮的独特毛色，易于识别：头部、枕部、臀部、后肢和尾巴为黑色至棕黑色，而喉部、肩部、胸部和前肢上部则为对比显著的亮黄色至金黄色，下颌与颊为白色或黄白色。整体毛色呈现头尾黑、中间亮黄的模式，因此在中国西南的部分地区，被当地人俗称为"两头黑"。

地理分布： 黄喉貂广泛分布在俄罗斯东部至中国东北，并经华中、华南延伸至东南亚、喜马拉雅和印度次大陆北部的广大地区，以及近陆大型岛屿，包括俄罗斯、朝鲜半岛、中国、越南、柬埔寨、老挝、泰国、缅甸、马来西亚、印度尼西亚、尼泊尔、印度、孟加拉国、不丹、巴基斯坦、阿富汗。在我国，黄喉貂分布于东北、华中、华南、华东、西南的广大地区，以及台湾岛、海南岛2个大型岛屿。

物种评述： 黄喉貂有时被归入*Lamprogale*或*Charronia*属。黄喉貂分布范围广，不同地理种群间存在较大形态差异，亚种众多。其中，分布在印度西南部西高止山脉的印度亚种（*M. f. gwatkinsii*），现常被列为独立种*M. gwatkinsii*（英文名Nilgiri Marten）；另有观点认为，*robinsoni*（分布在爪哇岛）等亚种也应分别提升为独立种。

黄喉貂亦称青鼬，为杂食性动物，可分布在海拔200-4000m的广阔区域内。其栖息地包括多种多样的天然林、灌木林、人工林等不同类型。黄喉貂为较为严格的日行性动物，行动迅速、敏捷，常见跳跃式前行，是高效率的捕食者。食性较杂，包括小型兽类、鸟类、鸟蛋、蛙类、爬行类、昆虫和植物果实。它们具有出色的爬树能力，经常会上树捕食。黄喉貂攻击能力强，可以猎杀比自身体型大很多的猎物，包括小型有蹄类动物（例如林麝、小鹿、毛冠鹿）和灵长类动物（例如猕猴）。黄喉貂会搜寻和攻击蜂巢（包括人工养蜂的蜂箱），取食蜂蜜和蜂蜡，因此在部分地区也被称为"蜜狗"。在野外经常可见到黄喉貂成对活动，不甚惧人。偶尔也可见到3-4只个体组成的家庭群集体活动。夏季6-8月交配，次年3-6月产仔，窝仔数2-5只。

保护级别： 国家二级重点保护野生动物。

云南 / 陈久桐

四川王朗自然保护区 / 李晟

四川九顶山自然保护区 / 李晟

四川唐家河自然保护区 / 马文虎

吉林长白山自然保护区 / 朴龙国

四川老河沟自然保护区 / 李晟

石貂

Martes foina (Erxleben, 1777)
Beech Marten

食肉目 / Carnivora > 鼬科 / Mustelidae

形态特征：石貂是中等体型的鼬科动物，头体长40-54cm，尾长22-30cm，体重1.1-2.3kg。四肢相对身体比例较短，身体粗壮而头颈部相对细长，双耳小而圆，常不明显。毛色为暗棕色至巧克力色，毛长而蓬松。头部毛色通常比身体更浅，四肢下部则比身体颜色更深。从喉部延至胸部有一块明显的大型白斑，白斑中央通常有一块较小的深色斑块或斑点。尾巴蓬松，约为头体长之半。

地理分布：石貂广泛分布于欧亚大陆的欧洲南部至中亚和青藏高原地区，其分布区从欧洲西部与中部，经中亚，向东延伸至青藏高原、蒙古高原和华北。被人为引入至北美洲的威斯康星等地。在我国，石貂主要分布于青藏高原及周边的云南西部、四川西部、甘肃、宁夏、青海、西藏，西北的新疆，以及华北的陕西、山西、河北。

物种评述：石貂通常见于高海拔开阔生境，喜欢裸露而多岩石的环境，可上至海拔4600m。在海拔较低区域，它们也会利用林缘、灌木林生境。石貂食性广泛，为机会主义者，以啮齿类、鼠兔等小型兽类为主要食物，同时也捕食鸟类、爬行类、昆虫，偶尔取食植物果实，亦可食腐。石貂行动常跳跃前行，行动敏捷，柔韧性极好，善于攀爬和钻洞，主要利用岩石的自然裂缝或者旱獭等动物弃用的洞穴来筑巢或休憩。石貂通常独居，夜行性为主，偶见白天活动。在夏季7-8月交配，次年春季3-4产仔，窝仔数平均3-4只，由雌性单独抚养，幼体6-12月独立生活。在中国西部，石貂历史上曾被作为传统毛皮兽被广泛捕杀。

保护级别：国家二级重点保护野生动物。

新疆天山 / 荒野新疆

四川卧龙自然保护区 / 李晟

四川卧龙自然保护区 / 李晟

青海祁连山自然保护区 / 鲍永清

紫貂

Martes zibellina (Linnaeus, 1758)
Sable

食肉目 / Carnivora > 鼬科 / Mustelidae

形态特征：紫貂为中等体型的鼬类，头体长 35-56cm，尾长 11.5-19cm，雄性体重 0.8-1.8kg，雌性体重 0.7-1.6kg。身体较为粗壮，尾较为蓬松，尾长约为头体长的 1/3。整体毛色从浅黄褐色到黑褐色，头部略淡呈灰白色；四肢与尾毛色更深；喉部至前胸多为淡黄色至浅橘黄色。冬毛长而柔软、光滑，夏毛更短更粗糙，毛色更深。耳郭大而圆，较为明显。

地理分布：紫貂广泛分布于欧亚大陆从乌拉尔山脉经西伯利亚至远东太平洋沿岸的广大寒带、亚寒带地区，以及库页岛、北海道等近陆大型岛屿；分布区包括俄罗斯、哈萨克斯坦、蒙古、中国、朝鲜半岛与日本。国内为紫貂的边缘分布区，仅见于黑龙江、吉林、辽宁、内蒙古和新疆阿尔泰山地区。

物种评述：紫貂与貂（*M. martes*）（英文名 Pine Marten，主要分布在欧洲，部分延伸至近东和西伯利亚西部）、日本貂（*M. melampus*）（英文名 Japanese Marten，主要分布在日本）、美洲貂（*M. americana*）（英文名 American Marten，主要分布在北美洲）亲缘关系较近；部分研究者曾把日本貂列为紫貂的亚种；亦有观点认为紫貂与上述 3 个物种实际为同一个物种。紫貂毛色和形态具有较大变异，有多达 34 个亚种和变种曾被描述。

紫貂主要生活在针叶林和针阔混交林中，喜欢靠近溪流的地方，地栖性为主也可以在树上活动。主要以啮齿类动物为食，也吃鸟类、昆虫、鱼类、植物和浆果。紫貂的家域比较大，雄性平均有 13.1km^2，雌性平均有 7.2km^2，同性别个体间家域重叠较少。每个个体有几个永久和暂时的巢穴，位于岩石下或树根部的洞穴中，常在家域中游移，并且随季节变化进行垂直迁移。紫貂每年夏季交配，第二年 4-5 月产仔，每胎 1-5 只，平均 2-3 只。因为皮毛质量优异，价格昂贵，历来都是人类捕猎的重点对象，过去一两个世纪内野生种群数量大幅下降。目前亦有人工养殖以做毛皮兽。

保护级别：国家一级重点保护野生动物。

吉林长白山 / 张岩

吉林长白山 / 初雯雯

吉林长白山 / 张岩

吉林长白山 / 初雯雯

217

吉林长白山 / 初雯雯

吉林长白山 / 张岩

吉林长白山 / 初雯雯

吉林长白山 / 程斌

吉林长白山自然保护区 / 李溪洪

吉林长白山自然保护区 / 朴龙国

吉林长白山 / 张岩

貂熊

Gulo gulo (Linnaeus, 1758)
Wolverine

食肉目 / Carnivora > 鼬科 / Mustelidae

形态特征： 貂熊为体型最大的陆生鼬类（鼬亚科）动物，头体长 65-105cm，尾长 17-26cm，雄性体重 11-18kg，雌性体重 6.5-15kg。貂熊体型结实，四肢短而粗壮，头似熊，尾蓬松。全身被粗糙长毛，整体毛色暗棕色至棕色，四肢毛色更深；身体两侧从肩部沿体侧至尾基，有亮棕色至棕黄色的浅色带。头部有时毛色稍浅。胸部常具白色至乳白色块斑。

地理分布： 貂熊广泛分布在北半球欧亚大陆和北美洲大陆北部的寒带与亚寒带地区，包括挪威、瑞典、芬兰、俄罗斯、中国、美国与加拿大。在中国，貂熊仅见于新疆、内蒙古、黑龙江 3 省区的北部。

物种评述： 貂熊亦称狼獾。欧亚大陆与北美洲大陆的貂熊通常被认为是同一物种，但也有研究者认为北美洲的貂熊应列为独立种，即美洲貂熊（*G. luscus*）。中国为貂熊的边缘分布区，分布范围仅限于最北部靠近寒带的部分区域，种群数量稀少。

貂熊栖息于大约北纬 50 度以北的寒带与亚寒带针叶林、针阔混交林、灌丛、冻土草原、苔原、开阔山地等多种生境。貂熊可以捕食啮齿类、鸟蛋、兔类、中小型食草类（例如麝与狍）等猎物，偶见捕食大型食草类哺乳动物（驯鹿与驼鹿），但其食物来源大部分依靠腐食，主要取食狼、猞猁等大型食肉动物捕食有蹄类食草动物后留下的残骸，或各类死亡的有蹄类。它们具有囤积食物的习性，会把吃不完的食物搬运、隐藏于岩石下、冰下或雪下。营独居生活，以夜行性为主，也可见日间活动。貂熊具有极强的移动能力，日移动距离可达 35km；可爬树与游泳；家域面积广大，雄性可达 100-500km²，雌性可达 100-200km²。通常在 5-8 月交配，次年 1-4 月产仔，窝仔数 1-5 只，平均 2-3 只。被人类作为毛皮兽捕杀，偶因捕食家畜而引起人兽冲突。

保护级别： 国家一级重点保护野生动物。

新疆阿尔泰山 / 新疆阿尔泰山两河源自然保护区

新疆阿尔泰山 / 新疆阿尔泰山两河源自然保护区

新疆阿尔泰山 / 新疆阿尔泰山两河源自然保护区

香鼬

Mustela altaica Pallas, 1811
Mountain Weasel

食肉目 / Carnivora > 鼬科 / Mustelidae

形态特征： 香鼬为中小型鼬类，头体长 22-29cm，尾长 9-14.5cm，雄性个体（体重 0.2-0.34kg）的体型一般比雌性个体（体重 0.08-0.23kg）更大。体型小于黄鼬，更显纤细。整体色调与黄鼬相近但毛色更浅，没有面部的深色"面罩"，不具深色的尾尖；腹面毛色为浅黄色至乳黄色，与背部更深的毛色形成明显反差；体侧可看到深色背部与浅色腹部之间整齐、清晰的分界线。四足为白色，与深色的四肢和背部形成明显对比。尾长大于头体长之半，为头体长的 1/2 至 2/3。夏毛较冬毛短，质地更粗糙，颜色更深。体侧背腹面之间的分界线在夏毛中更为明显。尾巴纤细，但在冬季更为蓬松、粗大，不具深色尾尖。

地理分布： 香鼬分布于从西伯利亚东部经中国东北部并延伸至青藏高原和帕米尔高原的大片区域，包括俄罗斯、蒙古、中国、印度、尼泊尔、不丹、巴基斯坦、塔吉克斯坦、吉尔吉斯斯坦、哈萨克斯坦。在我国，香鼬主要分布于青藏高原至中亚高原及天山和四川西部与北部、青海东部、甘肃南部、西藏东部西部与南部和新疆中部的高海拔地区，华北的北京、河北高海拔山地以及东北的黑龙江、吉林、辽宁、内蒙古部分地区。

物种评述： 近期分子生物学研究的结果显示，香鼬在系统发生上与伶鼬（*M. nivalis*）具有较近的亲缘关系。

香鼬主要栖息在高山草甸、石山、裸岩与流石滩生境中，在我国西部分布于海拔 2500-4500m 之间。它们以鼠兔、田鼠类小型哺乳动物为主要食物，也会捕食鸟类、蜥蜴类和昆虫。亦有报道称香鼬会取食浆果，并偶尔攻击家禽。香鼬具有灵活的攀爬与游泳能力，颇具好奇心，甚不惧人。在警戒时，它们可以蹲坐在后肢上，以向上垂直立起上身，往四周张望。据报道香鼬为一雄多雌繁殖，但在野外常见到单独活动。通常在 2-3 月交配，夏季产仔，窝仔数 2-8 只，最多可达 13 只。

西藏 / 陈久桐

西藏拉萨 / 董磊

青海玉树 / 李锦昌

北京东灵山 / 吴哲浩

新疆喀什叶城 / 邢睿

青海三江源自然保护区 / 董磊

四川 / 韦铭

四川康定 / 王昌大

青海玉树 / 张铭

青海玉树 / 李斌

四川卧龙自然保护区 / 李晟

新疆天山 / 邢睿

新疆乌鲁木齐博格达山 / 包红刚

白鼬

Mustela erminea Linnaeus, 1758
Stoat

食肉目 / Carnivora > 鼬科 / Mustelidae

形态特征：白鼬体型甚小，头体长 19-22cm，尾长 2-8cm，体重 0.06-0.11kg。身体纤细，尾长约为头体长的 1/3。夏季与冬季毛色差异明显。夏毛背部为浅褐色至黄褐色，腹面为白色至浅柠檬黄色，足白色，在体侧可见清晰的背腹毛色分界线；北方个体冬毛全白，而南方个体冬毛腹部为白色，背部仍为淡黄褐色。无论冬毛与夏毛，尾后部 1/3 均为黑色。

地理分布：白鼬广泛分布于北半球的温带至寒带，包括欧亚大陆与北美洲大陆的北部，与格陵兰岛、库页岛、北海道等岛屿，最南至北纬 35 度左右。被人为引入至新西兰。在我国，白鼬的历史记录分布于华北至东北，以及西北，包括黑龙江、吉林、辽宁、内蒙古、陕西、山西、河北与新疆。

物种评述：白鼬栖息于多种生境，包括林地、灌丛、草甸、沼泽、苔原、开阔河岸、石山等，但会避开浓密森林和荒漠。它们主要捕食啮齿类、兔类、鸟类、爬行类等小型脊椎动物，偶尔也会取食浆果、昆虫、蚯蚓、鸟蛋等。白鼬在白天与夜晚均可保持活跃，行动敏捷，捕猎高效，善于爬树与游泳，独居，家域范围一般在 10-40ha。不善挖掘，以树洞、岩缝、鼠洞等为巢穴，会在洞中储存食物。通常初夏交配，次年 3-4 月产仔，窝仔数通常 4-9 只，可多达 13 只。历史上常被人类作为毛皮兽（主要为获取其冬季皮毛）猎杀。

新疆天山 / 邢睿

新疆阿尔泰山 / 高云江

新疆巴州和静 / 马光义

艾鼬

Mustela eversmanii Lesson, 1827
Steppe Polecat

食肉目 / Carnivora > 鼬科 / Mustelidae

形态特征： 艾鼬是大型鼬类，头体长 29-56cm，尾长 7-18cm，雄性体重 0.7-1.2kg，雌性体重 0.4-0.8kg。具有独特的毛色特征。喉部、四足、尾巴和腹部为黑色，背面毛色以浅黄为主，但针毛末端为黑色，从而使得背脊中央呈现出一条较宽的纵向黑带。面部为污白色至浅黄色，覆有独特的大型黑色"眼罩"。

青海海南 / 李锦昌

双耳上缘为白色。尾毛蓬松，尾长短于头体长之半。冬毛毛色更浅，有时在头部和体侧呈现全白色；冬毛比夏毛更为浓密厚实。

地理分布： 艾鼬广泛分布于欧洲中部至远东的欧亚大陆广大区域内。在我国，艾鼬分布于从东北沿蒙古高原与华北至青藏高原东部以及天山、新疆西北部的广大地区，包括黑龙江、吉林、辽宁、内蒙古、河北、山西、陕西、宁夏、甘肃、四川、青海、西藏、新疆等省区。

物种评述： 部分研究者认为艾鼬（*M. eversmanii*）与林鼬（*M. putorius*）（英文名 European Polecat，分布于欧洲西部）为同一物种，但更普遍的观点还是把二者均作为独立物种。分布在东北北部的 *amurensis* 亚种，有时被列为独立种小艾鼬（*M. amurensis*）。

艾鼬偏好栖息于开阔的草地生境，而不是森林。主要以鼠兔、啮齿类动物为食，其种群数量也会随着猎物的种群动态而波动。它们也捕食所遇到的鸟类、爬行类和昆虫。凭借其细长的体型，艾鼬常常会进入鼠兔等猎物的洞穴内捕食。它们主要是夜行性活动，但在白天也常保持活跃。在 2-4 月交配，4-6 月产仔，母兽每窝 4-14 只，平均 8-9 只。成年个体通常营独居，但在野外偶尔也可见到雌雄成对活动，或母兽带领多个幼崽集体活动。

青海青海湖 / 牛蜀军

227

新疆 / 韦铭

内蒙古锡林郭勒盟东乌珠穆沁旗 / 孙万清

青海三江源自然保护区 / 董磊

青海青海湖 / 左凌仁

四川阿坝若尔盖 / 董磊

四川阿坝若尔盖 / 董磊

黄腹鼬

Mustela kathiah Hodgson, 1835
Yellow-bellied Weasel

食肉目 / Carnivora > 鼬科 / Mustelidae

形态特征：黄腹鼬为体型纤细的小型鼬类，头体长 20-29cm，尾长 12.5-18cm，体重 0.15-0.3kg。体毛短，背面、四肢和尾巴毛色为暗棕色，腹面为较亮的橙色或浅黄色，下颌为白色或黄白色。四足毛色稍浅。在其颈部与身体的侧面，可见背、腹面之间有一条清晰且较直的毛色分界线。冬毛更长、更浓密，且毛色浅于夏毛。尾长约等于或稍长于头体长之半，占身体总长的比例小于黄鼬与香鼬，大于伶鼬。

地理分布：黄腹鼬主要分布在东亚至东南亚的热带和亚热带地区，包括华中、华东与华南，并向南延

广东韶关乳源 / 陈嘉霖

伸至东南亚中南半岛，向西延伸至喜马拉雅山脉南麓，分布区包括中国、越南、老挝、柬埔寨、泰国、缅甸、印度、不丹、尼泊尔。在我国，黄腹鼬见于江苏、浙江、福建、湖北、陕西、湖南、安徽、江西、广东、广西、重庆、四川、贵州、云南以及海南。

物种评述：关于黄腹鼬的生态所知甚少。它们一般见于海拔 2000m 以下的多种森林生境，也可栖息于退化森林和接近人类的种植园、灌木林。黄腹鼬捕食多种多样的小型猎物，包括啮齿类、鸟类、蜥蜴、蛙类和昆虫。它们以夜行性活动为主，营独居生活，具有领域性。黄腹鼬在地下掘洞栖息，通常在春季繁殖。

浙江古田山自然保护区 / 申小莉

缺齿伶鼬

Mustela aistoodonnivalis Wu & Gao, 1991
Lack-toothed Weasel

食肉目 / Carnivora > 鼬科 / Mustelidae

形态特征：缺齿伶鼬为小型鼬类，头体长12-17cm，尾长5-7cm，体重0.03-0.06kg。缺齿伶鼬体型纤细，尾长接近头体长的1/2，尾相对身体的比例较伶鼬更长。夏毛深棕色，腹面为乳黄色至淡橙黄色，体侧可见清晰的背腹毛色分界线。冬毛形态未知。相比于伶鼬和白鼬，缺齿伶鼬无第2枚下白齿，因此得名。

地理分布：缺齿伶鼬为中国特有种，目前已知的分布范围包括陕西南部、甘肃南部、四川西部和北部。

物种评述：缺齿伶鼬的模式产地为陕西秦岭，但也曾被认为是伶鼬的一个亚种即*M. n. aistoodonnivalis*。近期有研究基于更多的标本样品，对比分析了缺齿伶鼬与伶鼬、白鼬*M. erminea*、黄鼬*Mustela sibirica*等小型鼬类的形态特征和分子系统发育关系，确认缺齿伶鼬为一独立种，与白鼬具有最近的亲缘关系。由于缺齿伶鼬的标本数极少，该物种及其近似物种的分类与系统发生仍有待进一步研究。

对于缺齿伶鼬的生态、习性等了解极少。四川北部的野外记录显示，缺齿伶鼬栖息于海拔2400-3500m的针阔混交林、针叶林及林缘生境。活动时行动敏捷，常快速跳跃前行，不甚惧人。

四川九寨沟国家级自然保护区 / 李彬彬

四川卧龙自然保护区 / 学晟

四川小河沟自然保护区 / 李晟

伶鼬

Mustela nivalis Linnaeus, 1766
Least Weasel

食肉目 / Carnivora > 鼬科 / Mustelidae

形态特征：伶鼬为体型最小的鼬类，头体长13-26cm，尾长5-9cm，体重0.03-0.07kg。伶鼬身体纤细，尾相对身体比例甚短，不及头体长的1/3。具有明显不同的夏季与冬季毛色：夏毛棕色至棕红色，腹面为白色至乳白色，有时略沾黄色，体侧可见清晰的背腹毛色分界线；冬毛全白。冬毛的尾和尾尖亦为白色，区别于白鼬（后者尾末端为黑色）。

地理分布：伶鼬广泛分布于北半球欧亚大陆与北美大陆的温带与寒带地区。在我国，伶鼬主要分布于华北至东北，以及西北地区，记录于河北、辽宁、吉林、黑龙江、内蒙古和新疆。另有记录分布于四川、陕西（秦岭）、甘肃，与前述分布区不相连接，有研究者将其列为独立种四川伶鼬 *M. russelliana*，详见"物种评述"。

吉林长白山自然保护区 / 武耀祥

物种评述：分布于埃及的 *subpalmata* 原被作为伶鼬的亚种，现被提升为独立种（即 *M. subpalmata*）；与之类似，分布于越南的 *tonkinensis* 原被作为伶鼬的亚种，现有观点认为其也应列为独立种（即 *M. tonkinensis*）。

在我国分布的伶鼬类动物中，有研究者把采集于四川和秦岭的小型鼬类 *russelliana* 列为伶鼬的四川亚种即 *M. n. russelliana*，亦有观点把其列为独立种即四川伶鼬 *M. russelliana*（英文名 Sichuan Weasel）。分布于陕西、四川的缺齿伶鼬 *M. aistoodonnivalis* 曾被认为是伶鼬的一个亚种，但近期基于更多标本的形态和分子系统学研究显示，缺齿伶鼬为一独立种，与白鼬 *M. erminea* 具有较近的亲缘关系。由于四川伶鼬与缺齿伶鼬的标本数均极少，我国尤其西南地区的伶鼬及其近似物种的分类仍有待进一步研究。

伶鼬为我国分布的体型最小的鼬科动物，也是全世界体型最小的食肉目兽类。伶鼬具有极强的适应能力，可栖息于森林、灌丛、草原、草甸、山地、种植园、农田等多种多样的生境中。它们主要捕食啮齿类、兔类、鸟类，行动敏捷而凶猛、高效，可猎杀体型数倍于自身的猎物（例如野兔与松鼠），亦可钻入猎物的洞穴中捕猎。伶鼬营独居，白天、夜晚均活跃，善于爬树与游泳。雌性家域0.2-7ha，雄性家域0.6-26ha。繁殖能力强，平均窝仔数4-10，但死亡率高（成体年均死亡率可达75%-95%，主要是食物短缺和被其他食肉动物、猛禽捕杀），种群数量随猎物种群动态变化具有较大波动。

四川甘孜石渠 / 张铭

陕西汉中洋县 / 陈久桐

黄鼬

Mustela sibirica Pallas, 1773
Siberian Weasel

食肉目 / Carnivora > 鼬科 / Mustelidae

形态特征：黄鼬为中小体型的鼬类，雄性头体长28-39cm，体重0.65-0.82kg；雌性头体长25-31cm，体重0.36-0.45kg；尾长13.5-23cm。身体纤细。整体毛色为棕黄色，面部有黑色或暗褐色的"面罩"，吻部和下颌为白色。腹面毛色稍浅于背面，但体侧无明显的背腹毛色分界线。夏毛颜色更深，而冬毛颜色较浅且更为密实。四肢、足的毛色与身体相同。尾巴蓬松，长度约为头体长之半，尾尖深色，但有时不明显。

地理分布：黄鼬广泛分布在西伯利亚至远东、朝鲜半岛、中国大部，以及库页岛、台湾等近陆岛屿，并沿喜马拉雅山脉南麓向西延伸至印度、巴基斯坦北部部分地区。在我国，黄鼬广泛分布于除西北部干旱与高原区域之外的广大地区以及台湾。

物种评述：黄鼬亚种众多。有研究者把分布于日本的*itatsi*列为独立种*M. itatsi*（英文名Japanese Weasel），另把分布于爪哇岛和苏门答腊的*lutreolina*也列为独立种*M. lutreolina*（英文名Indonesian Mountain Weasel）。

黄鼬分布在从海平面到上至5000m之间的广阔海拔范围，见于原始林、次生林、灌木、种植园、村庄周围的农田等多种生境，适应能力极强，在城市内也可经常见到它们活动。黄鼬食性广泛，包括啮齿类、食虫类、鸟类、两栖类、无脊椎动物、植物浆果、坚果等，有时亦捕食家禽。它们可进入鼠类等猎物的洞穴内捕食。黄鼬在夜间和晨昏较为活跃，通常为独居。通常在2-3月交配，4-6月产仔，窝仔数2-12只，平均5-6只。

北京 / 刘勤

陕西渭南大荔 / 牛蜀军

黑龙江鸡西鸡东 / 冯利民

吉林长白山自然保护区 / 程萍

四川黄龙风景名胜区 / 朱晖

辽宁丹东 / 郭亮

四川九顶山 / 董磊

西藏林芝 / 郭亮

陕西长青自然保护区 / 胡万新

西藏林芝巴松措 / 董磊

四川松潘黄龙 / 土昌大

纹鼬

Mustela strigidorsa Gray, 1853
Stripe-backed Weasel

食肉目 / Carnivora > 鼬科 / Mustelidae

云南德宏盈江 / 班鼎盈

形态特征：纹鼬为小型鼬类，头体长 25-33cm，尾长 13-21cm，体重 0.7-2kg。身体细长，四肢较短，尾长而蓬松，双耳甚小而不突出。整体毛色为深棕色至棕黑色，喉至胸为乳黄色至浅黄色，在颌下至颈侧可见明显的背腹毛色分界线。背脊中央具一条清晰的白色至银色细纵纹，从头顶后部一直延伸至尾基，因此而得名；条纹的前后端有时不甚明显，仅背部中段清晰可见。

地理分布：纹鼬主要分布在喜马拉雅东段（锡金）至东南亚中南半岛中北部的印缅区，包括印度、缅甸、中国、泰国、老挝与越南。在我国，纹鼬见于云南西部与南部、广西南部，在西藏东南部也可能有分布。

物种评述：纹鼬的研究极度匮乏，生态习性所知甚少。有限的记录显示其生活在热带、亚热带丘陵与山地森林生境中，主要见于山地常绿阔叶林，亦可见于接近森林的灌丛、草地与农田。可能主要捕食小型啮齿类和鸟类为食，可猎捕体型数倍于自身的猎物，偶尔捕食家禽。日行性为主，通常独居。

云南德宏盈江 / 班鼎盈

虎鼬

Vormela peregusna (Güldenstädt, 1770)
Marbled Polecat

食肉目 / Carnivora > 鼬科 / Mustelidae

形态特征：虎鼬头体长 30-40cm，
尾长 15-21cm，体重 0.4-0.7kg。体型
细长，四肢较短，尾长而蓬松，约为
头体长之半。具独特而易于识别的毛
色与斑纹：背部为浅黄色至浅棕黄色，
杂以褐色的不规则条纹与斑点；腹面、
四肢均为褐色至黑褐色，与背部毛色
对比鲜明；尾白色，尾尖黑褐色；面
部具边缘清晰的深色"面罩"，与同
为深色的额部、耳基之间具一条较宽
的白纹，向两侧延伸至颌下，几成环状；
唇周白色；耳大而突出，上部白色。

地理分布：虎鼬分布在从欧洲东
南部，经小亚细亚、中东、黑海与里
海周边，至中亚以及蒙古高原和我国
华北西北部的广大地区。在我国，虎鼬记录于西北地区的新疆、青海、甘肃、宁夏、内蒙古、陕西、山西。

物种评述：虎鼬属（*Vormela*），为单型属。虎鼬栖息在温带至干旱地区的草原、灌丛、开阔丘陵与石山、荒
漠与半荒漠等多种生境中，亦可见于接近人类居住区的农田、种植园与公园。主要捕食多种啮齿类和兔类，也会捕
食鸟类、爬行类与无脊椎动物，或取食植物浆果；可钻进啮齿类等动物的洞穴中搜捕猎物。善挖掘，常掘洞而居，
或利用鼠类或其他动物留下的洞穴；会在洞中储存食物。虎鼬性情机警，嗅觉灵敏而视觉较差，主要在晨昏与夜晚
活动，独居，偶见成对活动。受威胁时会弓起脊背、体毛炸立、尾向背部卷曲以示威，同时从肛门腺释放恶臭物质
以驱赶威胁者。通常在 3-6 月交配，次年 2-5 月产仔，平均窝仔数 4-5 只。

鼬獾

Melogale moschata (Gray, 1831)
Chinese Ferret-badger

食肉目 / Carnivora > 鼬科 / Mustelidae

形态特征：鼬獾头体长 31-42cm，尾长 13-21cm，体重 0.5-1.6kg，整体轮廓与大型鼬类近似（因此而得名），但比鼬类更显粗壮，四肢比例更长。与同域分布的猪獾和亚洲狗獾相比，鼬獾的体型明显更小更纤细，尾巴长且蓬松，占身体比例更大。与其他獾类相似，鼬獾同样具有黑白相间的毛色。颊部为白色，两眼之间有一块心形的白斑，眼周具一个近似三角形的黑色"眼罩"。吻部与额部为黑色，头顶正中有一条白色条纹，向后延伸至枕部。尾长接近头体长之半，占全身长度的比例远高于猪獾和狗獾，而小于缅甸鼬獾。

地理分布：鼬獾主要分布于我国的华中、华东与华南的中低海拔区域，以及近陆的台湾岛、海南岛，并向南延伸至东南亚中南半岛的东部和东喜马拉雅南麓的印缅地区，分布区包括中国、越南、老挝、缅甸、印度。在我国，鼬獾广泛分布于秦岭以南的广大地区，包括陕西、湖北、湖南、江苏、上海、安徽、江西、浙江、福建、广东、香港、广西、贵州、云南、四川、重庆、西藏、台湾与海南。

物种评述：鼬獾是典型的亚热带与热带兽类，见于森林、灌丛、草地以及接近人类的农业区等多种生境。杂食性，主要食物为蚯蚓、昆虫等土壤无脊椎动物，也取食植物果实和种子，同时会捕食小型兽类、爬行类和鸟蛋。可爬树，夜行性活动为主，营独居，偶见 2-4 只个体一起活动。家域范围 0.5-4.7km²。关于其自然史所知甚少。来自不同地区的少量数据显示，鼬獾的繁殖多在 5 月前后，可能在 7 月至 10 月间均可产仔，每胎 1-3 仔。

浙江台州黄岩 / 周佳俊

福建南平武夷山 / 林剑声

陕西长青自然保护区 / 胡万新

陕西洋县 / 向定乾

江西井冈山 / 杜卿

广西崇左龙州 / 肖诗白

福建南平武夷山 / 林剑声

缅甸鼬獾

Melogale personata I. Geoffroy Saint-Hilaire, 1831
Large-toothed Ferret Badger

食肉目 / Carnivora > 鼬科 / Mustelidae

形态特征：缅甸鼬獾头体长33-43cm，尾长14-23cm，体重1.5-3kg。缅甸鼬獾为鼬獾属5个物种（分别为鼬獾 *M. moschata*、缅甸鼬獾 *M. personata*、爪哇鼬獾 *M. orientalis*、婆罗洲鼬獾 *M. everetti* 与越南鼬獾 *M. cucphuongensis*）中体型最大者，但仅凭外部形态通常较难进行区分。整体形态、毛色与鼬獾相似，但头顶至颈后的白色背脊中线较长，至少向后延伸至背脊中部，甚至更为往后至尾基部；尾相对身体比例更长（大于头体长之半），后半部为白色；身体被毛更为泛白。与鼬獾最关键的区别在于牙齿：缅甸鼬獾的P^{4}齿巨大（其英文名即来源于此），长度大于8mm，而鼬獾的P^{4}齿通常小于6mm。

地理分布：缅甸鼬獾分布于东南亚大陆的中南半岛至东喜马拉雅南麓的印缅地区，包括越南、中国、老挝、柬埔寨、泰国、缅甸、孟加拉国、印度与尼泊尔。中国为缅甸鼬獾的边缘分布区，仅见于云南南部，在西藏东南部可能也有分布。

物种评述：有研究者把分布在爪哇岛与巴厘岛的 *orientalis* 与分布在加里曼丹岛的 *everetti* 归入缅甸鼬獾（*M. personata*）下作为亚种，现通常把二者都分别列为独立种，即爪哇鼬獾（*M. orientalis*）和婆罗洲鼬獾（*M. everetti*）。缅甸鼬獾分布区的北部和东部，与鼬獾（*M. moschata*）的分布区部分重叠。由于两个物种形态上较难区分，在这些分布重叠区的野外记录中常出现二者之间的混淆。

缅甸鼬獾的研究甚少，对其种群现状、适宜栖息地、生态习性等均缺乏了解。有限的信息显示该物种可能主要栖息于热带常绿林生境中，夜行性为主。

云南元阳南沙 / 陈尽虫

狗獾

Meles leucurus (Hodgson, 1847)
Asian Badger

食肉目 / Carnivora > 鼬科 / Mustelidae

青海三江源自然保护区 / 北京山水自然保护中心

形态特征：狗獾头体长 50-90cm，尾长 11.5-20.5cm，体重 3.5-17kg。身体矮壮，长有圆锥形的头部和突出的吻鼻部，与猪獾的体型及整体毛色相近。背部及体侧毛色沙黄至灰白，四肢及胸腹为灰黑色至黑色。与猪獾的区别在于，狗獾裸露的鼻部为黑色，且鼻子与上唇之间非裸露，覆有短毛。二者之间另一个显著区别是，狗獾的喉部为黑色，而猪獾喉部为白色。同时，狗獾具有独特的面部斑纹，具窄长的黑色贯眼纵纹，使得其脸颊显得比猪獾更白净。部分狗獾个体的背部和体侧的毛色较淡，甚至呈现出整体近白的形态。

地理分布：狗獾的分布区包括东亚的大片区域，并向东西方向延伸至中亚与远东，包括俄罗斯、中国、蒙古、朝鲜半岛、哈萨克斯坦、乌兹别克斯坦。在中国，狗獾广泛分布于从东北经华北至华东、华中、西南（大横断山地区）、青藏高原东部与北部以及西北新疆中部和西部的广大地区，见于除台湾和海南以外的大陆各省区。

物种评述：狗獾亦称亚洲狗獾，以前被作为（欧亚）狗獾（*M. meles*）的一个亚种。历史上狗獾属（*Meles*）曾长期被作为单型属，仅包含 *M. meles* 这一个物种，中文称为狗獾或欧亚狗獾。最新的分类学研究把原有的 *M. meles* 重新划分为 3 个独立的物种，即欧亚狗獾（*M. meles*）、狗獾（*M. leucurus*）和日本狗獾（*M. anakuma*），三者的分布区之间基本没有重叠。近期有观点认为分布于西南亚的种群（原作为 *M. meles* 的亚种）应列为狗獾属下的第 4 个独立种，即 *M. canescens*。

狗獾既可在森林也可开阔生境中栖息，在中国西部可上至海拔 4500m 的高山、亚高山灌丛与草地。当与猪獾（*Arctonyx albogularis*）同域分布时，狗獾通常出现在海拔更高、更为干旱的生境中。狗獾是杂食性动物，食性广泛，食物包括昆虫、蚯蚓等无脊椎动物、爬行类、两栖类、鼠兔和啮齿类等小型兽类、植物根茎、大型真菌等。它们通常以家庭群为单位群居生活，在地下挖掘具有多个洞室的复杂洞穴系统。洞穴入口附近，常可发现其规律性排粪的"厕所"，即固定排便点。狗獾在冬季 12 月至 1 月初交配，雌兽每年产 1 胎，窝仔数 1-5 只，平均 2-3 只。

山西 / 宋大昭

新疆乌鲁木齐萨尔达坂乡 / 荒野新疆

四川阿坝 / 张铭

四川贡嘎山 / 邹滔

猪獾

Arctonyx albogularis (Blyth, 1853)
Northern Hog Badger

食肉目 / Carnivora > 鼬科 / Mustelidae

形态特征： 中等体型的食肉动物。头体长54-70cm，尾长11-22cm，体重5-10kg。身体矮壮结实，有长圆锥形的头部和一个形似于猪鼻的肉粉色吻鼻部。最明显的形态特征是其头颈部黑白相间的独特毛色：两颊、喉部、颈侧、耳缘以及头部中央为白色或黄白色；具两条宽大的黑色贯眼纹，从鼻喉部经眼睛一直延伸至颈后；两颊中央还各具一条较短的黑色条纹。腹部、四肢和足均为黑色或暗棕色，身体及背部则为棕黑色或灰黑色。尾巴蓬松，为白色或污白色，通常和深色的身体对比明显。部分幼体及亚成体的身体毛色较浅，呈灰白色。

地理分布： 分布范围从印度东北部延伸至华中、华南与华北，包括中国、印度与蒙古。国内主要分布于除新疆和台湾、海南以外的西南、华中、华东、华南至华北和东北局部的广大地区。

物种评述： 历史上猪獾属（*Arctonyx*）曾长期被认为是单型属，仅包括 *A. collaris* 这一个物种。近期有研究者提出属下应分为 3 个独立种，即主要分布于大陆北部的猪獾（*A. albogularis*），分布区更为靠南（东南亚中南半岛与印缅区）的大猪獾 *A. collaris*（英文名 Greater Hog Badger，体重可达 15kg）以及分布于苏门答腊的苏门答腊猪獾 *A. hoevenii*（英文名 Sumatran Hog Badger）。其中，分布于大陆上的两个物种（即 *A. albogularis* 与 *A. collaris*）分布区之间的界线尚不清楚；大猪獾的分布区北限可能抵达我国云南，但其在中国境内是否有分布仍不确定。在中文文献中，常可见到我国分布的猪獾被记为 *A. collaris*。

猪獾可分布在海拔 200-4400m 之间的多种生境，包括森林、灌丛，在人类农田和村落周边也常可见到；在青藏高原东部至横断山地区，猪獾可上至高山草甸与裸岩生境。猪獾长有强壮有力的四肢和长爪，善于挖掘，在白天、夜晚均较为活跃。它们为杂食性动物，食物包括植物根茎、果实、蚯蚓、蜗牛、昆虫、啮齿类动物等。猪獾是豹、棕熊等大型食肉动物食谱中常见的猎物之一。雌性猪獾 2-3 月间在挖掘的洞穴中产仔，每胎 2-4 只。在人类活动区附近，猪獾会取食农作物，从而造成作物损失，引发人与野生动物的冲突。

四川西岭雪山 / 王昌大

四川卧龙自然保护区 / 张铭

四川卧龙自然保护区 / 张铭

四川卧龙自然保护区 / 李晟

四川王朗自然保护区 / 李晟

四川唐家河自然保护区 / 马文虎

水獭

Lutra lutra (Linnaeus, 1758)
Eurasian Otter

食肉目 / Carnivora > 鼬科 / Mustelidae

四川唐家河自然保护区 / 马文虎

形态特征：水獭为躯体较长而截面滚圆、四肢短小、尾巴粗壮的大型鼬科动物，雄性头体长 60-90cm，体重 6-17kg；雌性头体长 59-70kg，体重 6-12kg；尾长 33-47cm。全身被有厚实浓密的体毛。身体、四肢与尾巴的毛色为棕灰色至咖啡色，腹面与喉部较背部毛色更浅，呈污白色至白色。头部宽扁而圆，吻部较短。双耳较小，耳郭不明显。四肢相对身体显得短小，脚趾间具蹼，爪较为发达。尾巴呈锥形，粗壮有力。

地理分布：水獭是全世界分布范围最广的哺乳动物之一，分布区包括欧亚大陆大部，非洲大陆北部的部分地区，以及东南亚的部分岛屿。在中国，历史上水獭广泛分布于除北方、西北干旱半干旱荒漠区之外的大部分省区与近陆岛屿，但它们当前的分布范围缺乏系统研究，可能是极度破碎化的。过去 10 年间，零散地分布记录见于吉林、黑龙江、青海南部、西藏东部与北部、陕西南部、四川西部与北部、云南东北部、浙江沿海地区、广东及沿海岛屿、香港、福建金门等地。

物种评述：水獭亚种较多。有研究者认为分布于日本的水獭应列为独立种（*L. nippon*），但仍未获广泛认同。

水獭亦称欧亚水獭，栖息于河流、湖泊、沼泽、水稻田等淡水生境，但更偏好流动的水体，在青藏高原可分布至海拔 4000m 以上的河流中。水獭极善游泳与潜水，通过后肢和尾巴摆动作为推动，以波浪式起伏的姿态在水中活动与觅食。它们的主要食物为鱼类，但也会偶尔捕食水生甲壳动物、蛙类、鸟类、啮齿类和兔类。水獭主要为独居或成对活动，夜间和晨昏活动为主，但在白天也较为活跃。它们不善于在陆地行走，行走姿态常显蹒跚笨拙。水獭多穴居，洞穴一般具有 2 个出口，其中之一开口在水下。水獭具有领域性，会使用其肛门腺分泌物和粪便、尿液标记其领地。雌兽孕期约 2 个月，每胎产 2-3 只。幼体需 2-3 年达到性成熟。在过去半个世纪中，中国境内的水獭经历了剧烈的种群下降和分布区缩减，主要原因是河流开发、污染导致的栖息地丧失，以及人类对其大量捕杀以获取其皮毛和身体组织（例如，获取水獭肝脏用作中药）。

保护级别：国家二级重点保护野生动物。

四川广元青川 / 黄徐

吉林长白山自然保护区 / 朴龙国

四川广元青川 / 黄耀华

青海三江源自然保护区 / 北京山水自然保护中心

青海三江源自然保护区 / 北京山水自然保护中心

四川广元青川 / 黄耀华

小爪水獭

Aonyx cinereus (Illiger, 1815)
Asian Small-clawed Otter

食肉目 / Carnivora > 鼬科 / Mustelidae

形态特征：小爪水獭是世界上体型最小的水獭物种，头体长36-47cm，尾长22.5-27.5cm，体重2.4-3.8kg。头部、背部、四肢和尾巴为均一的暗褐色，脸颊下部、喉部和胸部为灰白色。尾基部甚粗壮，但向后呈锥形逐渐变细。双耳较其他水獭物种更圆，眼睛也相对更大。爪较为退化，趾间部分具蹼。在野外远距离见到时，可能较难与其近缘物种欧亚水獭相区分，唯体型远小于后者。

地理分布：小爪水獭主要分布在热带与亚热带地区，包括南亚与东南亚（中南半岛、苏门答腊、加里曼丹岛及周边岛屿），并延伸至喜马拉雅山脉南麓与我国华南。在我国，小爪水獭曾经广泛分布于南方与西南多个省区，包括福建、广东、广西、贵州、四川、云南、西藏，以及台湾和海南，但近年来仅在云南西部及海南的少数地点有确认记录。

物种评述：在大量文献中小爪水獭的学名被列为*Aonyx cinerea*，但该拉丁名不符合物种命名规则，后被修正为*A. cinereus*。部分历史文献中还使用过*Amblonyx cinereus*、*Amblonyx concolor*和*Amblonyx cinerea*作为该物种学名。

小爪水獭栖息于多种湿地环境中，包括溪流、水塘、水田、沼泽和红树林等。它们有时与其他水獭物种（欧亚水獭和江獭）同域分布，但相对而言更喜欢小型的水体，分布的海拔范围上至2000m。小爪水獭以淡水螃蟹为主要食物，亦捕食小型鱼类、螺类、双壳类、蛙类、水生昆虫等。它们可12-15只个体聚在一起集群觅食，同时用气味标记标识其领地。成年雌性个体每年可繁殖2胎，窝仔数2-7只，平均4-5只。

保护级别：国家二级重点保护野生动物。

云南德宏 / 程斌

北海狮

Eumetopias jubatus (Schreber, 1776)
Steller Sea Lion

食肉目 / Canivora > 海狮科 / Otariidae

山东威海西霞口野生动物园 / 李健

山东威海荣城 / 蒋志刚

形态特征： 成年的北海狮相比其他海狮科物种肤色要浅，一般是淡黄到淡棕色，偶尔有些红色。雌性要比雄性的肤色稍浅一点。刚出生的北海狮几乎是纯黑色，几个月之后才褪色。不论雌雄，幼崽一般出生时体重为23kg左右，并在前5年迅速成长。5岁后，雌性长约2.5m，体重约300kg，成长速度减慢很多。但雄性可能在5-8龄时性发育完全之后才停止生长，到那时身长约3.33m，并且胸、颈和上身宽大，重量达到600-1000kg。雄性额头较宽高，嘴部较平，颈部周围有一圈较黑、较松的毛，看起来有一点像一圈鬃毛（Bickham et al., 1996; Gelatt and Lowry, 2012; NOAA Fisheries, 2012）。

地理分布： 国内分布于渤海和黄海水域。国外分布于沿美国加利福尼亚南部至日本环北太平洋（Bickham et al., 1996）。

物种评述： 通常是群居的，数量从1-12头不等，但在海滩上也可以看到多达100头的大群。它们通过低频发声与其他个体进行交流，听起来像咆哮（Gelatt and Lowry, 2012）。社群中存在一夫多妻制的交配系统，只有具有统治地位的雄性才可以进行交配。雌性在3-6岁之间达性成熟，每年5月中旬至7月间生产，每胎1仔。雌性北海狮在分娩2周后可再次准备交配，但受精卵在几个月内不会植入子宫。这些年来，成功繁殖的雌性数量一直在减少（Sinclair and Zeppelin, 2002）。

北海狮沿着海岸线和靠近远洋水域觅食，是机会主义的猎捕者。它们的主要食肉来源包括白眼鳕鱼、太平洋鲑鱼、卓鱼、鱿鱼、阿卡鲭鱼、双壳类和腹足类动物等。它们也会猎杀其他海洋哺乳动物，比如斑海豹、环海豹以及幼年的北海狗（Gelatt and Lowry, 2012; Sinclair and Zeppelin, 2002）。

雄性的寿命达到20年，而雌性的寿命可以达到30年。它们已知的天敌包括洋鼠鲨、虎鲸和太平洋睡鲨。有时因为它们会干扰和破坏渔网和渔场，也会被渔民杀死。历史上，北海狮也因其毛皮、脂肪和肉等被人类捕杀（Gelatt and Lowry, 2012）。

保护级别： 在我国被列为国家二级重点保护野生动物，在《2016 IUCN 受胁动物红色名录》中，被列为近危（NT）等级。

北海狗

Callorhinus ursinus (Linnaeus, 1758)
Northern Fur Seal

食肉目 / Carnivora > 海狮科 / Otariidae

形态特征：雄性体长 2.1m，体重 270kg。雌性体长 1.5m，体重 50kg。吻部短，嘴下弯。鼻子小。眼睛大。触须长及耳朵。护毛长，下有绒毛。成年雄性体格健壮，脖子粗大。鬃毛粗糙。毛色灰色至黑色，或微红至深棕色。成年雌性和亚成体深银灰色，腰部、胸部、两侧和颈部下侧奶油色到棕黄色。后肢处于跖行姿势，能旋转，以实现四足运动和支撑。

地理分布：国内偶见于黄海和东海。国外主要分布于白令海峡以及太平洋中一些群岛。

物种评述：群居动物，除了繁殖地外几乎不到其他陆地或岛屿上休息。摄食时可以潜水到 100 多米深，主要以小型鱼类为食。每年 6-7 月交配并产仔。一夫多妻制，雄性一般在 5 月末到达群栖地，争夺领地。大约 7 月初，雌性到达群栖地，各自加入雄性的一雄多雌繁殖群。一个繁殖群有少则 3 只，多则 40 只雌性。交配后，雌性会在次年产仔。怀孕期平均为 240 天，但胚胎在卵子受精后的头 5 个月内并不着床发育，以确保小海狗能在群栖地，而不是在海里出生。通常情况下每胎产 1 仔，但偶有一胎产 2 仔。小海狗 3-4 个月龄后独立。天敌有鲨鱼、虎鲸、北极熊等，但主要的威胁还是商业狩猎和海上石油开发。

保护级别：国家二级重点保护野生动物。

美国阿拉斯加 / Tom Vezo (naturepl. com)

斑海豹

Phoca largha Pallas, 1811
Spotted Seal

食肉目 / Carnivora > 海豹科 / Phocidae

山东烟台长岛 / 周佳俊

形态特征：雄性成体体长比雌性长，成兽体长 1.51-1.76m。没有明显的颈部，没有外耳郭，前肢较小，后肢较大呈扇状。触须浅色，呈念珠状。毛被较少，其颜色因年龄不同而异。体上面通常呈黄灰色，体背颜色比体下面颜色深，体下面更接近于乳白色。且身上有大小 1-2cm 的暗色椭圆形点斑，全身点斑分布和颜色深度十分平均，方向一般与身体长轴方向平行，可能还有一些斑周围有浅色的环以及不规则的块斑。

⋯⋯⋯⋯⋯⋯⋯⋯⋯⋯⋯的北部和西部海域及其沿岸和岛屿，斑海豹在全球有 8 个繁殖区：辽东湾（中国渤海）、符拉迪沃斯托克（俄罗斯）、鞑靼海峡（俄罗斯）、萨哈林岛东海岸（俄罗斯）延伸至北海道岛北部（日本）、舍利霍夫湾（俄罗斯西伯利亚海湾）、卡拉金湾至奥柳托尔斯基角（俄罗斯）、阿纳德尔湾（俄罗斯东部海湾）、布里一斯托湾至普里比洛夫群岛（美国阿拉斯加州），辽东湾种群是本种在全球分布最南的繁殖种群，也是唯一在中国繁殖的鳍足类物种。

在中国，主要分布于渤海和黄海北部，偶见于东海、南海。在中国主要分布于 3 个栖息地：大连虎平岛、烟台庙岛和辽宁双台子河，近些年，总体上空间分布格局未发生明显变化。1982 年对渤海海域斑海豹的数量估计不到 2000 头，估计目前种群数量不足 1000 头。该群体是在朝鲜半岛西侧白翎岛和中国黄渤海水域往复性迁移。大群 5-10

山东烟台长岛 / 周佳俊

月栖息在韩国白翎岛，11月开始陆续穿越渤海海峡陆续进入辽东湾，一部分直接由老铁山水道通过，另一部分经庙岛的砣矶水道，在该处稍事停留后北上，次年5月以后斑海豹游出渤海，迁往韩国，也有绕过韩国向日本方向迁移的记录。有极少数个体常年栖息于黄渤海。栖息地环境破坏会影响斑海豹的分布。例如，双台河口斑海豹栖息的河岸生态环境正在遭到破坏，加上冰期的影响，2004年仅发现40头来此栖息，但是同时期，附近的营口地区斑海豹数量有所增加。

物种评述： 斑海豹产仔在冰上进行，且属于单配偶制，具有领域性（Lowry et al., 2000）。仔兽产生时具有保护色的白色胎毛（Trukhin & Kalinchuk, 2018），2周后开始脱毛，4周左右脱毛结束。其换毛速度也因自身的生理状况好坏以及营养状况，个体大小决定。在哺乳期间，成兽一直保护仔兽，一个月后，仔兽便可下水独立生活。斑海豹不易形成集群，只在此时的繁殖期，雌雄兽与仔兽在冰块上形成小的集群。但在仔兽独立生活后，这个集群便不复存在。仔兽周围也不会有亲兽的存在。

由于前肢较短，后肢较大，上岸后只能匍匐前进。食性广泛，但随年龄以及不同生理时期食性组成不同，仔兽在哺乳后约半个月后不进食，之后摄食小型甲壳类动物。成兽主要以梭鱼为食，还有枪乌贼，甲壳类的脊尾白对虾和头足类等。雌兽在产仔后2-3天才开始摄食，但摄食量较正常状态较少。经过20天左右后才能恢复正常食量。

由于斑海豹美丽的毛皮具有极强的抗寒能力，其幼仔的毛皮质量更属上乘，常被人们用来制成皮衣、皮帽、皮褥等。斑海豹的肉可以食用，脂肪可以炼油，雄性斑海豹的生殖器还可以入药。一些利欲熏心的人偷猎斑海豹，致使斑海豹种群数量急剧减少。猎捕一直存在，特别对当年生幼兽的过度捕杀（王丕烈，1985；王丕烈，1993），严重地破坏了有着繁衍能力的补充群体和生殖群体，危及了其种群延续能力，致使原本并不雄厚的该种群曾一度呈现减少趋势。经过20多年的保护，资源曾有所恢复。但近年偷猎现象仍然存在，给本种的生存造成极大威胁（王丕烈，1985）。除此之外，斑海豹在洄游和觅食途中它们会与船只相撞。捕鱼过程中的附带性杀伤是造成其受伤和死亡的重要因素之一。

目前，虽然国家采取了一系列保护措施，如严禁捕杀，颁布法律行政措施，鼓励放生和人工繁殖，开展斑海豹的科学研究工作，加强国家间的合作宣传教育工作，建立自然保护区等，但是，仍需加强对栖息地内斑海豹的日常巡护及严厉打击偷猎，保护物种的存续。

保护级别： 国家一级重点保护野生动物。

山东烟台长岛 / 周佳俊

环海豹

Phoca hispida (Schreber, 1775)
Ringed Seal

食肉目 / Canivora ＞ 海豹科 / Phocidae

形态特征：是体型最小的鳍足亚目动物。其成年平均体长在楚科奇海为 1.21m，在白令海为 1.28m，在加拿大北极为 1.35m。体型较丰满，其腋下体围可达到体长的 80%。它们的头较小且有点圆，吻突部短，眼眶大，无眶上突。颈短而粗。嘴吻短而钝，宽略大于高。触须浅色，呈念珠状。眼相对较大而显著。头和嘴吻的大小、靠近并朝前的两眼，使其脸形比北半球的其他海豹类更像猫的脸。体背面中灰色至深灰色，有灰白色的环斑，有些环斑可相互愈合。体下面浅灰色至银白色，一般没有或极少有斑。新生仔兽有羊毛状的白色胎毛。胎毛之后的毛较成体的细长，体上面深灰色，体下面银白色。有时这些幼体的体下面有极少数散步的黑色斑点。

地理分布：国内分布于黄海，最南达到浙江（Kovacs et al., 2012）。国外分布在整个北极海盆、哈得孙湾和哈得孙海峡、白令海峡以及波罗的海。

物种评述：是独居动物，食用各种各样的小型猎物，其中包括 72 种鱼类和无脊椎动物。进食时，可以潜入水下 11-46m。在夏季，沿着海冰的边缘觅食极地鳕鱼。它们在浅水中以较小的鳕鱼为食。也可捕食鲱鱼、胡瓜鱼、鲑鱼、大头鱼、鲈鱼和甲壳类动物（Labanscn et al., 2011）。

雌性在 4 岁时达到性成熟，而雄性且在 7 岁才达到性成熟。在每年的繁殖季节，雌性在厚厚的冰层里建造巢穴，并在这里分娩。雌性的孕期为 9 个月，每胎 1 仔。幼崽在 1 个月后断奶，并生长出一层厚厚的脂肪。雌性通常在 4 月下旬开始交配。雄性通常会在冰面上游荡寻找配偶。雄性和雌性可能会在交配前相处几天，交配后雄性再寻找另一个配偶（Kelly et al., 2010）。它们的寿命通常为 15-28 年，最长寿的观测记录为 43 年（Smith and Lydersen, 1991）。

北极熊是它们的主要天敌（Furgal et al., 1996）。在环海豹的幼崽时期，北极狐和北极鸥等可以将幼崽带出巢穴外，而虎鲸、格陵兰鲨和偶尔出现的大西洋海象则在水中捕食它们。长久以来，环海豹一直是北极土著人民饮食的重要组成部分，他们每年都要猎捕这种海豹。然而，由于海水汞含量升高，加拿大努纳武特政府在 2012 年警告孕妇避免食用海豹的肝脏。气候变化可能是环海豹种群面临的最严重威胁，因为它们的大部分栖息地都依赖于浮冰，气候变化会使得分娩巢在海豹幼崽能够自行觅食之前被破坏，从而导致幼崽的身体状况不佳。渔具，如商业拖网的误捕，也是环斑海豹面临的另一个威胁（Kovacs et al., 2012）。

保护级别：在我国被列为国家二级重点保护野生动物，在《2016 IUCN 受胁动物红色名录》，被列为无危（LC）等级。

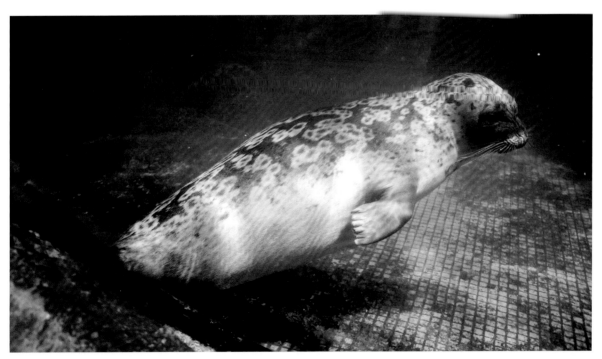

山东青岛水族馆 / 陈江源

挪威 / Danny Green (naturepl.com)

挪威 / Staffan Widstrand

髯海豹

Erignathus barbatus (Erxleben, 1777)
Bearded Seal

食肉目 / Carnivora ＞ 海豹科 / Phocidae

形态特征： 相较于其他海豹物种，髯海豹体型较大，成体体长达2-2.5m，具有明显的性别二态性，雄性体重达250-300kg，雌性可超过425kg。成体髯海豹的颜色为灰棕色，背面颜色较深，有时面部和颈部为红棕色，背面及侧面很少有斑点。幼崽出生时带有灰棕色的新生皮毛，背部和头部散布着白色斑点，面部和前鳍肢常为铁锈色。嘴吻及两眼周围为灰色，有时在两眼之间有1条起自头顶的浅黑色条纹。前鳍肢相对较短，使身体显得更长。它们的头骨厚且实，宽而较短，无矢状嵴。其腭更弓更高，吻突部宽而圆。眼眶大，无眶上突。触须很多，长且密，呈淡色，潮湿时它的触须是直的，而干燥时其顶端向内卷曲。两鼻骨向后插入两额骨之间。鼓泡膨大，由外鼓骨和内鼓骨共同组成。它有4个可收缩的乳头，乳突骨不甚发达，与颧突交错相接。

地理分布： 国内分布于上海（崇明岛）、浙江（宁波、平阳）。国外分布于北极及亚北极地区。

物种评述： 雄性髯海豹在6-7龄达性成熟，而雌性在5龄左右时达性成熟，交配在雌性离开其仔兽的前后进行。像许多北极哺乳动物一样，髯海豹采用了称为延迟植入的繁殖策略，这意味着胚泡在受精后两个月内不被植入，最常在7月被植入，总妊娠期约为11个月。它们的繁殖高峰在3月下旬至5月中旬。仔兽出生时平均体长约1.3m，重约33kg。仔兽的哺乳期为18-24天，断奶时体重已有约110kg。髯海豹最大年龄可达20-25龄（周开亚，2004）。从3月下旬到6月下旬，髯海豹会产生明显的"颤音"，3月下旬和6月的下旬出现上下降。这个时间与它们的繁殖季节（4-5月）相吻合。该颤音的重复性和可传播性表明，很可能髯海豹正处于求爱和繁殖期间（Cleator et al., 1989）。雄性使用这些声音来建立交配区域并传达其健康状况，但雌性也可能产生这些声音（Risch et al., 2007）。

挪威 / Klein & Hubert (naturepl. com)

髯海豹主要是以海底底栖生物为食，包括蛤、鱼类和鱿鱼。还有研究表明，也以无脊椎动物为食，例如海葵、海参和多毛蠕虫（Finley et al., 1983）。在觅食过程中，它们的腮须可以充当触角在柔软的底部沉积物帮助它们寻找食物。成体髯海豹往往不会潜得很深，偏爱深度不超过300m的浅海沿岸地区，而不超过1岁的幼仔潜入的深度可达450m。已经发现于英格兰、阿拉斯加、瑞典等北部地区以及北海和尚普兰海的化石表明，它们的历史可以追溯到更新世早期和中期（Harington, 2008）。

髯海豹的自然天敌包括虎鲸和北极熊等，北极熊依靠这些海豹作为主要食物来源。生活在北极海岸的因纽特人也把髯海豹作为重要食物来源。

保护级别：在我国被列为国家二级重点保护野生动物，在《2016 IUCN 受胁动物红色名录》中，被列为无危（LC）等级。

挪威 / Pal Hermansen (naturepl. com)

斯瓦尔巴群岛 / 姜盟

大斑灵猫

Viverra megaspila Blyth, 1862
Large-spotted Civet

食肉目 / Carnivora > 灵猫科 / Viverridae

云南西双版纳 / 中国科学院西双版纳热带植物园动物行为与环境变化研究组供图

形态特征： 大斑灵猫为身体壮实的大型灵猫，头体长 72-85cm，尾长 30-37cm，体重 8-9kg。大斑灵猫具独特的斑纹：整体毛色为略沾浅棕的灰色至灰褐色，全身密布深色斑点；背脊中部具一条黑色纵纹，从枕后一直延伸至尾基，并进一步沿尾上部中线延至尾尖；尾巴具明显的黑色环纹（在尾的腹面中线处不闭合），尾尖几乎全黑；体侧的斑点大致排列为与背脊中线平行的数行，其中腰部至臀部靠近背脊的斑点有时相互连续形成纵纹；颈部两侧各具两条较宽的黑色纵纹。颈部粗壮，头部航上，四肢相对身体比例较长。

地理分布： 大斑灵猫主要分布在东南亚的中南半岛，并沿克拉地峡延伸至马来半岛北部，包括中国、越南、老挝、柬埔寨、泰国、马来西亚与缅甸。我国为大斑灵猫的边缘分布区，历史上曾记录于云南、广西、贵州，近年来则仅在云南南部西双版纳有确认记录。

物种评述： 有研究者把分布于印度西南西高止山脉的马拉巴灵猫（*V. civettina*）（英文名 Malabar Civet）列为大斑灵猫的亚种，但其可能已处于接近绝灭或已经绝灭的状态；二者之间无明显形态差异，亦有观点认为二者实际为同一物种，或许在历史被人为引入至印度西南部。二者之间分类上的关系还有待进一步研究。

大斑灵猫的野外研究较少，对其生态习性缺乏了解。它们主要栖息于东南亚热带的低海拔原始林，可能与大灵猫相似均为杂食性。夜行性为主，营独居生活。

保护级别： 国家一级重点保护野生动物。

云南西双版纳 / 中国科学院西双版纳热带植物园动物行为与环境变化研究组供图

大灵猫

Viverra zibetha Linnaeus, 1758
Large Indian Civet

食肉目 / Carnivora > 灵猫科 / Viverridae

形态特征： 大灵猫为亚洲最大的地栖灵猫（熊狸体型更大，但为树栖性），体型似狗，头体长 75-85cm，尾长 38-50cm，体重 8-9kg。吻部较尖，身体及颈部粗壮，尾巴粗大且具显眼的 5-6 条黑色环纹，尾尖黑。毛色灰至灰棕，体表密布不清晰的斑点且相互连接，使得这些斑点看上去十分模糊。腹部毛色略浅，灰棕色，不具斑纹。其最显著的形态特征包括颈部黑白相间的条纹（包括 2 条显眼的白色带状纹），背脊中央的黑色纵纹，以及尾巴上的黑色环纹（环纹之间毛色棕黄）。尾长大于头体长之半。

地理分布： 大灵猫主要分布于东南亚中南半岛，并延伸至南亚东北部和喜马拉雅山脉南麓，以及我国南方与海南，包括中国、越南、老挝、柬埔寨、缅甸、马来西亚、泰国、印度、孟加拉国、不丹、尼泊尔。在我国，大灵猫历史上在长江以南及西南诸省区均有报道，但对其当前分布范围所知甚少。近年来确认的记录仅见于云南南部、四川南部与西藏东南部的少数几个地方，分布区破碎化严重。

物种评述： 在中国境内，大灵猫仅见于茂密的热带与亚热带森林，对其自然史和生态所知甚少。根据来自中国之外的文献，大灵猫活动隐秘，生性机警，主要捕食动物性食物，包括鸟类、蛙类、蛇类、小型兽类、鸟蛋和鱼类，偶尔也会取食植物果实与根茎。大灵猫具有领域性，在夜间及晨昏更为活跃。地面活动为主，但也善于攀爬树木和游泳。繁殖不具明显的季节性，每年可产两胎，每胎 1-5 只。在中国南部，大灵猫承受了来自人类的巨大捕猎压力，以作为野味，许多区域性种群可能已经消失。大灵猫会阴腺可分泌油性分泌物，被涂抹或喷射在各种物体上用于标记个体领地；这种分泌物称为"灵猫香"，被人类用于香水生产，已具悠久历史，因而大灵猫亦被人类长期养殖用于产香。

保护级别： 国家一级重点保护野生动物。

四川马边大风顶国家级自然保护区 / 黄耀华

四川马边大风顶国家级自然保护区 / 黄耀华

云南西双版纳 / 肖诗白

小灵猫

Viverricula indica (É. Geoffroy Saint-Hilaire, 1803)
Small Indian Civet

食肉目 / Carnivora > 灵猫科 / Viverridae

形态特征：小灵猫是中等体型的灵猫科动物，头体长 45-68cm，尾长 30-43cm，体重 2-4kg。体型纤细，四肢较短且后肢略长于前肢，吻部尖而突出，体表具斑点，尾巴粗长且具明显的黑色环纹。身体毛色灰色至灰棕色，四足色深近黑。体表密布呈纵向排列的深色斑点；在背部中央及两侧，这些斑点相互连接形成 5-7 条纵纹，从肩部延伸至臀部。尾巴具黑棕相间的环纹，尾尖毛色白。尾长大于头体长之半。

地理分布：小灵猫分布于东南亚与南亚大部，并延伸至中国西南、华南与华东，分布区包括中国、越南、老挝、柬埔寨、泰国、马来西亚、印度尼西亚、缅甸、印度、孟加拉国、不丹、尼泊尔、巴基斯坦与斯里兰卡。被人为引入至科摩罗、马达加斯加、坦桑尼亚、也门等地区。在我国，小灵猫广泛分布于长江流域及以南、青藏高原以东的大部分省区的低海拔区域，包括江苏、湖北、湖南、陕西、江西、安徽、浙江、福建、广东、广西、贵州、重庆、四川、云南、西藏，以及台湾和海南。

物种评述：小灵猫亚种众多（已描述10-12个亚种），但具体划分仍有待研究与复核。部分历史文献中把小灵猫记为*V. malaccensis*。

小灵猫可以利用草地、灌丛、次生林、农田等多种生境。它们是杂食动物，食物包括小型兽类、昆虫、蚯蚓、鸟类、鸟蛋、爬行类、甲壳动物、蜘蛛、蜗牛等，也会取食植物果实与嫩芽，偶尔还会袭击家禽。小灵猫为独居动物，以夜间及晨昏活动为主，雄性家域 2-3km²。关于其野外繁殖生态所知甚少，圈养个体每年可产 2 胎，窝仔数 2-5 只。会阴腺可分泌油性分泌物，被涂抹或喷射在各种物体上用于标记个体领地。在许多国家，人类饲养小灵猫已具有悠久历史，以获取"灵猫香"（即会阴腺分泌物），用于香水生产。

保护级别：国家一级重点保护野生动物。

香港大帽山 / 李成

印度 / Yashpal Rathore (naturepl. com)

花面狸

Paguma larvata (C. E. H. Smith, 1827)
Masked Palm Civet

食肉目 / Carnivora > 灵猫科 / Viverridae

形态特征：花面狸是大型灵猫科动物，头体长51-87cm，尾长51-64cm，体重3-5kg。身体结实、尾巴粗长但四肢较短。不同地区分布的花面狸毛色有所差异，通常是浅棕色至棕灰色，偶见浅棕黄色，但头颈、四肢和尾中后部均为黑色。腹面毛色较背面与体侧为浅。花面狸的身体、尾巴上没有斑点或条纹，这是与同域分布的其他大部分灵猫科物种（例如椰子狸、大灵猫、小灵猫）在外观上的最大区别。花面狸头部具有标志性的黑白"面罩"，包括黑色的眼周、头部正中并向后延伸至枕部的白色条纹、眼下颊部的白斑以及耳基的白斑。尾巴粗壮且长，尾长超过头体长之半。

台湾 / 韦铭

地理分布：在所有灵猫科动物中，花面狸是分布范围最广的物种，分布区主要包括华中、华南（并部分地向北沿太行山延伸至华北的北京周边），并向西延伸至喜马拉雅山脉南麓，向南延伸至东南亚中南半岛、苏门答腊与加里曼丹岛。在我国，花面狸分布于除黑龙江、吉林、辽宁、天津、内蒙古、新疆、青海、宁夏、山东以外的大陆各省区，以及台湾和海南。

物种评述：花面狸属（*Paguma*）为单型属。花面狸亦称果子狸，可以在近乎所有的森林类型中生活，包括原始常绿阔叶林至次生落叶阔叶林和针叶林。此外，在农田、村庄附近也可发现。在我国华南与西南，它们的分布区可覆盖从海平面到3000m以上的广大的海拔范围。花面狸是杂食性动物，食谱包括乔木果实、灌木浆果、植物根茎、鸟类、啮齿类和昆虫等。它们偶尔也会捕食家禽，并常常食腐。花面狸具有灵活的爬树能力，在果实成熟的季节，会花大量时间在树上取食各类浆果，例如野樱桃和杨梅，并因此被称为果子狸。它们是夜行性动物，白天时主要在洞穴中休息。营独居，但也常见到2-5只个体集群活动。花面狸1岁时达到性成熟，孕期70-90天。在中国西南的高海拔山地森林中，花面狸在冬季时会大大降低其活动强度，进入浅休眠状态；本区域内长期的红外相机调查中，从12月上旬至来年3月，几乎没有探测到花面狸活动。在人类定居区周边，花面狸可能会由于在果树上觅食而给果园带来损失，因此人们会对其进行捕杀。尽管花面狸已被证实为多种动物传染病毒（例如SARS病毒）的重要中间宿主，但野生花面狸仍面临严重的偷猎压力，被大量捕捉后作为野味非法出售给餐馆。在中国，花面狸的人工饲养繁殖也非常普遍，以提供毛皮和肉食。饲养个体逸为野生的现象也时有发生。

四川阿坝九寨沟 / 土迒

四川老河沟自然保护区 / 张铭

四川王朗自然保护区 / 李晟

广西崇左龙州 / 肖诗白

四川王朗自然保护区 / 李晟

四川唐家河自然保护区 / 马文虎

椰子狸

Paradoxurus hermaphroditus (Pallas, 1777)
Common Palm Civet

食肉目 / Carnivora > 灵猫科 / Viverridae

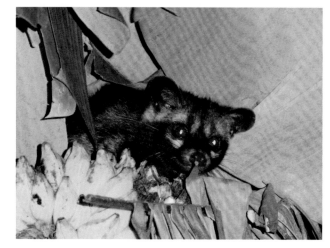

形态特征：椰子狸体型与花面狸相近而略小，头体长 42-71cm，尾长 33-66cm，体重 2-5kg。尾巴更细更长，体表有斑点。整体毛色为灰黑色至浅棕黄色。背部有纵向排成至少 5 列的暗色斑点，并在臀部融合成纵纹。尾巴、四肢与面部毛色灰黑；眼睛上方沿耳基至颈侧有一条较宽的灰白色纵纹，有时不甚明显。尾长与头体长大致相当。

地理分布：椰子狸广泛分布于南亚与东南亚，并延伸至中国南部。在我国，椰子狸见于云南南部、广西与西藏东南部，以及海南。在四川南部曾经有存疑的历史记录，但近期无确认记录报道。

物种评述：椰子狸包含众多被描述的亚种。有观点认为椰子狸包括至少 3 个独立种：分布于南亚、东南亚北部至华南的 *P. hermaphroditus*（中国境内分布的椰子狸即归属于此），分布于东南亚中南半岛南部、苏门答腊、爪哇岛与印尼其他小岛的 *P. musanga*，以及分布于菲律宾、加里曼丹岛和明打威群岛的 *P. philippinensis*。

椰子狸亦称椰子猫（英文名 Toddy Cat），主要栖息于热带与亚热带森林中，也见于部分退化及人工生境（例如种植园、农田）。它们是机会主义的杂食动物，主要取食各类植物果实、坚果与浆果。它们也会捕食蝌蚪、小型脊椎动物等，偶尔会捕杀家禽。椰子狸为独居动物，夜间及晨昏活动，具有领域性，大量活动在树上进行（觅食、休息等）。它们的繁殖没有季节性，孕期约 60 天，平均每胎产仔 3 只。与花面狸一样，椰子狸在中国南部也被人类广泛非法捕猎作为野味。

保护级别：国家二级重点保护野生动物。

小齿狸

Arctogalidia trivirgata (Gray, 1832)
Small-toothed Palm Civet

食肉目 / Carnivora > 灵猫科 / Viverridae

形态特征：头体长44-60cm，体重2-2.5kg。毛短，黄褐色到浅黄色。头部和背部毛米黄色、棕灰色。腹部毛红褐色。头、耳朵、脚和尾毛深棕色到灰黑色。白色条纹从鼻短延伸到前额，背部有3条黑色或深棕色条纹或斑点带。尾长48-66cm。树栖，夜间活动。

地理分布：国内仅存在于云南南部。国外主要分布于东南亚地区。

物种评述：依据形态划分为3个亚种：*A. t. trileneata*，*A. t. leucotis* 和 *A. t. trivirgata*。栖息于海拔1200m以下的热带雨林。夜行性、独居，见于原始林、次生林，也见于砍伐迹地。通常远离人类居住地，也有报道曾见于椰子种植园。对其食性所知甚少，依据它们高度特化的齿系推断，果实肯定是其最重要的食物。也吃昆虫、小型哺乳动物、鸟类、蛙类和蜥蜴。一年四季均可繁殖，每年2胎，每胎2-3仔。

保护级别：国家一级重点保护野生动物。

印度尼西亚 / Neil Lucas (naturepl.com)

熊狸

Arctictis binturong (Raffles, 1821)
Binturong

食肉目 / Carnivora > 灵猫科 / Viverridae

形态特征：熊狸为亚洲体型最大的灵猫科动物，头体长 52-97cm，尾长 52-89cm，体重 9-20kg。身体壮实粗胖，四肢粗壮。全身被毛长而蓬松，整体毛色黑或棕黑，不具斑纹。头部毛色较淡偏灰。耳缘前部白，耳上有长毛簇。头大而吻短，双眼红褐色，吻部具发达的白色长须。尾长而粗壮，具缠绕抓握能力，在旧大陆哺乳动物中为唯一一例。

地理分布：熊狸分布于东喜马拉雅南麓的印缅区至东南亚中南半岛、苏门答腊、爪哇岛、加里曼丹岛与巴拉望等部分其他岛屿，分布区包括孟加拉国、不丹、尼泊尔、印度、缅甸、柬埔寨、老挝、中国、越南、泰国、马来西亚、印度尼西亚、菲律宾。我国为熊狸的边缘分区，历史记录来自云南和广西，而近年仅在云南南部与西部接近边境的部分地区有确认记录。

物种评述：熊狸在南亚至东南亚分布区范围广大，被分为诸多亚种，部分分布于岛屿上的亚种或地理种群数量非常小。分布于菲律宾巴拉望的亚种 *whitei* 有时被列为独立种 *A. whitei*。熊狸主要生活在低海拔的热带雨林与季雨林生境，偶可上至海拔 1000m。杂食性，主要取食榕属树木果实，也会取食其他植物性食物和捕食鸟类、啮齿类等小型脊椎动物，可潜水捕鱼。熊狸以树栖活动为主，但也常下至地面以在树木间移动或取食掉落地面的果实。夜间和晨昏较为活跃，独居或家庭群一起活动。来自泰国的研究显示雄性家域范围 4.7-20.5km^2，雌性约 4km^2。繁殖缺乏明显季节性，窝仔数通常 2-3 只。

保护级别：国家一级重点保护野生动物。

云南西双版纳 / 云南西双版纳森林生态系统国家野外科学观测站

云南西双版纳 / 肖诗白

澳大利亚悉尼动物园（捕自东南亚）/ Roland Seitre (naturepl.com)

缟灵猫

Chrotogale owstoni Thomas, 1912
Owston's Civet

食肉目 / Carnivora > 灵猫科 / Viverridae

形态特征：缟灵猫为体型纤细的灵猫，头体长56-72cm，尾长35-49cm，体重2.4-4.2kg。缟灵猫具有独特的斑纹，特征明显容易识别：整体基色为浅黄褐色至浅灰白色；背部有5条清晰的黑色宽横纹；颈部背面具两条明显的黑色纵纹，向后延伸至肩部，向前沿耳基内侧一直延伸至眼先和口鼻部成为两条细纵纹；脸部正面还具有一条从额部延伸至口鼻处的中央细纵纹；四肢外侧、体侧下部与颈侧具黑色斑点；尾基部具两个黑色环纹或半环纹，后半部黑色。颈部较长，头部极为狭长，吻部尖细，两眼大而外凸。双耳大且直立，耳内裸露无毛。

地理分布：缟灵猫分布在东南亚中南半岛东部，见于越南、老挝与中国，分布区可能仅限于湄公河（中国境内称澜沧江）以东。在中国仅见于云南南部（西双版纳）和广西西南部接近边境的部分地区。

物种评述：缟灵猫又称长颌带狸、八卦猫或横斑灵猫。有研究者曾把其归入 *Hemigalus* 属（即 *Hemigalus owstoni*），现普遍认为应列入带狸属 *Chrotogale*（单型属）下。缟灵猫在中国为边缘分布，数量稀少。该物种的野外研究缺乏，少量的信息显示其主要生活在热带海拔较低的雨林、季雨林与喀斯特森林生境，偶尔也可见于靠近森林的种植园附近。它们主要在地面活动，以蚯蚓等无脊椎动物为主要食物，偶见上树。缟灵猫为夜行性动物，独居。通常在12月交配，4-5月产仔，窝仔数1-3只。

保护级别：国家一级重点保护野生动物。

广西崇左龙州 / 肖诗白

斑林狸

Prionodon pardicolor Hodgson, 1841
Spotted Linsang

食肉目 / Carnivora > 林狸科 / Prionodontidae

形态特征：斑林狸头体长31-45cm，尾长30-40cm，体重0.6-1.2kg。与同域分布的体型相近的灵猫类物种相比，斑林狸的身体更纤细，颈部更长。其毛色为沙褐色至棕黄色，身体上散布明显的大型黑色斑。这些黑色斑沿背脊两侧大致呈平行排列，接近背脊的斑块尺寸最大，多近圆形，边缘清晰；臀部至尾部的黑色斑点有时可融合成类似中线的大块纵纹。颈部背面两侧的黑色斑延长为纵向条纹状，可后延至肩部。尾长与头体长相当，上面密布8-10个清晰的黑色环纹；尾尖浅色。

地理分布：斑林狸主要分布于东南亚中南半岛的东部、北部，并延伸至中国南部、西南和东喜马拉雅，分布国包括中国、越南、老挝、泰国、缅甸、印度、尼泊尔、不丹等。在我国，斑林狸分布于长江以南的湖南、江西、广东、广西、贵州、云南、四川、西藏。

物种评述：斑林狸亦称斑灵猫，以前被认为是一种小型的灵猫，归入灵猫科（Viverridae），但近期新的研究结果则把两种亚洲林狸（*P. pardicolor* 和条纹林狸 *P. linsang*）划入单独的林狸科（Prionodontidae）。

斑林狸主要栖息在热带与亚热带常绿阔叶林生境中，高度依赖森林，但偶尔也可见于林缘、灌木林或退化森林生境，通常分布海拔在2700m以下。它们主要以小型脊椎动物为食，包括啮齿类、食虫类、蛙类和爬行类，也会取食鸟蛋与植物浆果。斑林狸是树栖性动物，营独居生活，夜行性活动为主。在2-8月间均可繁殖，每窝产仔2-4只。

保护级别：国家二级重点保护野生动物。

云南西双版纳勐腊 / 冯利民　　　　　　　　　　　　　　　　　广西崇左龙州 / 肖诗白

海南 / Shibai Xiao (naturepl.com)

食蟹獴

Herpestes urva (Hodgson, 1836)
Crab-eating Mongoose

食肉目 / Carnivora > 獴科 / Herpestidae

广西崇左 / 宋晔

形态特征：食蟹獴是大型獴类，头体长44-56cm，尾长26-35cm，体重3-4kg。身体较为粗壮，尾巴较长。毛色沙黄至浅灰棕色，尾巴蓬松色浅，基部粗大而末端尖细。四肢色深。嘴及颊部白色，具长毛，有一条白色带延伸至颈部。其颊部具长毛的白色条带是这个物种最典型的特征。

地理分布：食蟹獴主要分布于东南亚中南半岛并延伸至印缅区和华南，分布区包括中国、越南、老挝、柬埔寨、泰国、缅甸、马来西亚、印度、孟加拉国、不丹与尼泊尔。国内，食蟹獴见于长江流域以南的广大地区，包括江苏、安徽、浙江、江西、湖南、福建、广东、广西、贵州、重庆、四川、云南、台湾、海南。

物种评述：关于我国食蟹獴的生态所知甚少。它们通常见于低海拔（上至2000m）常绿阔叶林的溪流附近，也可在水稻田等农业区活动。食蟹獴一般沿溪流捕食鱼类、蛙类、螃蟹、昆虫和蚯蚓。它们在晨昏及日间活跃，通常独居或成对活动，偶见3-4只家庭群。窝仔数2-4只。

广西弄岗自然保护区 / 吴志华

爪哇獴

Herpestes javanicus (É. Geoffroy Saint-Hilaire, 1818)
Javan Mongoose

食肉目 / Carnivora > 獴科 / Herpestidae

形态特征：爪哇獴是亚洲最小的獴科物种，头体长 30-41.5cm，尾长 21-31.5cm，体重 0.45-1kg。身体纤细，具有一条蓬松的长尾，尾长与头体长相当。整体体型与大型鼬类相似。爪哇獴背面毛色为均一的棕灰色，腹面毛色为棕褐色。脸颊及颌部呈现明显的锈红色。与我国同属獴科的食蟹獴相比，爪哇獴体型明显较小，四肢相对更短，颊部不具白色毛簇，尾部外形亦有不同。

地理分布：爪哇獴分布于东南亚至我国华南，但在全球多地有人为引入或逃逸定居种群。在我国为边缘分布，见于广西和云南南部等部分地区。

物种评述：爪哇獴在我国亦称红颊獴，与印度獴（*H. auropunctatus*）（英文名 Small Indian Mongoose）之间的关系至今仍存在争议。过去二者曾被认为是同一个物种，但有近期的研究结果显示，二者应各分别列为独立物种。怒江（即萨尔温江）可能是这两个物种分布区的自然地理分界线。

爪哇獴见于干旱森林、次生灌丛、草地与农田等多种生境。对其基本的生态仍所知较少。食性广泛，以昆虫为主要食物，食谱同时也包括啮齿类、鸟类、爬行类、蛙类、鱼类和植物果实。爪哇獴为日行性活动，无特定繁殖季节，孕期 50 天左右，每窝产仔 2-4 只。

香港 / 陈凯文

野猫

Felis silvestris Schreber, 1777
Wild Cat

食肉目 / Carnivora > 猫科 / Felidae

形态特征： 野猫头体长 40-75cm，尾长 22-38cm，雄性体重 2-8kg，雌性体重 2-6kg。整体体型与家猫类似或稍大，身形更显壮实，四肢较长。在我国分布的亚种，即亚洲野猫（*F. s. ornata*），整体毛色为浅黄色至沙黄色；腹面色浅；背部、体侧与四肢上部外侧密布深色的实心点斑；四肢上部正面具数条深色横纹。头圆，吻短，颊部具 2 条不甚明显的浅褐色条纹，双耳呈三角形直立，耳尖无毛簇。尾长，略上翘，末端具数个深色环纹，尾尖黑。野外亦可见与家猫之间存在不同程度杂交的个体，毛色与斑纹可出现多种变化。

地理分布： 野猫分布范围广大，见于非洲大部（除撒哈拉与刚果盆地及周边），欧洲中部与南部，亚洲的近东、中东经中亚至南亚和蒙古高原西部。在我国，野猫历史分布记录见于西北的新疆、内蒙古、青海、甘肃、宁夏、陕西等多省区，近一二十年来仅在新疆与甘肃有确认记录。

物种评述： 野猫分布范围极广，不同地理种群之间存在不同程度的形态和遗传差异，因此在分类上较为复杂。传统上认为野猫（*F. silvestris*）有分布在不同大陆的 3 个主要亚种，即欧洲野猫（*F. s. silvestris*）、非洲野猫（*F. s. lybica*）和亚洲野猫（*F. s. ornata*）；分布于非洲南部的野猫近年也被列为一个亚种即南非野猫 *F. s. cafra*；有观点认为分布在中国的荒漠猫是亚洲野猫的独特类型，或应列为单独的 *F. s. bieti* 亚种，现通常被列为独立种 *F. bieti*。不同的亚种有时也被提议列为独立种或合并为独立种。《IUCN 物种红色名录》（Red List）最新一轮评估（2015）中，把荒漠猫 *bieti* 之外的所有亚种或地理种群均作为一个物种即 *F. silvestris* 处理；本书采用与之相同的分类界定。在我国，野猫与荒漠猫之间的地理分界线还不甚清楚。

野猫为家猫的祖先，分子生物学和考古学的证据显示，家猫大致在距今 9000-10000 年前由非洲野猫（*F. s. lybica*）驯化而来。尽管分化时间较短，但家猫通常被列为独立种（*F. catus*），或被列为野猫的亚种即 *F. s. catus*。

野猫在我国亦称亚洲野猫或草原斑猫，主要栖息在西北地区的草原、荒漠、灌丛等干旱、半干旱生境中。它们主要捕食啮齿类、兔类为食，也捕捉各种鸟类、爬行类等，偶见食腐。野猫主要为夜行性，偶见白天活动，独居，具领域性。我国的野猫缺乏研究，种群动态、分布范围、生态习性等各方面的信息均较为匮乏。野猫与家猫可以杂交，在其整个分布区内可能广泛存在二者之间的基因交流。

保护级别： 国家二级重点保护野生动物。

新疆克拉玛依 / 高云江

新疆克拉玛依 / 张晖

新疆巴音郭楞和硕 / 荒野新疆

荒漠猫
Felis bieti Milne-Edwards, 1892
Chinese Mountain Cat

食肉目 / Carnivora > 猫科 / Felidae

形态特征：荒漠猫体型大于普通家猫，头体长 68-84cm，尾长 32-35cm，体重 4.5-9kg。整体毛色的基调为沙褐色至黄褐色，下颌与腹部为较浅的灰白色至白色。体侧具不明显的暗色棕纹，四肢各具若干较深的横纹。面部两侧的眼下至颊部各具两条棕褐色的横列条纹。尾巴蓬松，短于头体长之半，具有若干暗色的环纹，尾尖黑色。双耳为竖起的三角形，相对较长，耳尖具黑色毛簇。冬毛通常较夏毛颜色偏灰，也更为密实。

地理分布：荒漠猫为中国特有种，分布区仅限于青藏高原东缘，包括青海东部、四川西北部和甘肃西南部。

物种评述：荒漠猫是中国所有猫科动物中仅有的特有种，早期文献中曾被作为野猫的一个亚种，即 *F. silvestris ornata*，最新的分子生物学研究显示其作为独立物种的分类地位仍有待进一步确认。

荒漠猫数量稀少，分布密度较低，关于其生活史所知甚少。通常见于海拔 2500-5000m 干燥的高山与亚高山灌丛、戈壁、草甸生境中，与兔狲可同域分布。荒漠猫主要捕食啮齿类与鼠兔等小型兽类以及雉类。营独居，夜行性活动。通常在 1-3 月繁殖，一般每窝 2 只。荒漠猫可以与家猫杂交，在其分布区内，有时可以见到二者之间不同程度的杂交后代，成为对野生荒漠猫种群的重要威胁之一。荒漠猫传统上也被人们捕猎，以获取其毛皮用作衣料。在中国西部，作为草原害兽控制手段之一对鼠兔的大规模毒杀，也可能是对荒漠猫野生种群的威胁之一。

保护级别：国家一级重点保护野生动物。

四川阿坝红原 / 尹玉峰

青海年宝玉则国家公园 / 果洛·周杰

青海玉树称多 / 韩雪松

青海三江源自然保护区 / 北京山水自然保护中心

青海三江源自然保护区 / 北京山水自然保护中心

四川唐家河自然保护区 / 马文虎

豹猫

Prionailurus bengalensis (Kerr, 1792)
Leopard Cat

食肉目 / Carnivora > 猫科 / Felidae

形态特征：豹猫体型与家猫近似，头体长 40-75cm，雄性体重 1-7kg，雌性体重 0.6-4.5kg。其头部、背部、体侧与尾巴的毛色为黄色至浅棕色，而腹部为灰白色至白色。全身密布深色的斑点或条纹，面部具有从鼻子向上至额头的数条纵纹，并延伸至头顶和枕部。身体上布满大小不等的深色斑点或斑块，前肢上部和尾巴背面具横纹状深色条纹，肩背部具数条粗大的纵向条纹。冬毛比夏毛更为密实，斑纹颜色更深。尾粗大，尾长略等于头体长之半，行走时常略为上翘。北方豹猫体型更大，被毛更长更厚实，体表的斑点颜色较浅，较为模糊；而南方豹猫身体被毛更短，体表斑点与条纹的颜色更深、边缘更清晰，接近背脊的斑点较大，有时呈闭合或半闭合的环状斑块。

地理分布：豹猫广泛分布于中亚、南亚、东南亚、俄罗斯远东、朝鲜半岛以及中国大部。在我国，豹猫见于除了北部及西部的干旱与高原区域以外的绝大部分大陆地区以及台湾与海南。

物种评述：豹猫分布范围广泛，种内的分类仍需深入研究。众多岛屿上的种群分别被列为亚种，在大陆上也有多个亚种被描述。其中，有观点认为，分布于俄罗斯远东、中国东北和朝鲜半岛的*P. b. euptilurus*应列为独立种；分布于琉球群岛西表岛的*P. b. iriomotensis*有时也被列为独立种即西表山猫（*P. iriomotensis*或*Felis iriomotensis*）。近期的遗传学研究结果显示，在豹猫的大陆种群中，印缅区和南部异他区种群之间的遗传分化也达到了物种级别。

豹猫具有很强的适应能力，栖息于从热带到温带与亚寒带的各种森林类型中，也偶尔使用灌木林，以及人类周围的果园、种植园、农田等生境，但通常不会出现在草原。豹猫是机敏的捕食高手，捕食多种小型脊椎动物，包括啮齿类、鼠兔类、鸟类、爬行类、两栖类、鱼类，偶尔食腐。在其食物中也经常发现植物成分，包括草叶与浆果。豹猫主要在夜间与晨昏活动，营独居，偶尔可见母兽带幼崽集体活动。可爬树与游泳。无特定繁殖季节，每窝一般2-3 只。人工圈养环境中，豹猫与家猫偶见杂交。

保护级别：国家二级重点保护野生动物。

四川绵阳平武 / 张铭

四川王朗自然保护区 / 李晟

四川凉山雷波 / 黄耀华

四川王朗自然保护区 / 李晟

山西铁桥山自然保护区 / 猫盟 CFCA

北京延庆野鸭湖湿地自然保护区 / 方春

北京野鸭湖自然保护区 / 宋大昭

北京延庆野鸭湖自然保护区 / 高向宇

广东深圳红树林自然保护区 / 贡米

兔狲
Otocolobus manul (Pallas, 1776)
Pallas's Cat

食肉目 / Carnivora > 猫科 / Felidae

形态特征：兔狲体型比家猫略小或相当，头体长45-65cm，尾长21-35cm，体重2.3-4.5kg。身体低矮粗壮，四肢明显较短，尾巴粗而蓬松。它们的毛发非常浓密，毛尖白色，使得其整体毛色显得泛灰白或银灰。与其他猫科动物相比，兔狲的面部宽扁，额头扁平，两耳间距较大。前额具小的实心黑色斑点。眼周具明显的白色眼圈，从眼至颊部有一条白纹。体侧及前肢具模糊的黑色纵纹。尾巴长而蓬松，具黑色环纹，尾尖黑色。冬毛比夏毛更长更浓密，毛色更浅。腹部长有粗糙的长毛，在冬季时甚至可接近地面。

地理分布：兔狲的分布范围从中东经中亚至蒙古高原和青藏高原，包括伊朗、阿塞拜疆、阿富汗、哈萨克斯坦、吉尔吉斯斯坦、巴基斯坦、不丹、印度、尼泊尔、中国、蒙古、俄罗斯。在中国，兔狲的历史记录广泛分布于西北至华北的新疆、西藏、青海、甘肃、四川、宁夏、内蒙古、陕西、山西与河北。

物种评述：兔狲属（*Otocolobus*）为单型属。兔狲主要生活在没有深厚积雪的干燥高原区，包括草原、半荒漠与稀疏灌木区等生境，偶尔也可见于多石的山地。兔狲捕食鼠兔、旱獭、小型啮齿类、兔类和鸟类动物，以伏击为主要的捕猎策略。它们独居，夜行性为主，在晨昏较为活跃。兔狲在冬春季2月前后繁殖，母兽每胎产3-6只。在自然生境中，同域分布的狐狸（赤狐、藏狐）与其他中小型猫科动物（例如荒漠猫）是兔狲的主要竞争者。历史上，它们经常被人类捕杀以获取其毛皮用于服饰。在草原地区，大范围、有组织的"草场害兽控制"（例如毒杀鼠兔）有可能对兔狲产生重要的影响。

保护级别：国家二级重点保护野生动物。

四川阿坝若尔盖 / 巫嘉伟

内蒙古锡林郭勒盟东乌珠穆沁旗 / 孙万清

青海玉树治多 / 黄亚慧

青海 / 张永

新疆巴州和静 / 高云江

内蒙古锡林郭勒盟东乌珠穆沁旗 / 孙万清

猞猁

Lynx lynx (Linnaeus, 1758)
Eurasian Lynx

食肉目 / Carnivora > 猫科 / Felidae

西藏阿里普兰 / 郭亮

形态特征：猞猁为身体壮实的中等体型猫科动物，雄性头体长76-148cm，体重12-38kg；雌性头体长85-130cm，体重13-21kg；尾长12-24cm。基本毛色为沙黄色至灰棕色，并分布有黑色或暗棕色的斑点（部分斑点十分模糊）。国内的猞猁一般毛色较浅，斑点不明显。喉部及腹部毛色白或浅灰。猞猁区别于其他猫科动物最明显的形态特征是耳朵与尾巴——双耳直立，呈三角形，耳尖具黑色毛簇，耳背面具浅色斑；尾巴极短，尾尖钝圆且色黑。猞猁的四足宽大，足掌周围及趾间具较长的浓密毛丛。与其他猫科动物相比，猞猁的四肢比例较长。

地理分布：猞猁广泛分布于欧亚大陆北部，从欧洲有森林分布的山系到俄罗斯远东的北方针叶林，并延伸至中亚和青藏高原。在中国，猞猁分布于从西北经华北至东北的北方地区和青藏高原，见于新疆、西藏、青海、甘肃、四川、内蒙古、黑龙江、吉林与辽宁。

物种评述：猞猁共有6-9个亚种，其中有3个在中国有分布，地理上分别在3个区域：（1）青藏高原及周边，以及新疆南部和中部的*L. l. isabellinus*；（2）中国东北三省及内蒙古东部的*L. l. stroganovi*；（3）新疆阿尔泰山地区的*L .l. wardi*。

猞猁是适应寒冷气候的古北界物种，分布广泛且适应多样的栖息地环境，包括高山至亚高山的针叶林、灌丛、草甸、荒漠、半荒漠以及多石生境。它们倾向于捕食中小体型的兽类，包括野兔、啮齿类、鼠兔、旱獭与小型有蹄类（狍子、原麝等），但野兔在多数地区都是猞猁最主要的食物。以潜伏突击为主要捕食策略，更喜欢有利于潜伏隐蔽的林区、高草丛、乱石堆、岩屑坡等，同时具有良好的攀爬与爬树能力。猞猁通常独居，偏好夜行，但白天也常出没活动，会避开同域分布的雪豹、狼等大型食肉动物。猞猁在繁殖季节会有在草地上标记的行为，每年1胎，母兽通常在石洞、岩缝或树洞中产仔，每胎2-3只。

保护级别：国家二级重点保护野生动物。

吉林长白山自然保护区 / 武耀祥

新疆阿尔金山 / 初雯雯

新疆阿尔金山 / 初雯雯

内蒙古汗马自然保护区 / 郭玉民

四川格西沟自然保护区 / 李晟

新疆阿尔金山 / 初雯雯

云猫

Pardofelis marmorata (Martin, 1837)
Marbled Cat

食肉目 / Carnivora > 猫科 / Felidae

形态特征：云猫体型比家猫稍大，头体长40-66cm，尾长36-54cm，体重3-5.5kg。头部较圆，相对身体比例较小。其整体斑纹特征类似于小号的云豹。身体毛色的基调为灰黄色至棕黄色，在背脊两侧至身体侧面分布有大块的黑色斑块，斑块呈外缘黑、中心渐浅的特征。背脊中央具断续黑纹。额部中央、四肢外侧与尾巴具众多的实心黑色斑点。尾巴长而蓬松，几乎与头体长相当。与其他小型猫类不同，云猫在行走时尾巴大多保持一种平直的姿态，成为其独特的形态特征之一。

地理分布：云猫的分布范围包括东南亚（中南半岛与苏门答腊、加里曼丹岛）与喜马拉雅山脉东段南坡，并延伸至相邻的中国西南地区，包括中国、越南、老挝、柬埔寨、泰国、马来西亚、印度尼西亚、文莱、缅甸、印度、孟加拉国、不丹与尼泊尔。在中国，近一二十年来仅有少数几处确认的云猫分布记录，分布于云南南部和西部，以及西藏东南部人为干扰较少的热带与亚热带森林地区。

物种评述：纹猫属（*Pardofelis*）曾经被认为是单型属，仅包括云猫这一个物种。历史上有研究者基于形态学上的相似性认为云猫与云豹是近缘物种，近期亦有分子生物学研究认为云猫、亚洲金猫（*Catopuma temminckii*）（英文名Asiatic Golden Cat）和婆罗洲金猫（*Catopuma badia*）（英文名Borneo Bay Cat）为近缘种，代表了猫科动物中最早辐射演化的支系之一。

云猫是仅在森林生境中栖息的食肉类，主要在潮湿的热带常阔、落阔混交林中活动。有关云猫的研究很少，在野外的发现记录也不多。云猫具有极强的爬树能力，树栖活动比例较高。推测云猫主要以鸟类和小型哺乳动物为主要食物，曾被观察到捕食树栖的松鼠。窝仔数平均为2只。

保护级别：国家二级重点保护野生动物。

广西崇左龙州 / 肖诗白

云南铜壁关自然保护区 / 猫盟 CFCA 自然影像中国   云南铜壁关自然保护区 / 猫盟 CFCA 自然影像中国

金猫

Catopuma temminckii (Vigors & Horsfield, 1827)
Asiatic Golden Cat

食肉目 / Carnivora > 猫科 / Felidae

西藏林芝墨脱 / 猫盟 CFCA

四川甘宅河自然保护区 / 奢曼

形态特征：中等体型的猫科动物。雄性头体长75-105cm，体重12-16kg；雌性头体长66-94cm，体重8-12kg；尾长42-58cm。相比其他中小型猫科动物来说，金猫头部比例较大，尾巴较长，身体壮实。毛色与斑纹多变，最为常见的色型有两种：斑纹不明显的麻褐色型和具有豹斑花纹的花斑色型（俗称花金猫）。前一种色型的金猫，背部与颈部毛色为深棕色至棕红色，腹面为白色至沙黄色；头部具有独特的斑纹，在额部及颊部长有对比明显的白色与深色条纹；腹部和四肢具有模糊的深色斑点或短斑纹，尤其在四肢内侧更为明显。后一种色型的金猫，全身被毛的基色为浅黄至污白，在体侧和肩部具有明显的花斑（似豹斑，边缘黑色或深棕色，中心浅棕或棕黄色），在尾巴肯面有黑色横纹，背脊中央有深色的纵纹，在四肢分布有实心的深色斑点与不规则斑块。在同一种群中可以共存有不同色型的个体，但在不同地区的局域种群中，各色型的出现比例会有明显的不同：在陕西南部的秦岭山脉，几乎所有个体都是均一的麻褐色型；而在四川北部至甘肃南部的岷山山脉，麻褐色型与花斑色型个体的比例大体相当；在四川西部，则以花斑色型为最常见。在上述两种典型色型之间，也存在各种浅斑纹的过渡色型，例如偶见报道的灰色型、暗花斑色型等。在云南南部、西部与西藏东南部的热带森林中，金猫最常见的色型为红棕色型，整体毛色为亮棕红色，无明显斑纹。罕见的黑色型（即黑化个体）在藏东南地区有记录，其毛色的基色变为黑色或灰黑色，在体表没有明显的斑点与斑纹。藏东南为我国金猫色型最为丰富和复杂的地区。金猫的尾长大于头体长之半，尾巴末段弯曲上翘，尾尖背面黑色，而腹面为对比明显的亮白色，这是金猫最为明显的识别特征之一。

地理分布：分布区从中国华南与西南向西延伸至喜马拉雅南麓，向南延伸至东南亚，包括中国、越南、老挝、柬埔寨、泰国、马来西亚、印度尼西亚、缅甸、印度、孟加拉国、不丹与尼泊尔。在我国，金猫历史上曾广布于华中、华东、华南与西南的广阔区域，但在过去半个世纪内分布范围急剧退缩，如今仅见于少数几个高度破碎化、呈孤岛状分布的栖息地斑块中。华东、华中与华南地区的金猫种群可能已经局域消失或接近灭绝，近年来的确认记录见于四川北部与西部、陕西南部、云南西部与南部、西藏东南部。

物种评述：亦称亚洲金猫。近期有分子生物学研究认为金猫与云猫具有较近的亲缘关系，应归入纹猫属（*Pardofelis*）。

金猫可以在多种栖息地环境中生存，从南方潮湿的热带与亚热带常绿林，到北方干燥的温性落叶阔叶林。在四川西部和高黎贡山南部（云南与缅甸），金猫可上至海拔3000m以上的亚高山针叶林与草甸。它们喜爱浓密植被遮蔽的环境，极少出现在开阔生境。独居，夜行性为主，捕食多种多样的脊椎动物，例如中小型偶蹄类食草动物（例如林麝、小鹿、毛冠鹿）、啮齿类、野兔、鸟类和爬行类。在四川北部岷山地区，雉类（红腹角雉与血雉）在金猫的食性中占据重要位置。未见报道金猫具有特定的繁殖季节。雌兽通常每胎生育1-2只。

保护级别：国家一级重点保护野生动物。

四川老河沟自然保护区 / 李晟

四川唐家河自然保护区 / 马文虎

四川老河沟自然保护区 / 李晟

四川老河沟自然保护区 / 李晟

西藏雅鲁藏布大峡谷自然保护区 / 王渊

西藏雅鲁藏布大峡谷自然保护区 / 王渊

西藏雅鲁藏布大峡谷自然保护区 / 王渊

西藏雅鲁藏布大峡谷自然保护区 / 王渊

云豹

Neofelis nebulosa (Griffith, 1821)
Clouded Leopard

食肉目 / Carnivora > 猫科 / Felidae

形态特征：云豹是中等体型的猫科动物，雄性头体长81-108cm，体重17-25kg；雌性头体长68-94cm，体重10-12kg；尾长60-92cm。尾巴相对身体的比例较长，而头部较小。犬齿发达，上犬齿长度相对头骨的比例在现生猫科动物中为最大。雄性体型略大于雌性；后肢长于前肢，因此在平地上站立时，侧面呈现腰臀部弓起而肩部较低的姿态。云豹的毛色为浅黄至灰棕色，体侧具形状不规则的大型块状斑纹。腹面白色，具黑色实心斑点。背部中央具2条黑色断续纵纹，延伸至尾基部；颈部背面具6条黑色纵纹。四肢具较大的黑色实心斑点。两耳较圆，耳背黑色。尾巴长于头体长之半，上面具黑色的半环形斑纹。偶尔可见有黑化个体（即黑色型），其毛色的基色替换为黑色或灰黑色。

云南易武保护区 / 权瑞昌

地理分布：云豹的分布范围从尼泊尔的喜马拉雅山脉南麓至东南亚大陆，并延伸至中国西南与华南。历史上，云豹在中国广泛分布于长江流域以南的广大地区。在过去半个世纪，中国境内云豹的分布区急剧缩减，近年来确认的分布区仅局限于云南南部与西部、西藏东南部的数个地点，四川南部和安徽南部、江西北部以及福建北部也可能仍有残存分布。

物种评述：传统上，云豹属（*Neofelis*）被认为是单型属，仅包括*N. nebulosa*这一个物种。新近基于线粒体、微卫星DNA和形态学的综合证据，研究者把分布于苏门答腊和加里曼丹岛的云豹列为独立种，即異他云豹（*N. diardi*），而原拉丁名*N. nebulosa*专指分布于东亚至东南亚大陆的云豹。

云豹见于热带和亚热带森林，原始林和次生林中均可栖息。它们擅长爬树，可在树上及地面捕猎，猎物包括灵猫、野猪、灵长类、松鼠、小型有蹄类食草动物、雉类和其他鸟类。云豹为夜行性，独居。母兽每胎产1-3只。人为捕猎和栖息地丧失可能是中国境内云豹在20世纪后期快速消失的主要原因。

保护级别：国家一级重点保护野生动物。

云南南滚河自然保护区 / 冯利民

豹

Panthera pardus (Linnaeus, 1758)
Leopard

食肉目 / Carnivora > 猫科 / Felidae

形态特征： 在中国，豹是具有斑点花纹的体型最大的猫科动物。雄性体型大于雌性：雄性头体长91-191cm，体重20-90kg；雌性头体长95-123cm，体重17-42kg；尾长51-101cm。豹的整体毛色为浅棕色至黄色或橘黄色，在背部、体侧及尾部密布显眼的黑色空心斑点。腹部和四肢内侧为白色。头部、腿部和腹部分布有实心的黑色斑点。黑色型个体（也称为黑豹）偶见报道，尤其在热带与亚热带森林生境中；在这些黑色型个体身上，黄色的皮毛底色被黑色或灰黑色所取代。豹的两耳较圆，在头顶相距较远。四肢相对身体的比例与其他猫科动物相比较短。尾巴较粗，尾长大于头体长之半。在华南与西南地区，豹的分布区内同时分布有花斑色型的亚洲金猫（也称为花金猫），整体外表类似体型较小的豹；与花金猫相比，豹的头部相对身体的比例显得更小，尾巴更长更粗，尾尖通常不上翘，头部、面部和尾部的斑纹特征也不同。

地理分布： 豹是世界上分布范围最广的猫科动物，分布区横跨欧亚大陆与非洲大陆。在中国，豹的分布范围在过去半个世纪中经历了严重的退缩，现今分布区严重破碎化，散布在东北、华北、西南以及喜马拉雅山脉中段南坡；华东、华南与华中地区的豹可能已消失或接近区域性绝灭。近年来，豹在我国的吉林、陕西、河北、河南北部、陕西中部与南部、甘肃南部、青海南部、四川西部、云南南部及西藏东部和南部有记录。青藏高原东部（川西至青海西南部）可能拥有我国现存面积最大的原生栖息地，拥有最大的野生豹种群。

物种评述： 豹分布范围极广，种下有诸多被描述的亚种，但许多亚种的范围、有效性和相互之间的地理界线存在较多争议。

豹具有极强的适应能力，广泛分布在从热带到温带的多种栖息地类型中，可分布在接近海平面到上至海拔5000m的海拔跨度巨大的区域。在欧亚大陆与非洲，除了沙漠与苔原之外几乎所有的生境类型中，都可见到豹的活动。在四川西部、青海南部与西藏南部，均有研究报道显示豹与雪豹的活动范围可部分重叠，同时出现在海拔

四川格西沟自然保护区 / 李晟

4000m以上的针叶林、高山灌丛或高山草甸生境中。豹是独居动物，但是也常可见到有2-4只个体一起活动的母幼群。成年豹具有领域性，但相邻个体的家域范围之间通常会有不同程度的重叠；优势雄性个体的家域较大，通常会与区域内多个雌性个体的家域范围相重叠。豹具有较强的爬树能力，可以把猎杀的猎物拖到大树上面隐藏。豹以夜行性为主，但也可以在白天捕猎。它们的猎物包括多种多样的陆生脊椎动物，例如有蹄类、大型啮齿类、兔类、灵长类、雉类以及其他小型食肉类（例如狐狸和獾），猎物的组成在不同地域之间具有很大的差异。尽管豹主要捕食体重小于50kg的猎物，但它们也具有猎杀体型更大猎物的能力，例如野猪、鬣羚、白唇鹿和水鹿。它们遇到死亡动物尸骸时偶尔也会食腐。在四川西部和青海南部的部分地区，豹的活动时常接近居民点，有时会猎杀家马、山羊、家牦牛、家狗等家畜，从而引发人兽冲突。豹通常在2月交配，母兽孕期90-105天，每窝产仔1-3只，偶见4只。幼兽在独立之前，会与母兽一起生活1-1.5年。在中国，豹在过去一个世纪内经历了严重的种群下降与分布区退缩，主要是由于持续的高捕猎、偷猎压力，以获取其毛皮作为装饰或服装材料，以及获取其身体器官（例如豹骨）作为传统中药。由人、豹冲突而引起的报复性猎杀或毒杀，也是导致其种群急剧下降的原因之一。

保护级别：国家一级重点保护野生动物。

四川格西沟自然保护区 / 李晟

山西 / 周哲峰

山西晋中八缚岭 / 猫盟 CFCA 北京师范大学

山西晋中八缚岭 / 猫盟 CFCA 北京师范大学

虎

Panthera tigris (Linnaeus, 1758)
Tiger

食肉目 / Carnivora > 猫科 / Felidae

形态特征：虎是世界上最大的猫科动物，雄性头体长 189-300cm，体重 100-260kg（最高可达 300kg 以上）；雌性头体长 146-177cm，体重 75-177kg；尾长 72-109cm。体表具明显的黑色条纹，极易辨识。虎的体型健壮，四肢粗壮有力，头部宽大且尾巴较长。其体表毛色的底色为锈黄色至橘黄色或浅棕红色，但腹部、四肢内侧和尾巴腹面的底色为白色或污白色。从背部至体侧有众多的黑色细条纹，并延伸至四肢和腹部。眼上部通常有一块白色区域，两耳背面各具一个明显的白斑。尾巴粗壮，长于头体长之半，尾上具黑色环纹。

地理分布：虎目前分布于印度次大陆、东南亚与东亚。历史上，中国境内虎分布于从东北至华南、西南以及西北新疆的广大地区，但其当前仅分布于中国与俄罗斯、印度、缅甸以及或许老挝交界的局部地区。

物种评述：虎的历史与现有分布区均限于亚洲。最新的基于基因组学的研究结果显示，其下分为 6 个现生亚种和 2 个或 3 个已绝灭亚种。在我国，东北地区尤其是吉林东部接近中俄边境地区，分布有东北虎亚种（*P. t. altaica*）；在西北新疆地区历史上曾分布有里海虎亚种（*P. t. virgata*），现已绝灭；在华东、华南、华中至西南部分地区，曾广泛分布有华南虎亚种（*P. t. amoyensis*），但目前已野外绝灭，仅存少量圈养个体；在西南地区，虎近期曾见于中国与老挝接壤的云南南部（属印支虎亚种 *P. t. corbetti*）以及与印度接壤的西藏东南部（属指名亚种，即孟加拉虎 *P. t. tigris*）。其中，在云南南部的印支虎处于

福建福州 / 曲利明

接近或已经区域性绝灭的状态，在中国境内最后一次记录为 2009 年。

虎可在多种类型栖息地内生活，可纵跨从海平面到上至海拔 3000m（喜马拉雅山脉）的广阔海拔跨度。在北方，虎主要栖息于地形平缓的温带森林；在南方，虎主要栖息于热带和亚热带森林以及亚热带山地森林。虎主要捕猎大型有蹄类动物为食，尤其偏好体重 10-100kg 之间的野猪与鹿类（例如梅花鹿、水鹿），但也可以猎杀印度野牛等体型更大的猎物。对于生活在中国西南地区的野生虎的生活史与生态习性人们了解甚少。据来自其他热带地区虎的研究显示，它们通常在 1-2 月交配，孕期 90-105 天，每胎产 2 或 3 崽。虎在中国传统文化中具有极为重要的作用与象征意义，但在过去一个世纪里，中国野生虎的种群与分布范围均急剧衰退，人为猎杀、猎物匮乏和栖息地丧失是背后的主要原因。

保护级别：国家一级重点保护野生动物。

云南西双版纳自然保护区 / 冯利民

吉林珲春 / 国家林草局东北虎豹监测与研究中心

雪豹

Panthera uncia (Schreber, 1775)
Snow Leopard

食肉目 / Carnivora > 猫科 / Felidae

形态特征：雪豹是外形特征明显独特的大型猫科动物，雄性体型大于雌性：雄性头体长 104-130cm，体重 25-55kg；雌性头体长 86-117cm，体重 21-53kg；尾长 78-105cm。整体毛色为浅灰色，有时略沾浅棕色，上面散布黑色的斑点、圆环或断续圆环。与外形相近的豹（金钱豹）相比，雪豹典型的区别特征是体表毛色的基色为浅灰色至浅棕灰色，同时体型也较金钱豹为小。雪豹腹部毛色白，双耳圆而小。尾巴长而粗大，覆毛蓬松，尾长与体长相当。与其他大型猫科动物相比，雪豹的四肢相对身体的比例显得较短。

地理分布：雪豹分布在从中亚至青藏高原和蒙古高原面积广袤的山地，包括中国、蒙古、俄罗斯、哈萨克斯坦、塔吉克斯坦、吉尔吉斯斯坦、乌兹别克斯坦、阿富汗、巴基斯坦、印度、尼泊尔、不丹共 12 个国家。中国是雪豹种群数量及栖息地面积均为最多的国家，分布于西藏、青海、新疆、甘肃、宁夏、四川、云南和内蒙古。

物种评述：雪豹曾被列入雪豹属 *Uncia*（单型属），即 *U. uncia*，现普遍将其列入豹属（*Panthera*）。雪豹起源于青藏高原，分子生物学研究结果显示，在现生猫科动物中，雪豹与虎（*P. tigris*）的演化关系最为接近，二者在大约 200 万年前分化。

在其分布范围内，雪豹均栖息于高海拔生境中，是全球分布海拔最高的猫科动物。它们喜欢在陡峭地形中活动，包括高山流石滩、山脊、陡崖等，较短粗壮的四肢及长而有力的尾巴让雪豹在陡峭的岩石间行动自如。雪豹也会出现在高山草甸和高山灌丛区，但通常会避开森林生境，只是偶尔出现在接近树线的高山针叶林或灌丛。在青藏高原及周边山地，雪豹通常栖息于海拔 3300-5000m 之间，但偶尔可见于海拔更高的地点；而在新疆天山、阿尔泰山以及蒙古高原也可以低至海拔 2000m 以下。在四川西部和青海南部的部分区域，雪豹的分布区和豹的分布区存在重叠，

青海 / 张明

虽然后者一般是在较低海拔的森林生境中活动。在我国，雪豹主要的猎物是岩羊和北山羊，同时也会捕猎旱獭、鼠兔、野兔、雉类等体型较小的猎物。雪豹善于隐蔽接近并短距离突击，以大约每周一次的频率捕杀大型猎物（例如岩羊）。猎杀之后，雪豹有时会把剩余的新鲜猎物拖到隐蔽的岩洞或岩窝处隐藏，在随后的几天内再多次返回进食。雪豹在冬季1-2月交配，母兽通常在5月前后产仔，每胎1-3只。雪豹在岩洞或岩壁下的岩窝中休憩和哺育幼仔。洞的位置通常比较隐蔽，较难发现。幼豹会在半岁左右开始跟随母亲在领地内巡行，一直到两岁左右扩散并确定自己的领地。雪豹捕杀家畜（绵羊、山羊以及牦牛）的情况在牧区一直存在，会导致一系列的人兽冲突；由此引起的报复性猎杀，以及历史上广泛存在的偷猎（获取其皮毛用于服饰和装饰，以及豹骨用作中药材）曾经是雪豹面临的主要直接威胁。近年来在牧区内流浪狗数量的快速增长，也对野生雪豹构成了重要威胁。

保护级别：国家一级重点保护野生动物。

四川卧龙自然保护区 / 李晟

新疆乌鲁木齐 / 荒野新疆

新疆乌鲁木齐 / 荒野新疆

新疆乌鲁木齐 / 荒野新疆

四川卧龙自然保护区 / 李晟

青海 / 张明

海牛目

Sirenia Illiger, 1811

海牛目隶属于非洲兽总目近蹄类，基于形态解剖学证据，海牛目与长鼻目聚为一支，形成特提斯兽类（Tethytheria）支系。基于蛋白质编码基因的分子系统学支持该支系，但基于逆转座子和超保守元件的分析表明海牛目与（长鼻目＋蹄兔目）互为姐妹群。海牛目是唯一食草性的海洋哺乳动物，包括儒艮科和海牛科共 5 个物种。它们都具有粗壮的身体，皮肤坚而厚，无毛覆盖。鼻孔位于嘴的顶端或前方。无耳郭，乳头位于腋部。前肢演化为鳍肢，无后肢。两科物种最大的形态差异在其尾鳍，儒艮科尾鳍中央有缺刻，与鲸目相似，海牛科尾鳍圆润，呈铲状。儒艮科有 2 属 2 种，其中巨海牛 *Hydrodamalis gigas* 由于过度捕捞已于 1768 年灭绝，因而实际上儒艮科仅有儒艮 *Dugong dugon* 1 个现生种。海牛科有 1 属 3 种，分别为加勒比海牛 *Trichechus manatus*、亚马孙海牛 *Trichechus inunguis* 和非洲海牛 *Trichechus senegalensis*。与鲸目相似，海牛目也为完全水生，现存 4 种都栖息于热带和亚热带水域中。

儒艮

Dugong dugon (Müller, 1776)
Dugong

海牛目 / Sirenia > 儒艮科 / Dugongidae

形态特征：身体很大，呈圆柱形，两端呈锥形。其最大体长可达3.3m，成体平均长约2.7m。体态呈纺锤形，身体的后部侧扁。具有厚实、光滑的皮肤，幼崽出生时为淡奶油色，但随着年龄的增长，其背和侧面变暗至棕褐色至深灰色，身体颜色会因藻类在皮肤上的生长而改变。头部较小，略微呈圆形。鼻孔位于头部的顶部，可以用阀门将其关闭。在头骨背面，含有鼻孔的腔向后伸展到眼眶的前缘之后。雄性个体的前颌骨比雌性的厚实。在雄性

澳大利亚 / 王先艳

个体中，恒齿中的后上门齿形成獠牙，乳门齿在獠牙萌出时消失。而在雌性个体中，小而被部分吸收的乳门齿可存留约30年。肌肉发达的上唇有助于其进行觅食，上唇略呈马蹄形。嘴吻弯向腹面，其前端扁平，称为吻盘。眼睛及耳朵都很小，视力有限，但是在较窄的声音阈值内却能保持敏锐的听力。鳍肢短，约为成体体长的15%，梢端圆，无指甲。尾叶水平，略呈三角形，后缘中央有1个缺刻。有2个乳头，每个鸭脚板后面都有1个。雄性个体的睾丸不在外部，而是在腹腔内。雄性和雌性之间的主要区别是生殖孔的位置相对于脐带和肛门

地理分布：国内分布于南海（广西、广东和海南）。国外分布于印度洋、太平洋的热带及亚热带沿岸和岛屿水域、海湾和海峡内的水域；北至琉球群岛，南至澳大利亚中部沿岸，西至东非。

物种评述：通常栖息于沿岸温暖的水域中，一定程度上也利用淡水，属于社会性动物，是唯一严格的海洋草食性哺乳动物。尽管是社会性动物，但由于海草床无法支撑大量种群，通常是单头或成对活动。有时会发生数百只儒艮的聚集，但只能持续很短的时间。

大多数儒艮不是在郁郁葱葱的地区觅食，而是在海草稀疏的地方觅食，更偏爱以较嫩的、较少纤维状的海草为食（Preen, 1995）。在觅食时，它们会将整株植物连根拔起，当它们沿着海底移动进食时，会使用胸鳍行走，观测到觅食深度达37m。运动相对较慢，速度游泳为10km/h。雄性在9-15龄达性成熟，雌性在9龄或以上达性成熟。由于视力不佳，视觉交流受到限制，其视觉主要是用于求偶目的而进行的徒步旅行等活动。雌性知道雄性如何达到性成熟的方式是由于雄性儒艮的牙爆发——因为当睾丸激素水平达到足够高的水平时，雄性的牙就会爆发（Burgess et al., 2012）。在繁殖期，常有多头雄性个体追逐一头雌性个体进行交配，妊娠期约13个月，每胎产1仔，幼崽的哺乳期约为18个月，繁殖周期为3-7年。寿命很长，有记录的最长年龄者达73龄。

虽分布广泛，但在其分布区，都有大量被捕杀的记录，同时也面临着栖息地被严重地破坏。现除澳大利亚之外，大部分地区儒艮的数量急剧下降，某些种群已濒临灭绝。国内儒艮标本被收藏在复旦大学，标本来源地是广西合浦沙田。

保护级别：在我国被列为国家一级重点保护野生动物，在《2019 IUCN 受胁动物红色名录》中，被列为易危（VU）等级。

长鼻目

Proboscidea Iliiger, 1811

长鼻目又称象目，早期化石见于非洲古近纪的古新世晚期至始新世早期，在新近纪的中新世与上新世物种多样性达到最大，而在第四纪的更新世多样性开始下降。长鼻目是新生代大部分时期内体型最大的陆生哺乳动物类群，曾广泛分布于欧亚大陆、非洲和美洲。现生仅1科（象科 Elephantidae）2属（非洲象属 *Loxodonta* 与亚洲象属 *Elephas*）3种（Vaughan et al., 2015），即非洲象（*L. africana*），（非洲）丛林象（*L. cyclotis*）与亚洲象（*E. maximus*）。

长鼻目是特化的食草类动物类群，身体壮硕，具厚皮，头骨短而高，四肢粗壮，肢骨厚重，趾行性，具发达的足后跟垫，以支持巨大的体重。牙齿高度特化，第2上门齿特化前伸形成壮观的獠牙，即象牙。颊齿随动物年龄增长具有明显的依次替换现象，具独特的薄片层结构（齿板）。现生种均具发达的长鼻，由延长的上唇与鼻构成，富有肌肉而灵活。我国分布的长鼻目物种仅1科1属1种，即亚洲象，亦是我国体型最大的陆生哺乳动物。亚洲象历史上曾广泛分布在我国南方各地，但由于气候变化、栖息地丧失和人类猎杀，自唐、宋之后其分布边界剧烈地向南、向西退缩。目前，亚洲象在中国仅分布于云南南部呈高度破碎化的小片区域内。

亚洲象

Elephas maximus Linnaeus, 1758
Asian Elephant

长鼻目 / Proboscidea > 象科 / Elephantidae

形态特征： 是亚洲体型最大的陆生哺乳动物。头体长550-650cm，体重2700-4200kg。外形独特，具有壮硕的身体、巨大坚实的脑袋、显眼的长牙（象牙）和一对三角形的巨大耳朵。四肢粗壮，足为圆形。在长鼻末端具有单个的延长突起（上部），这是与非洲象相比最明显的区别特征之一（非洲象长鼻末端上下各有一个突起）。身体具有长满皱褶的厚实皮肤，通常为灰色，体表几乎无毛。身体表面被水打湿后，呈现深灰色至灰黑色，有时则布满尘土或泥浆而呈现黄色或棕红色。幼象通常皮肤颜色更深，体表具有更多的刚毛。亚洲象长有一条长尾，尾尖有黑色的长毛。成年雄性具有一对向前伸出的长象牙（特化延长的上门齿），末端稍向上翘，最长可达2m。成年雌性和幼年个体也长有较短的象牙，但通常不突出嘴外或仅露出数厘米，一般不能直接观察到。

地理分布： 亚洲象当前呈斑块状分布在南亚至东南亚，野生种群被隔离在高度破碎化的栖息地斑块之中。在国内，历史上曾广泛分布在南方各地；但自12世纪之后，由于栖息地丧失和人类猎杀，其分布边界剧烈地向南、向西退缩。目前，亚洲象在中国仅分布于云南南部的3个地区：西双版纳、普洱（以前名为"思茅"）与临沧；偶尔有扩散或游荡的个体或小群向外移动到其他地区。

物种评述： 一般栖息在海拔低于1000m的热带和亚热带生境中，利用的栖息地类型包括森林、灌木林、草地以及种植园和农田。据报道，东喜马拉雅地区的象群偶尔会出现在上至海拔3000m的山地森林中。它们也经常在人类定居点附近的农田、森林交界地带活动。在中国现有的分布区内，亚洲象多见于残存的热带雨林、季雨林斑块以及其周边的次生林中。以植物为食，食谱广泛，主要包括草本植物以及棕榈类和芭蕉类植物的茎干。每天取食的时间长达14个小时以上，成年个体每天可以消耗掉200kg的食物，因此会排出大量的粪便（每天排便16-18次，总重大于100kg）。新鲜粪便通常为近似圆球形的粪堆，单个粪堆直径15-20cm。当在人类定居点周边活动时，它们会在收获季节前后到农田中取食农作物，偶见伤人，从而引起激烈的人、象冲突。为社会性动物，群居为生，象群规模可达40头以上。象群通常由一头年长的雌性（母象首领，matriarch）带领，群内包括若干其他成年雌象，以及她们不同年龄段和不同性别的未成年后代。成年雄象会短暂地加入这些象群，或形成小规模的全雄群（一般小于5头），或保持独

云南西双版纳 / 董磊

居。雄象会使用它们强壮有力的象牙来打斗、抵御威胁或在森林中移动时搬开障碍物。

　　亚洲象需要广阔的领域来觅食和活动，单只个体的活动范围可达500km²以上。在国内，亚洲象的家域面积较小，但象群可以在破碎化的森林斑块间做长距离迁移。水源地对亚洲象来说至关重要，它们几乎每天都要到河流、池塘或泥塘处饮水和洗浴（包括泥浴）。善于游泳，可以游过大河与湖泊。具有很长的寿命，在野外可达60-70岁。在所有哺乳动物中，雌性亚洲象具有最长的孕期，为18-22个月。幼象会跟随母象及其象群多年，直至10-15岁时达到性成熟。在森林中，亚洲象是重要的种子传播者，可以通过排便，把进食后未消化的植物种子带到很远的距离之外。除了栖息地丧失和片段化的威胁之外，偷猎也是亚洲象面对的关键威胁之一，主要是来自于以获取象牙为主要目的的偷猎，和农作物损失等人、象冲突带来的报复性猎杀。

　　保护级别：国家一级重点保护野生动物。

云南 / 陈久桐

云南西双版纳野象谷 / 冯利民

云南西双版纳／王昌大

云南普洱／张巍巍

奇蹄目

Perissodactyla Owen, 1848

奇蹄目可能于古近纪的晚古新世起源于亚洲，至始新世时广泛辐射演化，多样性达到最大，在古近纪全球范围广阔的草原生境中长期占据主导。但随着古近纪晚期渐新世至新近纪中新世气候的大范围剧烈变化，以及偶蹄类哺乳动物的兴起和竞争，奇蹄目逐渐衰退，现生仅3科（即马科Equidae、貘科Tapiridae、犀科Rhinocerotidae）6属17种（Vaughan et al., 2015），主要分布于非洲、亚洲中部与南部，以及美洲中部。

奇蹄目是特化的食草动物类群，头骨延长，面区扩大。门齿发达，适于切割植物；白齿咀嚼面具复杂的棱嵴，适于研磨植物，均与草食性的生活方式相适应。奇蹄目动物为蹄行性，前肢3或4指，后肢3趾，指（趾）端具蹄，由位于中央的第3指（趾）承受大部分体重，其中尤以马科动物最为特化，每肢仅保留1指（趾），其余各指（趾）的退化擅长奔跑。胃单室，具发达的盲肠。我国目前分布的奇蹄目物种共计1科1属3种，即马科马属（*Equus*）的野马（*E. ferus*）、蒙古野驴（*E. hemionus*）与藏野驴（*E. kiang*）。其中，野马已"野外灭绝"，目前有若干小种群被重引入其历史分布区野化放归。

野马

Equus ferus Boddaert, 1785
Przewalski's Horse

奇蹄目 / Perissodactyla > 马科 / Equidae

形态特征：为大型有蹄类动物。头体长 180-280cm，体重 200-350kg。整体形态与家马类似，体型健硕，头部较大，吻部短且钝，颈部粗壮，双耳小于家马，前额无长毛。整体毛色为浅褐色至黄褐色，体侧下部至腹面稍浅；四肢下部色深，上部内侧具数条不甚明显的深色横纹；吻部污白色至白色。冬季毛色浅于夏季。颈部背面中央具明显的褐色鬃毛，短而硬，竖立向上。尾下部具棕黑色长毛，呈束状下垂。

地理分布：历史上分布于蒙古高原至中亚的广大地区，目前已野外绝灭，仅保留有圈养种群。部分圈养个体已被重引入至蒙古和我国的新疆（卡拉麦里自然保护区）与甘肃进行野化放归。

物种评述：我国历史上分布的野马亦称普氏野马，曾被作为野马（*E. ferus*）的亚种，即 *E. ferus przewalskii*，或被列为独立种 *E. przewalskii*。在部分文献中，普氏野马也被记做 *E. caballus*，而这一学名现通常指家马（家马有时也被记为 *E. f. caballus*）。普氏野马与家马可以杂交产下可育后代，曾被认为是家马的祖先或祖先之一，但二者染色体数不同（普氏野马 2n=66，家马 2n=64），且不被线粒体 DNA 研究的结果支持。最新的分子生物学研究结果显示，普氏野马并非家马的祖先，实际上是距今大约 5500 年前，在今哈萨克斯坦北部地区一种驯化马的后代，后又逸为野生并存活至近代。在人类历史上，可能曾经先后驯化了两个略有差异的野马物种或不同的亚种，其中一支延续至今成为现在的家马。

野马历史上主要栖息在草原至半干旱荒漠的生境中，大约在 20 世纪中期野外绝灭，最后一次野外目击记录是 1969 年来自蒙古。野马通常集为 5-20 匹的小群，由 1 匹雄马、多匹雌马以及它们的未成年后代组成。亚成体和成体雄马常集为全雄群。野马性情机警，身体健壮，善于奔跑，且具有极佳的耐力。

新疆卡拉麦里自然保护区 / 初雯雯

新疆卡拉麦里自然保护区 / 黄亚慧

马群活动范围很大，会周期性访问一些固定的水源地饮水。在自然环境中，狼是其主要的天敌。

保护级别：国家一级重点保护野生动物。

新疆卡拉麦里自然保护区 / 邢睿

新疆 / 张永

蒙古野驴

Equus hemionus Pallas, 1775
Asiatic Wild Ass

奇蹄目 / Perissodactyla > 马科 / Equidae

形态特征：头体长200-220cm，体重200-260kg。是体型健硕的大型马科动物，整体体型介于家马和家驴之间，双耳较长，头部较大，吻部钝圆。身体背面为暗褐色至浅沙黄色，腹面污白色，四肢内侧白色，吻部白色。背脊中央具深褐色纵纹，颈部背面具短而竖立的褐色鬃毛。冬季毛色较浅。尾细长，末端具棕黄色长毛。

地理分布：历史上蒙古野驴曾分布于从蒙古高原经中亚至伊朗高原、阿拉伯半岛和小亚细亚的广大地区；而当前的主要分布区仅局限于蒙古高原南部的蒙古和中国部分区域。在我国，蒙古野驴当前见于接近蒙古的内蒙古中部、东部与新疆东北部。

物种评述：近年部分基于分子生物学分析的研究提议，欧亚大陆上分布的野驴，包括现生的蒙古野驴（*E. hemionus*）、藏野驴（*E. kiang*）与在全新世已经绝灭的欧洲野驴（*E. hydruntinus*），均应列为同一物种，其下再分为若干亚种或地理种群。

蒙古野驴主要生活在干旱草原、半干旱荒漠生境中，以草类和各种荒漠灌木为食，对缺水的干旱环境具有较高的忍耐力。常集为5-30只的小群活动，偶见一两百只的大群，但群的结构可能较为松散。蒙古野驴具有较强的奔跑能力和耐力，活动范围较大，具有相对固定的饮水点。视觉、嗅觉发达，具有较高的警惕性，同时也有较强的好奇心，受惊奔跑一段距离后会停下回头张望。发情交配期在夏季8-9月，孕期11个月，每胎1只。在自然环境中，蒙古野驴的主要天敌是狼。

保护级别：国家一级重点保护野生动物。

新疆 / 张永

新疆卡拉麦里自然保护区 / 严学峰

303

新疆阿尔金山 / 张国强

藏野驴

Equus kiang Moorcroft, 1841
Kiang

奇蹄目 / Perissodactyla > 马科 / Equidae

形态特征：头体长 180-215cm，体重 250-400kg，是身体壮实有力的马科动物。头部比例较大，吻部钝圆。身体背面棕色至棕红色，腹面和四肢白色至灰白色，在体侧各有一条明显的背腹面分界线。夏毛短而光滑，冬毛长而蓬松，且毛色更深。颈后部有直立的鬃毛，沿背脊中央延伸至尾部有暗色背中线。两耳耳尖黑色。

地理分布：广泛分布于青藏高原（除东南部）和喜马拉雅西部的广阔区域。国内分布于西藏北部和西部、新疆南部、青海大部、四川西北部以及甘肃西南部。国外分布于印度、尼泊尔和巴基斯坦。

物种评述：历史上曾被认为与蒙古野驴 *E. hemionus* 是同一物种，或被列为蒙古野驴的亚种，即 *E. h. kiang*。藏野驴下分为 3 个亚种，可根据分布区进行区分：西部的 *E. k. kiang*（英文名 Western Kiang），分布于新疆南部、西藏西部与北部，并延伸至帕米尔；东部的 *E. k. holdereri*（英文名 Eastern Kiang），分布于青海、甘肃西南部和四川西北部；南部的 *E. k. polyodon*（英文名 Southern Kiang），分布于西藏南部。

藏野驴主要栖息于高原开阔生境，包括高山草甸、草原与开阔河谷，也见于戈壁荒漠与干燥盆地等干旱生境。其分布的海拔范围广阔，从 2700-5400m。在开阔地形中，藏野驴对任何移动目标均具有较高警惕性，但同时也保持较强的好奇心。它们有时会追随机动车奔跑，并慢慢趋近人类以探查究竟。藏野驴没有固定的社会集群，但在秋冬季时可以见到数百头个体组成的大群。年轻雄性个体会聚集成全雄群一起活动。在夏季交配季节，成年雄性个体会守护其雌性群并与外来雄性进行打斗。幼崽通常在 7-9 月初出生。藏野驴群有时会追随植被的季节性变化而移动，但通常没有固定的迁徙模式。

保护级别：国家一级重点保护野生动物。

西藏阿里 / 许明岗

四川甘孜石渠 / 王彊评

西藏那曲尼玛 / 左凌仁

新疆阿尔金山 / 初雯雯

西藏阿里改则 / 曹枝清